本书为西北民族大学2016年重点学术资助项目成果、2016年度国家社会科学基金项目"丝路文化影响下的西北地区城市工业遗产保护与再利用模式研究"（项目编号：16XSH010）研究成果。

兰州城市工业遗产综合评估与保护利用模式研究

刘 起 著

中国社会科学出版社

图书在版编目（CIP）数据

兰州城市工业遗产综合评估与保护利用模式研究／刘起著 . —北京：中国
社会科学出版社，2019.1
ISBN 978 - 7 - 5203 - 2792 - 3

Ⅰ.①兰… Ⅱ.①刘… Ⅲ.①城市—工业建筑—文化遗产—保护—研究—
兰州②城市—工业建筑—文化遗产—利用—研究—兰州 Ⅳ.①TU27

中国版本图书馆 CIP 数据核字（2018）第 154239 号

出 版 人 赵剑英
责任编辑 刘 艳
责任校对 陈 晨
责任印制 戴 宽

出 版 中国社会科学出版社
社 址 北京鼓楼西大街甲 158 号
邮 编 100720
网 址 http://www.csspw.cn
发 行 部 010 - 84083685
门 市 部 010 - 84029450
经 销 新华书店及其他书店

印 刷 北京明恒达印务有限公司
装 订 廊坊市广阳区广增装订厂
版 次 2019 年 1 月第 1 版
印 次 2019 年 1 月第 1 次印刷

开 本 710×1000 1/16
印 张 21
插 页 2
字 数 301 千字
定 价 88.00 元

凡购买中国社会科学出版社图书,如有质量问题请与本社营销中心联系调换
电话:010 - 84083683

目　　录

前　　言

随着城市化水平提高和产业结构调整，传统工业在国民经济中的地位不断下降。以兰州为代表的传统工业城市，正面临着经济转型升级和城市建设所带来的巨大挑战。在这转折性的关键期中，大量有价值的旧工业建筑及其土地资源成为城市更新改造的主要对象，城市的历史环境受到严重破坏。但是，工业遗产保护和再利用的价值和意义尚未形成普遍共识，已有相关研究与实践经验的深度和广度还不足以凝练成完整理论进行推广。因此，如何准确评估及合理保护利用工业遗产，对城市更新和城市的可持续发展有着重要的现实指导意义。在此背景下，本书吸收和借鉴国内外研究成果，对城市工业遗产的理论发展和实践经验进行了系统的研究总结。运用地理学、城市规划学、建筑学、景观学等相关知识，分析了城市工业遗产的构成要素、属性和资源空间，阐述了保护与再利用的基础理论。在此基础上，本书分析了城市工业遗产的价值构成，构建出评价体系；选取兰州城市工业遗产进行了实证研究，在基础理论和评价系统指导下，针对现状问题研究了兰州工业遗产保护与再利用的策略和方法。本书主要研究结论包括如下四个方面。

（1）总结了城市工业遗产的基本属性、理论基础和空间资源结构体系。通过国内外对工业类历史建筑研究的系统总结，结合中国城市化历史背景，提出了工业遗产保护和再利用不仅要遵循文化遗产保护理论，还应结合城市发展、资源再利用、消费空间等理论进行科学指导。在此理论支持下，总结了城市工业遗产的空间资源结构体系和保护与再利用模式。

（2）建立了工业遗产的综合评估体系和方法。根据工业遗产的特殊性，提出了城市工业遗产评估应以本体价值特色为评价主体，辅以保护与再利用措施进行综合评价，利用 AHP 法（层次分析法）构建出综合评价指标体系和方法，并通过对兰州城市工业遗产评价进行评估检验。

（3）分析了兰州城市工业遗产的分布特征和形成原因，并对兰州城市工业遗产做出总体诊断。通过对资料的统计、分析和现场调研，厘清了兰州市的工业发展脉络和工业遗产分布现状，甄别了城市工业遗产类型。以此为研究基础，总结出兰州城市工业遗产在时间、空间、产业类型等方面的分布特征和产生原因。

（4）探讨了兰州城市工业遗产保护与再利用模式。结合实际，通过建立兰州城市工业遗产的基本理论框架，从宏观、中观、微观层面构建了"城市—片区—街区"三个层级的兰州工业遗产保护模式，提出了相应的保护与再利用实施措施和方法。

第一章 绪论

近些年，文化与自然遗产保护受到世界各国政府和国际社会组织的普遍重视，也是我国近年来文化领域关注的热点之一。随着城市化水平提高和产业结构调整，许多传统工业在"退二进三"的浪潮中逐渐衰退。21世纪以来，可持续发展理念和文化遗产保护思潮在世界各国兴起，城市的工业废弃资源重新回到人们的视野。人们逐渐意识到倒闭的工厂、枯竭的矿山、废弃的铁路等工业废弃资源，尽管失去了原本的生产功能，但作为人类工业活动的记载，它们还是有着特殊的文化价值、社会价值和经济价值。

工业遗产作为人类所创造的文明成果之一，也是历史文化遗产的重要组成部分。如何在城市更新和产业发展过程中正确对待这些废弃的工业遗产？如何在城市空间发展需求和土地供给日益短缺的双重压力之下合理地利用工业遗产？这些都需要深入思考。兰州作为我国十大重工业城市之一，工业企业也正面临着从计划经济向市场经济转型。企业改革进一步深化导致兰州部分计划经济下的传统工业难以适应市场发展的需要，逐渐退出历史舞台，许多有着历史文化价值和纪念意义的工业类建筑快速地从城市中消失。因此，在当前的城市建设过程中，探索科学的工业遗产评估方法、寻求合理的保护与再利用模式，是城市研究者亟待解决的重要课题。

1

第一节 研究缘起与意义

一 研究缘起

(一) 传统工业城市进入产业转型阶段

第二次世界大战以后,随着西方发达国家从工业社会向后工业社会的过渡,现代服务业和高新技术产业的迅猛发展,以及传统工业在国民经济中的地位不断下降,以工业起家的老工业城市面临着严重的挑战。为了重塑这些老工业城市,发达国家纷纷对城市的经济结构和空间结构进行改造,使其重新获得新的发展机遇。世界上如伦敦、纽约、洛杉矶、东京、芝加哥等典型发达工业城市,或实现转型、或正在转型,从而拉开了全球工业城市转型的序幕。进入20世纪90年代以来,我国城市化进程加快,许多传统工业城市也面临着生产制造成本攀升、资源约束加强、制造业"空心化"的困境,东北、华中、西北老工业区先后提出了产业升级和经济转型的发展战略。

从全国范围来看,我国的产业结构开始进入升级阶段。中国三大产业结构变化基本符合世界范围的产业结构演变规律,即第一产业比重下降,第二产业、第三产业比重上升(见图1-1)。根据国务院发展研究中心的定量预测,到2020年"一、二、三产"的比重分别是6%、45%、49%,"三产"比重将超过"二产"。因此,优化工业城市的产业结构和空间布局,推动工业进入稳定增长的内涵式发展阶段,大力发展现代服务业和高新技术产业成为我国大多数工业城市转型的方向。就甘肃而言,作为基础雄厚的西部工业大省,它在冶金、能源、石油、化工、机械等行业都具有较大的优势。但是,甘肃工业发展一直还徘徊在高速、低效的粗放型经济增长模式之中,产业结构现状还不能适应经济发展的需要(见图1-2)。尤其是兰州、天水、白银、金昌等传统城市,正面临着经济和社会发展的巨大挑战。当前,甘肃主要的工业城市均在努力探索如何优化产业结构和提升传统产业。根据省政府报告显示,甘肃在"十二五"期间以重大产业项目、产业园区和产业基地为载体,培

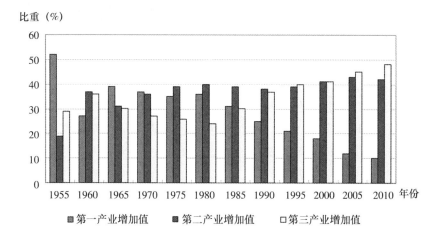

图 1-1 1955—2010 年我国"三产"比重柱状图

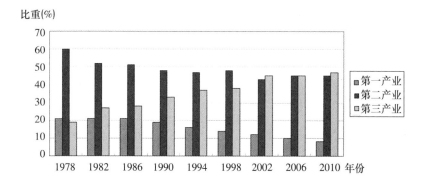

图 1-2 1978—2010 年甘肃省"三产"比重柱状图

育发展战略性新兴产业,加快开发推广高效节能、环境保护、循环经济等技术装备及产品。工业城市以资源高效循环利用为重点,开展工业废弃物循环利用,构建西北地区工业废旧资源再利用中心(《关于推进全省工业跨越发展的指导意见》,2010)。

兰州作为甘肃的政治、经济、文化中心,其城市产业转型情况具有典型的代表性。随着兰州市产业结构调整和工业结构优化,过去在制造业基础上发展起来的工业企业出现不同程度的结构性衰

3

落，从而导致城市局部地区的建筑、环境以及基础设施条件相对滞后与老化。如何保护、管理和再生这些新出现的、见证了城市历史的文化遗产成为老工业城市所面对的重要问题。

（二）遗产保护成为可持续发展战略的重要内容

自1972年世界环境与发展委员会首次提出可持续发展的理念后，经过40多年的发展，可持续发展已经逐渐成为全球性的口号和潮流。进入21世纪以来，全球已经有超过一半的人口居住在城市当中，城市人口成为世界人口的主要部分，并且比重在未来仍将快速增长。城市地区聚集了世界范围内绝大多数的生产活动，成为全球资源使用和环境污染的密集地区，也成为商品消费和能源消耗的主要场所。因此，城市的可持续性议题对于可持续发展至关重要，正日益受到国际社会、各个国家以及地方决策者的普遍关注。

目前我国城市发展速度加快，同样也需要面对人口、资源、环境与社会经济协调发展的挑战。作为城市可持续发展中的一个重要组成部分，城市历史环境的保护与发展一直以来都是社会各界和专家学者关注的热点。对城市文化遗产进行保护，不仅意味着保留了传统文物，而更多的是对城市自然环境、历史文化的尊重。因此，工业遗产保护和再利用既是对城市资源的可持续利用，同时也是对城市历史文化内涵的深化和丰富（见图1-3）。

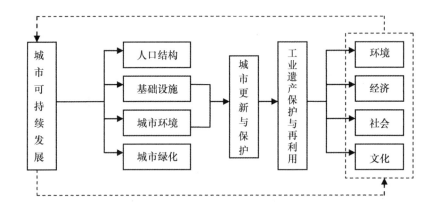

图1-3　城市可持续发展与工业遗产关系

（三）城市历史文化遗产保护热潮的兴起

城市作为文化的载体和容器，积淀着丰厚的文化底蕴，承载着人类文明的精华。每座城市都有着特定的自然地理环境和人文历史。城市文化遗产是城市中最可贵的记忆，地方民居、文物古迹、历史街区等众多具有历史文化特色的物质与非物质文化遗产，无不体现了城市的文化内涵和文化价值。然而，随着城市化速度加快和城市规模急速扩张，规划"抄袭复制"、城市"千城一面"等问题在城市建设中十分普遍，文化遗产所蕴含的历史文化价值才开始逐渐得到人们的重视。人们认识到城市永远处在古今并存、新旧交替之中。正是这些各自不同的文化遗产，才构成了属于不同时期、不同地区、不同风貌，并能反映某一地区特有的历史文化和时代特征的城市发展标签。

在社会保护意识的推动下，与文化遗产保护相关的社会机制、理论研究和方法实践都得到充分的发展。以我国为例，各级政府非常重视文化遗产保护工作，经不断完善后，文化遗产保护法规体系基本形成。例如，1982年我国颁布了《文物保护法》，2002年重新修订；国务院颁布实施了《文物保护法实施条例》；2003年文化部发布了《文物保护工程管理办法》等30余项部门规章、规范性文件；2007年《非物质文化遗产保护法》列入全国人大立法计划；国家有关部门和地方也颁布了一些行业性和地方性的保护法规。此外，我国文化遗产的保护领域不断扩大，文化遗产种类不断增多。第六批全国重点文物保护单位中，已包含了一些近现代工业发展的历史遗存。各地重要的工业城市，已注重开展工业遗产的调查、认定、研究、保护与利用等工作。

（四）兰州丰富的工业遗产亟待保护和开发

兰州不仅是座历史悠久的古城，而且是我国十大重工业城市之一。按工业总产值水平衡量，位于西北各城市前列。清末民初，尽管兰州地处偏僻地区，工业基础相对薄弱，但由于其政治、经济、军事和地理地置上的特殊地位，促使近代工业较早地萌芽和发展起来。尤其是左宗棠出任陕甘总督进驻兰州时，在兰州大力推行洋务运动，开兰州近代民族工业之先河，成为甘肃近代工业源头。最具代表性的是成立于 1872 年的兰州制造局，它是清政府在西北地区最早开办的洋务军工企业，由陕甘总督左宗棠从浙江、广东、福建等地抽调来技术工人，委派总兵赖长主持工厂事务，监造枪炮。此外，兰州还在 1877 年设计出我国历史上的第一台织呢机。中华人民共和国成立后"一五""二五"期间，在苏联的支持下国家投巨资支援建设大型企业。兰州作为全国十二个重点工业城市之一，重点布置建设石油化工机械产业。例如，兰州石油化工总厂和兰州化学工业公司是我国"一五"期间的重点工程项目，也是新中国建成的第一座大型炼油厂和化学工业公司。"兰炼"曾经炼出了中国历史上第一桶"争气油"，结束了中国人依赖"洋油"的历史。从 20 世纪 60 年代中期开始到 70 年代末，在中国西南、西北内陆地区开展了一场以备战为中心、以军工为主体的大规模的经济建设运动——"三线建设"。甘肃作为西部内陆地区的一个省份，由于其独特的地理位置、地形状况及资源条件，成为"三线建设"规划中的重要省份。而兰州作为甘肃省会，其军工、冶金、装备制造等工业得到飞速发展，陆续建起了一批如西北铁合金厂、兰州炭素厂、兰州铝厂、长风机器厂、万里机电总厂、新兰仪表厂等的国家级企业。20 世纪 90 年代以来，由于传统工业城市转型和城市内部功能不断更新，兰州传统工业企业迫于生存压力而搬迁、置换，出现了大量具有历史意义的废弃厂矿、工业旧址等（见图 1-4）。目前，兰州的工业遗产主要类型包括：

兰州黄河铁桥 (1907)　　自来水厂取水口 (1955)　　兰州第三毛纺厂 (1972)

图 1-4　兰州具有丰富的近现代工业遗产

资料来源：宣传册资料。

6

1. 中华人民共和国成立前的民族工业企业、官商合营、中外合办的企业等遗存，如兰州黄河铁桥等；

2. 中华人民共和国成立后至五六十年代"一五"及"二五"期间建设的重要工业遗产，如"一五"期间苏联援建的兰州自来水厂取水口；

3. "文革"期间建设的具有较大影响力的遗产，如兰州第三毛纺厂；

4. 改革开放以后建设的非常具有代表性的企业。

与其他类型的遗产相比，工业遗产作为新兴的特殊遗存，与之相关的理论与方法研究相对薄弱，保护性改造及利用的实践超前于理论研究。就甘肃地区而言，这方面的研究少之又少，仅有的成果是兰州市文物局在 2006 年对全市工业遗产进行了专项调查，并于 2008 年出版了《兰州工业遗产图录》，将初期调研的结果以图录形式进行了汇总。尽管这一工作仅确定了兰州市工业遗产的数量（现在看来工业遗产数量还有待于进一步评估核实），但为后期甘肃工业遗产的保护与再利用做出了开创性的贡献。目前，由于西北地区经济相对落后，文化遗产保护意识相对薄弱，兰州城市的一些工业遗产正在快速消失，例如西北油漆厂、兰州毛纺厂等。如何保护好这些兰州工业文明的见证，如何系统地利用好这些有价值的文化遗产，是现今面临的一个新课题。

二　研究意义

（一）理论意义

综上所述，我国的工业遗产保护与再利用是从文物保护和名城保护中演化而来的，研究时间相对较短。直接的研究也是伴随着国家各级政府开展工业遗产评选、登记才逐渐开展，研究专著相对较少。从学术发展来看，工业遗产保护的理论需要朝本土化方向发展，研究的角度和内容也需要逐渐实现多样化。本书补充了甘肃工业遗产保护理论与方法的不足，对开展甘肃乃至全国的城市工业遗产保护提供了基础支撑。研究兰州工业遗产的保护与再利用有如下几点意义。

1. 研究工业遗产有助于梳理地方城市的空间发展历史。研究利用人文地理、历史考古等方法对兰州城市工业遗产进行研究，对甘肃乃至西北地区的重要工业城市空间发展史是一个有益的补充。

2. 研究工业遗产有助于总结城市形态与城市特色景观。工业遗产的保护和再利用研究，立足于特定的城市物质空间形态之中，对于城市整体空间的完整性与丰富性有着重要的学术意义。

3. 工业遗产保护研究丰富了城市可持续发展的研究内容。通常工业遗产的物质寿命总是比其功能寿命长，尤其是工业类建筑，往往可在其物质寿命之内经历多次使用功能的变更。对兰州工业遗产提出合理的保护及再利用，有利于城市资源和经济方面的可持续发展。

（二）实践意义

尽管我国已经开展了工业遗产保护技术和方法的研究和实践，然而现实中规划执行情况不理想，导致破坏现象依然屡禁不止。究其原因，保护模式和策略没有很好地立足于地区的自然、社会、经济和文化现状。本书针对兰州工业遗产，探索具有可操作性的保护理论与方法，用于指导当前城市工业遗产的可持续发展。不仅对当前的城市发展和旧城改造具有重要的现实意义，而且对和谐社会建设和广大群众的生活都有极其深远的影响，更对城市规划实践具有现实的指导意义：

1. 工业遗产保护利用研究有利于整合工业废弃地功能；

2. 工业遗产保护利用研究有利于保持城市文化多样性；

3. 工业遗产保护利用研究有利于提高城市经济价值；

4. 工业遗产保护利用研究有利于改善城市居住环境。

第二节 研究方案设定

一 研究思路与目标

（一）研究思路

在新的市场经济形势下和新一轮的城市建设中，对有价值的工业建筑和废弃的工业用地如何妥善处理成为全国工业城市转型中的一个难点。而兰州作为我国重要的能源和原材料工业基地，这一问题显得尤为突出。在可持续发展思想的指导下，开展工业遗产保护利用研究就变得极为重要。然而，兰州城市工业遗产的特征是什么？工业遗产保护与城市发展的关系怎样处理？如何建立科学的工业遗产保护评价体系？保护与再利用的研究层面与研究切入点如何确定？这些皆为在研究中需要思考的问题。

基于上述思考，本书的研究思路为：首先，充分了解国内外与工业遗产保护、工业遗产地更新、工业遗产旅游等相关的实践、理论和方法，分析并掌握工业遗产内涵、特征及其与城市发展的关系；其次，在掌握相关理论的基础上，根据兰州城市工业遗产的特征建立合理的工业遗产综合评估体系与方法，并对兰州工业遗产点进行评估测试；再次，分析兰州城市工业遗产的产生背景，分析其发展脉络、类型和分布特征以及对城市空间结构的影响，对兰州城市工业遗产做出总体诊断；最后，在上述三点的基础上，提出兰州城市工业遗产保护与再利用的模式和相应策略，并以实践案例加以检验。

（二）研究目标

以兰州为研究对象，借鉴地理学、城市规划、城市景观、建筑学等领域有关理论，试图回答以下四个问题：

1. 辨识兰州城市工业遗产资源的综合价值；

2. 分析兰州城市工业遗产的主要类型与空间分布特征；

3. 采用定量分析方法构建评估体系，对兰州城市工业遗产进行评估分级；

9

4. 提出兰州城市工业遗产保护与再利用的实施对策。

二 研究对象与内容

(一) 研究对象

由于每个国家、每个地区进入大机器生产的工业阶段的时间不同，工业遗产并没有明确到具体年份的起止时间划定。本书主要研究的是自 19 世纪后半叶近代工业诞生以来至现在这一段时期中城市空间层面的物质实体类工业遗产，即是那些在近现代工业发展过程中建设的为工业、仓储、交通运输及市政公用事业等服务的建筑物、构筑物及其所在地段。这也是目前国际社会工业遗产研究领域主要研究的对象（见图 1 - 5）。

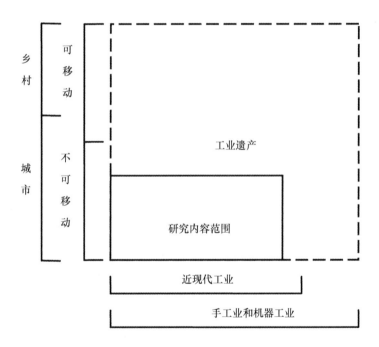

图 1 - 5　本书研究的内容范围

（二）研究内容

1. 以空间与数量信息为基础宏观把握城市工业遗产空间结构体系。以兰州为对象，从城市转型的视角分析同一城市中不同工业遗产所表现出的共同点和差异性，并在此基础上分析保护的思路与利用的潜力。

2. 从理论上探讨城市发展建设与遗产保护的互动机制。剖析城市建设中老工业基地再发展的影响因素。探讨因素间的互动关系决定下的城市建设与工业遗产保护两者的互动机制。

3. 建立城市工业遗产的评价体系。以工业遗产的本原价值、历史价值、科技价值、美学价值、教育研究价值以及经济价值为体系，从经济效益、生态效益、社会效益三个层面构建城市工业遗产综合效益评价指标体系。

4. 建立城市保护模式。从各工业遗产的区位特点、交通条件、自然现状因素出发，结合经济、文化背景和居民生活习俗的差异，通过定量和定性评估，拟把兰州工业遗产划分为若干个类型或者簇群，建立基于兰州自身条件的保护利用模式。

5. 提出保护与再利用策略与建议。基于若干种模式的研究结果，选取典型案例进行综合效益评价，并提出与之相应的策略和建议。

三　研究方法与技术路线

（一）研究方法

本书从理论和实践两个层面阐述对兰州城市工业遗产的保护模式。由于工业遗产保护的系统性和复杂性，具体研究方法如下。

1. 多学科交叉研究方法。本书综合运用地理学、城市规划、建筑学、遗产保护、社会经济等相关学科知识，以期能综合深入剖析兰州工业遗产的历史、现状、价值及其保护对策等遗产保护体系构建过程中的若干关键问题。

2. 文献与野外调查相结合的方法。关于兰州工业历史的记载散见于市志、统计材料、经济发展史、工业发展史等材料中，研究初期主要对历史资料进行归纳分析。同时，强调对研究对象进行系统野外调查的必要性，特别是对工业遗产地现状的详细调查与分析。文献与现场调查相结合的方法，为研究提供更为可靠的基础数据支撑。

3. 多尺度分析方法。在对兰州城市工业遗产进行研究时，不仅要考虑到分析的广度，同时还应强调对某些具体问题的分析深度。本书在具体分析中结合实际需要，从"国土→区域→城市→地段→建筑群→建构筑物"六个不同层次展开分析，从而更有利于深入把握工业遗产的内涵和外援。

4. 综合分析与比较分析相结合的方法。工业遗产的形成与发展实际上是一定的经济、文化和政治综合作用的结果。所以，综合分析有助于揭示不同的工业遗产地之间相似的发展机制和规律。但是，工业遗产本身具有动态性和历史延续性，不同的历史阶段、不同的发展水平，都会表现出不同的相互作用特性和作用效果。即使处于同一时期，不同区域还存在不同的地理区位、文化差异、制度差异等。因此，历史的纵向比较和同期的横向比较能得出不同分析结果。

5. 定性与定量结合的方法。定性描述方法是社会科学普遍采用的一般性研究方法，通常适用于对事物及其发生规律进行宏观的概念化描述。但是要准确、深入地揭示事物的运动规律，必须借助定量方法，因此，定量分析方法成为现代科学研究的必要手段。研究工业遗产保护必然会涉及大量相关的基础数据，通过对这些数据的分析，找到兰州城市各工业遗产地的特征。因此，通过对现象的定性分析，结合定量方法，可以有效地揭示其本质特征。

6. 理论证明与案例实践相结合。将理论分析贯穿整个框架，并对兰州地区各类的典型案例进行实证研究。理论与实践相结合，不仅有助于各个模式的遗产保护理论得到深化和应用，还能有助于完善甘肃乃至西北地区城市工业遗产保护的理念。

（二）技术路线

本书从文化遗产角度出发，探讨当前工业遗产保护利用过程中所遇到的难题。基于学科研究需要，采用理论与实证研究相结合的方法，从宏观、中观、微观三个层面深入探讨城市转型中历史文化遗产保护与发展的统筹机制与模式。具体章节和技术路线和安排如下。

1. 问题提出（第一章）：主要是提出问题、简介论文工作方案安排并指出关键内容。

2. 研究基础（第二章）：首先进行相关概念界定，然后找出可支撑研究的基础理论，以及综述国内外相关研究，同时对数据和资料进行初步收集。

3. 研究内容与方法（第三、四、五、六章）：为本书重点部分，以"理论剖析—案例研究—价值评价"为主要研究路线。

第三章，基于城市工业遗产的现状及城市发展基础数据，结合社会、经济数据分析城市工业遗产的特征，从而进一步剖析工业保护的重点与难点之内在机制，建立城市工业遗产的保护与再利用基础理论。

第四章，确定不同类型遗产中的影响因子和指标权重，构建工业遗产保护评价指标体系，并选取不同类型中的典型工业遗产进行测算和检验。

第五章，根据工业遗产空间分布特征和特点，从各个遗产的经济、历史、社会背景综合考虑，划分工业遗产类型，并建立兰州工业遗产保护利用模式。

第六章，基于机制、模式、评价三项研究结果的思考提出不同的策略和规划方法，并以实践验证，最后提出对策与政策建议。

第七章，全面总结与展望。

具体研究路线如图 1-6 所示。

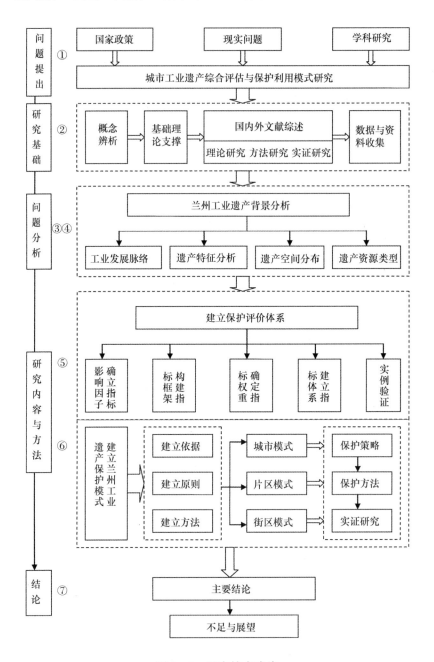

图1-6　研究技术路线

资料来源：作者绘制。

注：①—⑦分别代表文章的第1章至第7章。

第三节 城市工业遗产相关概念

目前，在研究中关于城市工业遗产的基本概念比较杂乱，其定义与范畴众说纷纭。很多定义往往基于城市工业遗产的某一特征或者某一领域提出，很难获得普遍认同。

一 建筑领域

建筑师最先与城市工业遗产的改造问题接触，改造对象往往集中于旧工业建筑，在实践中慢慢进行了理论的探索与深化。就废旧工业建筑这一对象，比较有代表性的称呼有产业类历史建筑、工业建筑遗产、旧产业建筑、产业建筑遗产等，虽然各有不同，但是都将它纳入历史建筑的范畴中，大多只是局限在建筑本身，而很少从废弃工业用地的整体来观察。

二 景观领域

随着后工业时代的到来，西方发达国家的景观设计师基于自身实践领域，运用景观设计手法以大量废弃的工业用地为基础，对自然要素和工业元素进行改造、重组，形成具有全新功能和多重含义的后工业景观。对此出现了不少提法，比较有代表性的是工业废弃地（industrial wasteland）。英国政府对废弃地的定义为：凡是因工业或其他方面原因而受到损害，非经治理无法利用的土地。其中不包括那些需经计划批准才能进行复原的土地，也不包括那些仍在使用的土地以及市区等待开发建设的用地。由定义本身来看，工业废弃地着重"废弃"的概念，隐含了对工业生产破坏环境的批评；从时间向度上来看，工业废弃地并不能涵盖那些几乎处于停滞状态、生产活动进入晚期的老工厂用地与基于产业调整而面临搬迁的老工厂用地。

三 城市规划领域

复兴的命题是与衰败工业地区紧紧联系在一起的，这些衰败的地区往往污染严重，生态矛盾突出，社会问题突出，经济活力低下，城市规划师基于地区或者地段的复兴的角度进行研究，探讨有机更新相关的机制，较为代表性的提法为棕地（brownfield）。

文章中所指城市工业遗产，在英文文献中称为"urban industrial heritages"。可定义为：由于现实的和预见的污染而导致未来的再开发变得极为困难的废弃的或者正在使用的工业及商业用地及其所包含的建筑和构筑物。这是一个广义的概念，不仅包括地理学者提出的旧工业区、旧工业地段、历史工业地段等概念，也包括建筑学者所提出的工业旧建筑和构筑物。在空间上，不仅包括位于城市中心区的工业遗产，也包括市域范围内郊县镇区的工业遗产。

第二章 城市工业遗产研究的 国内外进展与评价

第一节 工业遗产的基本认识

一 工业遗产的概念

在"工业遗产"概念出现以前,工业遗产研究通常以"工业考古"称之,这一概念首先是由英国学者 M. 里克斯(Michael Rix)在1955年提出的。2003年,国际产业遗产保护联合会在其颁布的《下塔吉尔宪章》中对"工业遗产"做出了较为全面而系统的界定"凡为工业活动所造建筑与结构、此类建筑与结构中所含工艺和工具以及这类建筑与结构所处城镇与景观,以及其所有其他物质和非物质表现,均具备至关重要的意义"。即具有历史价值、技术价值、社会意义、建筑或科研价值的工业文化遗存,包括建筑物和机械、车间、磨坊、工厂、矿山以及相关的加工提炼场地、仓库和店铺、生产、传输和使用能源的场所、交通基础设施,与工业生产相关的其他社会活动场所,如住房、宗教和教育设施等。在我国,2006年发布的《无锡建议》认为,工业遗产是具有历史学、社会学、建筑学和科技、审美价值的工业文化遗存,包括工厂车间、磨坊、仓库、店铺等工业建筑物,矿山、相关加工冶炼场地、能源生产和传输及使用场所,交通设施、工业生产相关的社会活动场所,相关工业设备以及工艺流程、数据记录、企业档案等物质和非物质文化遗产。

从限定范围来看,我国的工业遗产有狭义和广义之分,狭义的工业遗产主要指生产加工区、仓储区和矿山等工业物质遗存，包括钢铁工业、煤炭工业、纺织工业、电子工业等众多工业门类所涉及的各类工业建筑物和附属设施。广义的工业遗产包括与工业发展相联系的交通业、商贸业以及有关社会事业的相关遗存，包括新技术、新材料所带来的社会和工程领域的相关成就，如运河、铁路、桥梁以及其他交通运输设施和能源生产、传输场所等（单霁翔，2006）。

从时间概念来看，工业遗产也可分为狭义和广义两个研究范畴：狭义的工业遗产是指18世纪后半叶以来，以采用钢铁等新材料，煤炭和石油等新能源，以机器生产为主要特点的工业革命后的工业建筑、工业码头、工业社区等工业遗存。在中国主要是指19世纪末、20世纪初以来近现代化进程中留下的各类工业遗存；广义的工业遗产不仅包括近现代机器工业时代的工业遗存，还包括工业革命前的传统的工业产业领域，如手工业、采矿业、制造业、加工业等年代相对久远的工业"遗存"，如湖北大冶铜矿、丰都炼锌遗址，甚至还包括一些史前时期的大型水利工程和矿冶遗址（汪希芸，2007）（见表2-1）。

综上所述，工业遗产是工业化发展过程中留存的物质遗产和非物质遗产的总和，是一种具有多重价值的工业文化遗存，属于人类文化遗产的重要组成部分，其涉及的范围在不断扩大化，不仅包括工业遗产"本体"，也包括与其相关的遗迹等。

二　工业遗产的类型

按照历史时期划分的工业遗产，反映了漫长的工业发展史：一是古代工业遗产，即那些见证古代手工业和工程技术的矿山和冶炼遗址、古代陶瓷窑厂遗址、古代手工作坊遗址等，如湖北的铜绿山古矿遗址、安徽淮南的泰州窑等都归属此类型；二是近代工业遗产，即那些反映我国近代工业文明的遗产，主要源于鸦片战争到1949年建立起来的民族工业和国外资本创办的工业，民族特色明显，如南通大生纱厂；三是现代工业遗产，即中华人民共和国成立以来在工业化进程中形成的工业遗产，在地域上主要集中在东北、西北、西南传统工业区以及珠三角、长三角等东部沿海发达地区，如青岛啤酒厂早期建筑、酒泉卫星发射中心导弹卫星发射场遗址等（单霁翔，2006）。

表 2-1　　　　　　　　狭义工业遗产和广义工业遗产划分

划分类型	狭义工业遗产	广义工业遗产
时间划分	指18世纪从英国开始，以采用煤炭、石油等新能源，采用机器生产为主要特点的工业革命后的工业遗存。	包括工业革命及其以前人类技术创造的遗物遗存，如史前时期加工生产石器工具的遗址、古代资源开采和冶炼遗址以及包括水利工程在内的古代大型工程遗址等。
范围划分	指生产加工区、仓储区和矿山等处的工业物质遗存，包括钢铁工业、煤炭工业、纺织工业、电子工业等众多工业门类所涉及的各类工业建筑物及其附属设施。	除狭义工业遗产外，还包括与工业发展相联系的交通业、商贸业以及有关社会事业的相关遗存，包括新技术、新材料所带来的社会与工程领域的相关成就，如运河、铁路、桥梁以及其他交通运输设施和能源生产传输使用场所。
内容划分	主要包括作坊、车间、码头、管理办公用房等不可移动文物；工具、器具、机械、设备、办公用具等可移动文物；契约合同、商号商标、产品样品、招牌字号、票证簿册、照片拓片、图书资料、音像制品等涉及企业历史的记录档案。	除以上物质类文化遗产外，还包括工艺流程、生产技能和与其相关的文化表现形式，以及存在于人们记忆、口传和习惯中的非物质文化遗产。

根据空间形态工业遗产可归类为以下三种：一是城市空间更新型工业遗产，带有地区复兴和社会转型意义的大规模产业更新改造及其适应性再利用，例如，德国鲁尔工业区和城市规划中的工业区和区域性资源型工厂区。二是城市特色资源空间带形成的工业遗

产，一般依托于特定资源和生产运输条件，例如，鹿特丹港区和上海苏州河沿岸滨水区等。三是具有美学寓意的空间带，如承载特定价值或建筑学意义的工业类建筑物、构筑物及其周边地段，典型代表如江南造船厂（解学芳，2011）（见图2-1）。

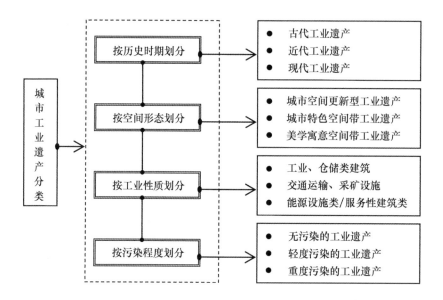

图2-1　工业遗产类型划分

第二节　国外城市工业遗产研究进展

一　国外工业遗产保护与再利用研究发展历程

北京大学世界遗产研究中心的阙维民教授对国际工业遗产的保护、管理与研究进行了翔实、准确的论述，他认为国际上对工业遗产的研究大致经历了4个历程，分别是：肇始阶段、初创阶段、世界遗产化阶段、主题化阶段[①]。

第一阶段——肇始阶段（20世纪50年代）

① 阙维民：《国际工业遗产的保护与管理》，《北京大学学报》（自然科学版）2007年第4期。

20 世纪 50 年代，开始零星出现一些工业遗产相关的文章。出现最早的是 1952 年美国学者 D. B. 斯坦曼（D. B. Steinman）所撰写的《布鲁克林桥的重建》一文。

第二阶段——初创阶段（20 世纪六七十年代）

这一阶段，工业遗产研究已有一定的规模，以英国为首的众多西方工业发达国家的学术界纷纷成立了研究和保护工业遗产的工业考古组织。英国的伦敦工业考古学会（The Great London Industrial Archeology Society, GLIAS），1968 年成立；澳大利亚工业考古委员会（Industrial Archaeology Committee, IAC）于 1968 年成立；英国工业考古学会（The Association for Industrial Archaeology, AIA），20 世纪 70 年代初成立；美国工业考古学会（Society for Industrial Archeology, SIA），1971 年 10 月在美国史密斯学会举行的学术大会上成立；英国"工业考古记录"自愿者组织，1972 年成立，并于 1982 年成立了全球第一家网站"工业考古记录"；国际工业遗产保护委员会（The International Committee for the Conservation of the Industrial Heritage, TICCIH），1978 年在瑞典成立。

第三阶段——世界遗产化阶段（1993—2005）

自 1993 年起，联合国科教文组织（UNESCO）世界遗产委员会开始关注世界遗产种类的均衡性、代表性与可信性，并于 1994 年提出了《均衡的、具有代表性的与可信的世界遗产名录全球战略》（*Global Strategy for a Balanced*, *Representative and Credible World Heritage List*）①，其中，工业遗产这一遗产类型被特别强调。此外在提出与发布的《近代遗产研究与文献编制计划（2003）》《亚太地区全球战略问题（2003）》《关于亚太地区定期报告任务书的区域与次区域建议（2003）》《"行动亚洲 2003—2009"计划（2005）》《世界遗产名录：填补空白——未来行动计划（2005）》等有关世界遗产类型的研究报告和计划中都提到了工业遗产的类型和价值等问题。2003 年 7 月，俄国下塔吉尔召开国际工业遗产保护委员会，

---

① UNESCO，《Global strategy》（http：//whc. unesco. org/en/ globalstrategy）.

大会上颁布了专用于保护工业遗产的国际准则——《下塔吉尔宪章》（*Nizhny Tagil Charter*）。宪章主要就工业遗产保护的立法、维修、教育、培训、宣传等方面提出原则、规范和方法的指导性意见。2005 年在中国西安召开了国际古迹遗址理事会（ICOMOS）第 15 届大会暨学术研讨会。同年，在新颁布的《实施世界遗产保护公约操作指南》中国际工业遗产保护委员会（TICCIH）被列为世界遗产评审咨询组织。另外，1999 年澳大利亚的工业遗产咨询委员会（Industrial Heritage Advisory Committee, IHAC）成立，并于 2001 年与工业考古委员会合并为工业遗产委员会（Industrial Heritage Committee）。

第四阶段——主题化阶段（2006 年至今）

从这一阶段开始，工业遗产作为世界文化遗产的组成部分越来越被世界人民所重视。2006 年 4 月 18 日，国际文化遗产日的主题确定为"产业遗产"（Heritage of Production），这一明显迹象说明国际工业遗产保护正式进入新的阶段。

二 国外工业遗产保护与再利用研究评述

（一）关于城市建筑遗产保护的理论研究

法国的建筑遗产研究相对开展较早，形成了以维奥莱·勒·杜克（Viollet Le Duc）为代表的法国建筑遗产保护学派，主张追求文物建筑的艺术完美、风格统一，因此，对建筑遗产保护往往采用将外部形态和内部结构都科学修复的措施。他们鼓励根据具体情况采取具体措施，尽力使古建筑恢复生命力。以这一建筑遗产思想为发端，法国先后颁布《历史性建筑法案》、《纪念物保护法》、《历史古迹法》、《景观保护法》和《马尔罗法》等法案保护其城市文化遗产。其中，《马尔罗法》首次提出"保护区"的概念，对世界城市保护产生十分深远的思想影响。与法国相对应的是英国建筑遗产保护学派，其中以拉斯金（John Ruskin）和莫里斯（William Morris）为典型代表。他们以浪漫主义为思想指导，认为古建筑是不可能再现的。主张保护古建筑原有面貌，提出保护（protection）代替修复（restoration），并且应该在保护过程中外加的措施中留有识别性，以达到保护古建筑的历史印记的目的。此外，意大利吸收了法国和英国的观点，形成了一个相对折中的意大利建筑遗产保护学派，它强调历史城市、历史环境和传统建筑的相互统一。一个历史环境就是一个整体，历史建筑应该像一个片段存在于历史城镇中，从而达到历史文脉的延续。"历史建筑的修复要从历史城区、历史环境出发，力求尺度、样式等的相似性，但是要尊重历史建筑的真实性，合理保持现代方法和材料的比例。"（薛军，2002）进入 20 世纪末期，人们开始对传统的历史遗产的理论展开了反思，最具有代表性的就是罗温索（David Lowenthal），他在 *The Past is a Foreign Country* 一书提出历史与遗产的本质差异，并且从发展的视角重新审视文化遗产的历史意义和时代价值，给当前的文化遗产保护研究带来启发性的思路。另有科斯托夫（Spiro Kostof）在 *The City Shaped*：*Urban Patterns and Meanings Through History* 中以人类学角度把城市还原为基本模式，以此解释当今历史城市辉煌历史的传承。

（二）关于历史城镇保护规划的方法研究

随着全球遗产热的兴起，世界各国的遗产保护学者关于历史环境的保护与发展进行了广泛的探索，也为历史城镇的保护提供了极有价值的措施和建议。欧洲的史蒂文·蒂耶斯德尔（Steven Tiesdell）以英国诺丁汉市中心的花边市场的振兴为例，探索了历史地区的保护与经济复兴的关联性，提出历史环境的物质空间形态的再生必须建立在经济复兴的基础之上。但是经济的发展必然会促进新的产业结构重组，从而导致传统产业的消逝，因此历史环境的保护与发展关键是要控制好和谐的"度"。卡卢利（Sim Loo Lee）则以新加坡的唐人街、甘榜格南和小印度历史街区为例，探索了在高速城市化进程中，采取的以市场化运作为导向的历史文化保护策略，使得历史街区得以保护和恢复活力，并通过考察这几个街区的建筑功能和街区形态的变化，阐明了历史环境保护与发展相协调的可行性。日本的西村幸夫在 1997 年出版的《历史环境保护与都市景观创造——趋于都市风景的设计方法》，从历史环境的保护或历史街区保存与都市景观的创造或都市街区的形成两方面，以历史保护、美观控制、景观创造等问题为中心，深入探讨了城市规划设计的方法论和历史保护运动的实践论；2007 年出版的《再造魅力故乡：日本传统街区重生故事》，以日本小樽、函馆等十多个历史性城镇为例，提出保护应当是一个地方自制团体与专家联合工作过程，以社区发展为目标来实现历史文化遗产的保护目的。美国的哈基姆（Besim S. Hakim）（2007）以新墨西哥州的阿尔布开克为例，阐述了历史城镇和遗产地区振兴过程应该满足社会公共的历史价值，同时确保公众与私人公平和平等、责任分配明确，以此避免建筑环境的僵化，保持了当地的历史完整性、地域的归属感。彭德尔里（Pendlebury）以英国东北部城市纽卡斯尔的核心历史城区格兰吉尔（Grainger）为实证案例，研究了历史城镇的传统建筑、城市形态的保护方式与方法。纳赫姆·科恩（Nahoum Cohen）以欧洲传统的古城镇为研究对象，选取了若干个城镇并从空间类型角度划分为建筑、街道、广场及山水环境加以分析研究，借用类型学的方法写成了《城镇历史环境保护方法》一书，即 *Urban Planning Conservation and Preservation*。莫塔和威廉（Murtagh & William J.）在其专著 *Keeping Time：the History and Theory of Preservation in America* 中以历史建筑和传统街区为研究对象，从邻里社会关系的视角提出传统城镇的保护方法，并提出了当前历史保护趋势下社区未来的发展。马里奥（Mario）以法国建筑、城市与风景历史遗产保护区为例，讨论了这些保护区产生的背景以及今天在城市中的功能作用，提出了法国历史遗产保护的若干方法①。

（三）关于工业遗产保护利用方法研究

20 世纪 70 年代后期，经济快速发展，西方社会开始关注对旧建筑的保护和使用，有关城市规划和旧建筑保护及再利用的国际性文件相继出台，扩展了旧建筑保护的范围和保护利用手段，如著名

---

① 刘奔腾：《历史文化村镇保护模式研究》，东南大学出版社 2015 年版，第 7 页。

的《内罗毕宪章》（1976）、《马丘比丘宪章》（1977）、《巴拉宪章》（1979）、《华盛顿宪章》（1987）等。尤其是《巴拉宪章》提出了旧建筑再利用中"适应性再利用（adaptive reuse）"的概念，即在保护中对原有建筑进行适度改造，极大地影响了后来的工业建筑再利用的理念和实践方向。总体看来，国外工业遗产的保护与再利用方法研究主要集中在工业考古、工业历史地段更新、工业建筑遗产改造与再利用、工业建筑遗产的保护及修复技术等方面。

（1）工业考古：英国工业考古学会前任主席玛丽莲·帕尔默（Marilyn Palmer）与彼得·尼弗森（Peter Neaverson）合著的《工业考古：原理与实践》（1998）从工业考古学的角度对工业遗产的保护利用理论进行脉络梳理，翔实介绍了世界各国家的实践案例，分析了工业遗产保护过程中的失败与成功经验，对全球的工业考古学研究产生重要影响。

（2）工业历史地段更新：伯克曼斯（Berckmans P.）及格罗斯（Gross L.）提出要从新的视角来看待工业遗产，分析工业历史地段的利用价值和目的；克拉克（Clark R.）和德·克特（De Corte L.）等学者关注于工业历史地段更新，他们认为工业遗产的保护不应仅局限于微观，而应从宏观综合考虑。从城市规划的角度对历史工业地段除了保护本身，还应该结合地块在未来城市发展中的功能需求进行综合定位，以达到长期保护利用的目的。另外，对工业遗产所在地区重构或复兴研究的个案典型代表还有莱卢普（F. Leloup）和莫扎特（L. Mozart）对比利时埃诺（Hainaut）老工业区的研究，杰尼克（Gdaniec Z.）对巴塞罗纳前工业城区的研究以及霍斯珀斯（Hospers G. J.）对欧共体关于工业遗产地的区域结构调整问题的研究等。

（3）工业建筑遗产的改造与再利用：相当一部分学者致力于对各自国家的工业遗产进行了案例研究，如贝洛斯特（Belhoste F.）、卡蒂尔（Cartier C.）、勒·鲁（Le Roux T.）等针对法国工业遗产资源及保护等方法进行研究；而西班牙的卡萨奈尔斯（Casanelles E.）、荷兰的奈霍夫（Nijhof P.）、英国的休姆（Hume J.）、奥尔德斯（Aldous T.）、宾尼（Binney M.）分别就不同区域的社会、经济、文化、地理等特定因素，分析了各国工业遗产现状、保护的必要性，并对各自国家的典型工业遗产改造案例提出自己的保护观点。

（4）工业建筑遗产的保护及修复：贝利埃（Berliet P.）通过对欧洲已实施的若干典型案例的保护实例进行深入剖析，从而总结出工业遗产的保护途径和方法；约翰·贝蒂姆（Johan Bettum）、宾尼（Binney M.）和伊利（Eley P.）等则分别探讨了如何对工业遗产案例进行适当修复后再利用来达到对其长久保护的目的。还有学者对工业遗产的保护模式分类研究，如鲍迪奇（Bowditch J.）、亨德里克斯（Hendricks J.）等学者关注于博物馆这一应用最多的遗产保护模式展开研究。

（四）关于工业遗产管理研究

1963 年，工业遗迹普查会（Industrial Monuments Survey）正式成立，重点开展对工业遗迹的基础调查工作。但此时的调查停留于初级阶段，由于缺乏限定标准，对遗迹的认定和调查的范围仅凭借工作人员的主观判断。1972 年，联合国教科文组织（UNESCO）开始建立世界遗产提名与保护工作，并将工业遗产也作为需要全球社会保护的重要对象。1973 年工业考古协会（AIA）在英国正式成立，并在世界最早的铁桥所在地召开了第一届工业纪念物保护国际会议，此时，工业遗产开始被世界各国广泛关注。1978 年，国际工业遗产保护协会（The International Conference of Conservation of the Industrial Heritage,TICCIH）作为第一个致力于促进工业遗产保护的国际性组织，在瑞典召开的第三届工业纪念物保护国际会议上正式成立，它也是国际古迹遗址理事会（ICOMOS）就工业遗产问题的专门咨询机构。成员涉及历史学、技术史学、建筑学、工程学等方面的专业人员，以及遗产保护运动的研究者和拥护者。该组织通过信息交流推动国际间合作，开展了大量针对工业遗产进行的调查、文献研究及保护工作，有效促进了世界各国对工业遗产管理工作的规范化。

　　此后工业类遗产的保护逐渐受到各国政府的关注，尤其是工业遗址的普查记录和管理工作，对工业活动的建筑、机器与文献资料等进行了详细记录。日本工业考古学会保存调查委员会 1980 年完成《全国工业遗产记录工作要领》，强调劳动者的知识、技术与经验以及他们那时代的生活与工作都要作为记录工作中的组成部分。法国于 1981 年承办了国际工业遗产保护协会（TICCIH）以"工业遗产"为题的国际学术会议，并对工业遗产的保存提出了新的政策，之后法国文化部成立工业遗址小组负责研究和建立工业遗产国家资料库。荷兰于 1986 年开展工业遗产资料库计划，由新成立的工业遗产计划局负责。在比利时，则已经完成了全国各类工业建筑的普查并出版了普查记录。英国作为工业遗产保护组织的发祥地，工业遗产的保护管理工作成效显著：1991 年英国伦敦工业考古学会建立国家标准，收集工业考古信息；并于 1993 年出版了《工业场址记录索引》（*Index Record for Industrial Sites*，IRIS），建立了工业考古场址和表述的标准、术语；1998 年英国伦敦工业考古学会网站（www. iarecordings. org）建立了英国工业遗产影像数据库，使工业考古成果统一到《工业场址记录索引》（IRIS）的标准上，并实现了成果的电子化（刘伯英、胡建新，2008）。

　　2003 年 7 月，国际工业遗产保护委员会大会上通过了专用于保护工业遗产的国际准则——《下塔吉尔宪章》。宪章对工业遗产的定义做出严格阐述，指出工业遗产的价值和认定、记录、研究的重要性，并就立法保护、维修保护、教育培训、宣传展示等方面提出了原则、规范和方法的指导性意见。其间，关于工业遗产管理和利用的书籍也陆续出版，其中朱迪斯·阿尔弗雷（Judith Alfrey）和普特南·提姆（Putnam Tim）在"遗产：关注—保护—管理"（*The Heritage*：*Care - Preservation - Management*）系列丛书中的《工业遗产：管理资源利用》（*The Industrial Heritage*：*Managing Resources and Uses*）（1998）一文颇具代表性，从工业文明的角度探讨了工业遗产的价值，进而提出工业遗产保护性再利用的管理和操作方法。

（五）工业遗产旅游研究

西方工业国家，特别是欧洲的工业停滞区域，对工业遗产保护与开发利用研究最终都落实到工业遗产旅游开发的研究上。目前，英国、德国、荷兰、法国、西班牙、比利时和意大利等国家都有不同程度针对工业遗产旅游的产业开发，工业遗产旅游作为区域经济转型的战略举措普遍取得成功，其中以英国的铁桥峡谷和德国的鲁尔工业区最为有名。同时，工业遗产旅游研究也已取得丰硕成果，突出表现在对工业遗产旅游的产生原因、发展和管理方面。内容涉及历史学、社会学、心理学、统计学、经济学、环境保护、可持续发展等多个学科。

工业遗产旅游的产生原因方面，罗伯特（Robert B.）（1999）认为工业遗产是一种原始工业活动，已经消失或正在消失，具有保护价值，和其他历史文化遗产一样可作为旅游资源来开发；大卫·萨里（Dav Saari）（2002）从经济学的角度出发，认为一个地区的工业衰退迫使该地区利用积淀的文化和自然等优势来尝试新的产业活动，利用旅游和休闲产业等服务经济来调整产业，以此促进社会经济的发展，而工业遗产旅游这一产业正符合此经济需求；拉希（Lash E.）（2002）的观点是更精细的景观估价标准的实行催生了工业遗产旅游。阿韦尔·爱德华兹（J. Arwel Edwards）（2007）对工业遗产成为旅游开发的原因总结得较为全面：战后国家或地区正在经历工业和制造业的衰退，休闲产业的出现更符合战后的需求；人们的怀旧情绪被调动，保护和保藏运动变得活跃起来；政府出台的文物保护政策带动了旅游开发。

工业遗产旅游发展方面，艾丽森·卡芬（Alison Caffyn）（2005）以位于英国伯明翰（Birmingham）的工业遗产项目Sohohouse为例，探讨了后工业社会时期，英国留存的大量工业遗产，应怎样在欧洲一体化的影响下通过旅游产业来达到工业遗产的保护和再利用，并且由此带动区域经济发展；沃尔夫冈·陶布曼（Wolfgang Taubma）（2006）和Shu Jyuan Deiwiks（2006）对工业遗产旅游的相关概念、开发策略和发展定位等多方面进行了系统梳理；米歇尔（Michelle）和赛吉尔斯基（Cegielski）等人分别以澳大利亚的矿业遗产作为研究对象，利用统计数据来分析吸引旅游的原因和游客们的行为规律，进而研究旅游业对当地经济的影响。以西班牙为例，阿韦尔·爱德华兹（1996）分析了西班牙等南欧国家工业遗产旅游不被重视的原因，进而探讨了工业遗产旅游在不同国家、不同区域、不同经济背景下的各种发展差异。

工业遗产旅游管理研究方面，英国旅游学者约翰·斯沃布鲁克（John Swarbrook）在《旅游景点开发与管理》（*Development and Management of Tourist Attractions*）（2005）一书中对工业遗产旅游做了大量的案例研究，特别是艾思布里奇峡博物馆和苏格兰威士忌文化遗产中心，研究内容涉及工业遗产景点开发的资金筹措、市场营销、产品包装设计、景观设计、人力资源、经营管理等多方面的内容。理查德·C. 普伦蒂斯（Richard C. Prentice）和史蒂芬·F. 威特（Stephen F. Witt）（2008）则以矿产公园为研究案例，认为游客的经历和受益是遗产公园市场定位、项目设计、营销计划的关键因素，利用归纳法将游客分为不同类型，通过问卷调查统计分析得出游客对公园各方面的满意度和旅游需求，成为这一工业遗产旅游项目后期开发与管理的指导。

另外，由于工业文化遗产涉猎范围较广，工业遗产旅游产品的类型也是研究的关注点。如爱德华兹通过对矿区的流程分析，将矿区遗产这类较为特殊的旅游产品分为四种类型：生产场景（productive attractions），工艺过程场景（processing attraetions），运输系统场景（transport attractions）和社会文化场景（social – cultural attractions）。

三　国外工业遗产保护与再利用研究评价

工业遗产保护研究源于英国这个工业革命最早发端的国家。19世纪中期，工业遗产的保护问题在英国开始引起重视，并出现了有关工业遗产的展览，但有关工业遗产的研究直到 20 世纪 50 年代才正式出现。这一时期所取得的成就主要体现在工业考古研究方面。

国外工业遗产研究历程中，欧洲理事会（Council of Europe）及
1978 年组成的国际工业遗产保护委员会（International Committee for
the Conservation of the Industrial Heritage）起到了十分重要的作用，
前者主要关注欧洲，后者则是一个世界性的工业遗产组织。正是在
这两个委员会的领导和组织下，工业遗产研究获得了很大的发展。
1985 年欧洲理事会以"工业遗产，何种政策"和 1989 年以"遗产
与成功的城镇复兴"为主题召开的国际会议上，涌现出许多有关工
业遗产的研究。从研究的主要内容来看，国外工业遗产研究主要有
如下几个方面。

1. 工业遗产的管理及利用研究：阿尔弗雷和帕特南在"遗产：
关注—保护—管理"系列丛书中的《工业遗产，管理资源利用》
（*The Industrial Heritage Managing Resources and Uses*）颇具代表性，
其中系统地分析了遗产管理工作的程序及在遗产保护工作中的作
用；伯克曼斯（Berckmans P.）和格罗斯（Gross L.）提出要从社
会、经济、文化的多重层面看待工业遗产，并从各个层面分析了工
业遗产的利用价值和目的；贝蒂姆（Bettum O.）、宾尼（Binney
M.）和埃利（Eley P.）等则分别探讨了如何对工业遗产，主要利
用不同的实例对性质各异的废弃工业建筑分别进行再利用的探讨。

2. 工业遗产的保护研究：贝利埃（Berliet P.）研究了工业遗
产的保护途径和方法，并提出采用多因子评价体系对工业遗产的价
值进行科学评估；宾尼和奥尔德斯（Aldous T.）从不同的视角和
实例分别分析了英国工业遗产状况及对本国工业遗产进行保护的必
要性。

3. 对各国工业遗产的研究：相当一部分学者对各自国家的工
业遗产进行了案例研究，如贝洛斯特（Belhoste F.）、沃恩希尔
（Wanhills A.）和勒鲁根据不同时期的法国工业遗产保护实例对法
国工业遗产资源及保护措施等方面进行了研究；另外，西班牙、荷
兰、比利时等许多欧洲国家在工业遗产保护的案例实践方面也都有
许多相关的研究。

4. 工业遗产与博物馆的研究：博物馆常常作为工业遗产保护

及利用的重要主体，吸引了各相关专业研究者的关注，如 Bowd J.
(1998) 从建筑工程的角度详细探讨了废弃建筑转变为大空间的展
馆建筑在建筑施工中的问题和对策；亨德里克斯（H. Hndricks J.）
(2003) 分析了人对空间认知的场所精神，认为应将人对工业遗产
的情感带入博物馆的场馆设计中去；E. Clark R.（2005）以英国的
两个工业遗产的博物馆为例，通过调查报告和数据分析，对其实用
性进行了优劣评价，为工业遗产的博物馆模式发展提供了科学
依据。

第三节　国内城市工业遗产研究进展

一　国内工业遗产保护与再利用研究发展历程

20 世纪 90 年代，我国建立了城市土地有偿使用制度，并出台
了城区土地"退二进三"式功能置换和老工业基地转型的一系列产
业用地调整的政策措施，这样的城市内部空间重构推动了城市工业
布局由传统的空间集聚为主导转变为空间扩散为主导。而随着大量
工业企业搬迁，如何处理遗留的土地以及废弃的建筑、设备等是亟
待解决的问题。相比较西方国家，我国对工业遗产的研究起步较
晚，对工业遗产的保护、管理与研究大致分为三个阶段：起步阶
段、探索阶段和发展阶段。

第一阶段——起步阶段（20 世纪 90 年代中后期）

20 世纪 90 年代中期，UNESCO（联合国科教文组织）世界遗
产委员会提出与发布了一系列与工业遗产紧密相关的报告和计划，
在中国的城市规划和建筑领域首先引起关注，这期间主要是以介绍
西方工业建筑遗产案例为主。到 90 年代末期，最先引起重视的工
业遗产类型是衰落的城市码头工业区。总体来说，这一阶段研究的
关注点主要是少量的珍宝型建筑和一些极具特征的工业场地。

第二阶段——探索阶段（20 世纪末—2007 年）

进入 21 世纪，工业遗产的研究逐渐多起来，特别是在政策的
引领方面。2006 年 4 月 18 日，中国古迹遗址保护协会、江苏省文

物局和无锡市人民政府共同主办了第一届"中国工业遗产保护论坛"，论坛上国家文物局局长单霁翔做了题为"保护工业遗产：思考与探索"的主题报告，并且出台了《无锡建议——注重经济高速发展时期的工业遗产保护》的草案。2006年5月，国家文物局下发《关于加强工业遗产保护的通知》，要求各地各相关部门进行工业遗产普查活动，并要求在地区建设中把对工业遗产的保护提上议事日程。随后，各地区根据《关于加强工业遗产保护的通知》要求，针对实际情况积极开展对工业遗产的保护工作。6月2日，国家文物局正式颁布了《无锡建议——注重经济高速发展时期的工业遗产保护》（以下简称《无锡建议》）。就中国目前的工业遗产保护现状，结合其他国家的先进理念和经验，《无锡建议》对我国工业遗产的概念、保护内容、现实问题以及保护的途径、目标、前景等都作了翔实的阐述。《无锡建议》是我国关于工业遗产保护的首部宪章性文件，对我国工业遗产保护影响深远，意义重大。这期间，学者们主要"从城市发展战略与城市规划、发展工业遗产旅游、工业建筑遗产的保护与利用、工业遗产景观规划设计几个角度进行研究"（李辉、周武忠，2005）。研究对象扩展到大量性、一般化的建筑遗产，对"保护与再利用"的解读也从利用艺术手法探索深入到社会问题研究。

第三阶段——发展阶段（2008年至今）

2008年7月28日，"全国首届工业遗产与社会发展学术研讨会"在哈尔滨工业大学召开。参加人员包括大专院校、科研单位、政府相关部门等。会议内容涉及工业遗产的保护、开发与利用，工业遗产的价值，东北老工业基地改造等问题。北京市建筑设计研究院总建筑师胡越认为"人的大半生处在对过去的回忆中，城市和建筑、街道是记忆的载体、实物，如果把这些东西都抹去了是很可悲的。保护工业遗产不仅是保留工业建筑，也应该包括过去人走过的痕迹，应该是这些记忆的载体"。中元国际公司资深总建筑师费麟提出"工业遗产保护必须纳入城市规划，切忌搞形象规划，政府要负起社会责任。工业遗产保护要分清主次缓急，要科学规划，不要

政绩工程、形象工程；要分期分步实现，不要立竿见影。希望政府要科学决策，依法决策，民主决策"。（王雯淼，2006）

在这一阶段，我国对工业遗产的认识更加深化，工业遗产保护已经迈上了规范化、法制化的轨道；对工业遗产的研究不再停留于学者间的探讨，而是通过官、产、学、研相互交流来更好地促进工业遗产的研究工作。

二　国内工业遗产保护与再利用研究内容

（一）关于城市工业发展战略角度的研究

在城市规划领域，最先引起重视的工业遗产地类型是衰落的城市码头工业区。在城市改造中，弥足珍贵的滨水地带往往成为人们最先关注的对象，滨水的城市码头工业区很自然地最先触发了研究者的兴趣。陆邵明（1999）认为衰落的城市码头工业区具有愈受青睐的工业文化与历史景观价值，完全保持其原有的逻辑严格的空间结构体系不太可能，其改造方式按照改造与保护的程度不同，可以分为保护改造型和改造保护型。

从城市发展角度出发，张卫宁（2002）提出了一种再生产的工业遗产地开发模式——改造性再利用，并指出它的发展动力和价值在于：有利于盘活存量，优化土地资源配置；有利于环境的改善；有利于发掘和保护地方文化。吴唯佳（1999）撰文介绍了德国鲁尔区利用举办国际建筑展的方式，对处于衰退时期的工业地区进行社会、经济、环境综合更新的策略和思考。周陶洪（2006）通过典型案例归纳了旧工业区的发展策略，包括经济、社会、文化、生态等不同侧重，提出了运用综合发展策略更新旧工业区的观点。并通过大量案例的分析研究了工业用地调整的可能途径。

2003年10月国务院发布了《中共中央国务院关于实施东北地区等老工业基地振兴战略的若干意见》（中发〔2003〕11号），正式确立振兴东北老工业基地的政策，随之从城市发展战略与城市规划角度对工业遗产地保护与利用进行研究的论著逐渐增多，也更加具有针对性。陈烨等（2004）以哈尔滨为例论述了老工业基地振兴战略要重视城市空间重构、城市功能整合、历史遗产保护、生态环境建设以及城市文化复兴和城市品牌塑造营销等多方面的问题,认为哈尔滨应将传统工业区作为城市的工业文化遗产保护,对有历史见证意义的工业建筑进行再开发利用,开发传统工业文化旅游。张伶伶、夏柏树(2005)提出了"新城市—工业"社区理论,即建设城市属性和工业特征相结合的新社区,使老工业基地回归为城市的有机组成部分,注重保护老工业基地在长期的工业生产过程中形成的建筑、空间与环境,并从保护更新、城市整体、生态环境和工业景观四个角度,比较全面地阐述了老工业基地改造的发展策略。

与东北老工业基地不同,产业遗产保护与再利用在上海这样的近代产业遗产丰富的大都市方兴未艾,展现了我国工业遗产地保护与利用的紧迫性和广泛前景。阮仪三等(2004)以上海近代产业遗产保护为例,阐述了产业遗产保护对都市文化产业开发、城市场所精神营造所具有的重要意义,指出近代遗产的保护与再利用重在注入新的活力,从而让其周围的历史环境复苏。邵健健(2005)以产业遗产保护与城市"有机更新"为出发点,探讨苏州河沿岸产业类遗产的前途与命运,并分析了"自上而下"与"自下而上"的城市规划方法对遗产"有机更新"的影响。

(二)关于工业遗产地景观规划的研究

工业遗产地景观规划设计从最早的建造传统风景式公园的处理方法,到各种艺术手段的介入,再到综合运用生态技术、艺术手法、游憩理论、景观设计来处理,已经走过了一系列演化发展的过程,国内学者及时地总结国内外实践的经验,并进行理论提升,取得了比较丰硕的成果。

王向荣(2001)最早介绍了当代德国景观设计大师彼得·拉茨(Peter Latz)在工业遗产地景观规划设计上的两个代表作——杜伊斯堡风景公园和萨尔布吕肯市港口岛公园,含蓄地指出当代景观设计师应该大胆探索并使用能"体现当代文化的设计语言"。孙晓春等(2004)则介绍了美国风景园林大师理查德·海格(Richard

Haag)，对他的西雅图煤气厂公园这一划时代的作品进行了分析，认为他"在利用中合理保护"的做法值得在城市化进程中类似的工业废弃地改造学习和借鉴。恰逢国际技术史委员会（ICOHTEC）第 31 届学术研讨会的会议主题是"重新设计技术景观"（Redesigning Technological Landscapes），与会代表认为德国鲁尔工业区的技术景观演变体现了产业与社会、文化、环境的协调发展，会议反映了国际技术史学界对工业遗产地景观保护与利用的关注与认识，同时反映了当前工业遗产地景观规划设计受到的广泛认可。

苏龙等（2005）将现代景观形态原型分为空间形态原型和环境生态原型，20 世纪 70 年代以后对工业遗产地的改造即是受环境保护主义和生态思想影响从"环境生态原型"生发出来的。李飞（2005）认为园林史从 20 世纪 60 年代进入当代园林时期，艺术性与生态性日益突出，思潮迭起，他把 20 世纪 80 年代以来欧美出现的大多数工业遗产地景观设计成果归为后工业景观的园林，认为这种园林流派立于功能主义之外而继承了文化。钱静（2003）、张红卫等（2003）认为大地艺术关注工业废弃地问题和自然因素、时间因素对艺术创作的重要性，从而开拓了风景园林师的思维，影响到风景园林师对工业废弃地的处理方式，并从思想上和实践上对现代风景园林设计产生了重要的影响。包志毅等（2004）认为植被重建是恢复工业遗产地生态系统的首要工作，并对土壤基质改良、植物种类选择和植物种植技术三个环节进行了详细分析。从环境生态特别是植被恢复角度探索工业遗产地景观规划设计集中反映了针对工业遗产地这一对象，风景园林学科与建筑学科、城市规划学科不同的着眼点和理论背景。

从 1863 年巴黎在一座废弃的采石场上建造柏特休蒙公园（Buttes Chaumont）开始，西方发达国家对于工业遗产地景观的改造一直在不断的探索中。而我国工业遗产地改造中第一个取得重大影响的景观设计案例是在弃置的粤中造船厂旧址上建成的中山岐江公园，设计者认为岐江公园的景观设计通过视觉与空间体验传达三个方面的含义，即足下文化、野草之美、人性之真。岐江公园的形式与中国传统园林或西方古典景观设计很不同，更多地吸取了现代西方景观设计。特别是城市更新和生态恢复的手法，在"更艺术地显现场所精神，更充分地满足新的功能需求"方面都富有创造力，它对我国现代景观设计是"一种尝试过程中的个性"。岐江公园带给人们一个全新的设计世界，让国人思考如何对工业遗产地进行利用与更新，受到了极大的关注。申利（2004）认为岐江公园用精神与物质的再生设计在工业化主题下揭示了人性和自然的美，表现出人们在生态学更新设计思想、美学和艺术思想、多元化思想三个方面的追求，最重要的是通过这些改造，为工业衰退所遇到的社会与环境问题带来出路。

除了岐江公园，对国内类似实例进行介绍或理论分析的不多。贺旺等（2002）介绍了威海市金线顶公园的设计构思，探讨了如何充分利用废弃船厂（威海船厂）的场地与设施，将工业元素转变为新的兴奋点，创造富有特色的滨海景观。张艳锋等（2004）对沈阳铁西工业区的景观构成进行了分析，认为"当年最无文化色彩，最缺少时代特征的工业景观"，如今已成了沈阳城市景观的重要视觉元素，并提出了具体的处理手法。郭洁（2004）认为北杜伊斯堡公园和西雅图炼油厂公园这样的典范，对我国的城市化进程和西部开发过程中的景观设计极具启示和现实意义；虽然不符合传统审美观念，但一样可以艺术化利用和设计，赋予它新的美学意义，其景观的"艺术震撼力使人们重新思考公园的定义"。

（三）关于工业建筑保护和再利用的研究

历史建筑的更新与发展及新旧建筑的共生是这个时代普遍面临的问题。废旧工业建筑作为一类特殊的旧建筑，尚没有形成系统的保护与利用的研究体系，但是不少研究者在不同角度和不同程度上涉及了工业遗产地的建筑保护与利用问题。

陆邵明（1999）试图为工业建筑的再利用——"再生"寻求一种有价值和现实意义的设计方式，总结出的常见处理方法有功能转换、化整为零、结构改造、扩建改造，认为设计师们都应该尊重历史，充分利用新材料与新技术来烘托旧的东西，通过新与旧的对话、材料的并置，展示空间与场所的时间维度，让使用者认识真实的历史。王建国等（2001）系统地阐述和剖析了世界城市产业类历史建筑及地段的基本概念、分类、再开发利用的方式和改造设计的技术措施，从城市发展历程的角度给予产业类建筑及地段"功不可没的历史地位"，认为由其所产生的独特的"产业景观"是城市重要组成部分。徐逸（2003）阐述了都市工业遗产再利用的可行性和意义，认为人们渴望保留、珍惜熟悉的物件和场所，工业遗产正满足了人类对根源和符号（标志）的本能需要。陆地（2004）用大量翔实的案例研究了历史性建筑再利用的历史，其中从 20 世纪 60 年代开始再利用少量珍宝型建筑遗产扩展到以产业建筑遗产为代表的大量性、一般化建筑遗产，是历史性建筑遗产再利用发展的必然，由此也开始了产业建筑遗产再利用从艺术手法探索扩展到更广阔社会问题领域的征程。黄昊壮（2005）借助意大利和德国案例，对旧工业建筑再利用的建筑设计进行了分析，认为在新旧对比中，建筑师能创造出一种新的建筑语言，而欧洲建筑师一般采用"修旧如旧"的手法，即外表清洗内部则按功能处理。解学芳、黄昌勇（2011）分析了国际上对工业遗产保护的五种模式，并深入探究了工业遗产保护与创意产业发展间的互动关系。

一些学者还针对我国的个案对工业遗产地的建筑保护与利用进行了利与弊的分析。加号（2001）对北京改造旧仓库的具体案例——藏酷进行了评论，认为在严格意义上它只是一个由诸多异质特征拼接在一起的文化舶来品，并且样式上的挪用超过了空间的原创性。黄源（2003）从遗产地的角度认为由北京原 798 厂房改建而成的大山子艺术区是将大建筑转化为小城市片断的实践，但在城市迅速扩张以及商业开发膨胀的情形下，这种转化只是一种城市化的临时现象。蔡晴等（2004）以 140 年历史的金陵机器制造局为例，认为工业遗产的位置和传统对南京某些区域的发展有着极大影响，反映了我们民族在工业化道路上的艰难起步，保存近代工业遗产也是保存历史的重要方面。韩妤齐等（2004）以上海莫干山路春明都市工业园区的改建为例，将苏州河周边集中的旧厂房区整体规划为新型都市文化旅游区，使之转变成上海国际大都市标志性的艺术文化建筑场所。

（四）关于工业遗产的价值评估方法研究

建立评价体系的目的是为了用一套量化的方法，对工业遗产各方面表现出的价值进行评价，量化评价的结果作为最终评价其遗产价值的依据。国内起步比较晚，主要针对实际项目而展开评估，没有系统的体系。李先逵、许东风（2011）从城市工业化特征出发，提出从主要行业到典型企业再到建筑遗产的递进评价方法，分别制定行业、企业和建筑的评价指标，建立了三类七项十条指标的评价框架，并以工业城市重庆做了实例评析，为科学评价工业遗产价值做出了有益探索。关浩杰、王继（2009）在结合评价指标体系建立的一般原则基础上，根据工业遗产这一特定评价目标所具有的特殊性，在设计工业遗产评价指标体系时遵循科学性原则、系统整体性原则、定性与定量相结合原则，把品相指标、价值指标、效用指标、发展预期指标、传承能力指标等作为整个评价指标体系的一级指标，具体评价体系参见表2-2。

刘伯英和李匡（2008）建立了一套适宜北京地区的工业遗产价值评价体系（见表2-3），该评价体系的应用对象既针对工业企业，又针对工业企业内部的建（构）筑物、设施设备等遗产构成要素。由于工业企业的数量比较多，涉及多个行业，对工业资源遗产价值的评价，具体建立层次如下：1）首先对各行业的工业企业进行整体评价，选出有遗产价值的企业；2）其次对工业企业所属的建筑、设施和设备进行综合遗产价值评价；3）最后根据上述量化的价值评价，由各领域专家组成的专家委员会进行综合比较和科学评价，提出工业遗产的名录。经过报送政府相关主管部门、社会公示、市政府批准等程序，向社会公布。

表 2 - 2　　　　**工业遗产价值评价指标体系（关浩杰，2009）**

目标层	一级指标 A	二级指标 B	三级指标 C
工业遗产价值评价指标体系	价值指标 A1	历史价值 B1	年代久远程度 C1
			与重大历史事件、人物关联度 C2
			对社会影响辐射范围 C3
		审美价值 B2	美感度 C4
			艺术精美程度 C5
			独特性 C6
		科学价值 B3	工程技术代表性 C7
			科研教育价值 C8
	品相指标 A2	保存完整程度 B4	
		知名度 B5	
		稀缺性 B6	
	效用指标 A3	社会效用 B7	
		经济效用 B8	
	发展预期指标 A4	所属地经济发展水平 B9	
		交通便利程度 B10	
		所属地公民受教育程度 B11	
	传承能力指标 A5	遗产规模 B12	
		地方文化特色 B13	
		现实濒危度 B14	

表 2 - 3   北京市工业遗产价值评价体系

评价内容	分项内容	分值			
历史价值	时间久远	1911 年之前	1911—1948年	1949—1965年	1966—1976年
		10	8	6	3
	与历史事件、历史人物的关系	特别突出	比较突出	一般	无
		10	6	3	0
科学技术价值	行业开创性和工艺先进性	特别突出	比较突出	一般	无
		10	6	3	0
	工程技术	特别突出	比较突出	一般	无
		10	6	3	0
社会文化价值	社会情感	特别突出	比较突出	一般	无
		10	6	3	0
	企业文化	特别突出	比较突出	一般	无
		10	6	3	0
艺术审美价值	建筑工程美学	特别突出	比较突出	一般	无
		10	6	3	0
	产业风貌特征	特别突出	比较突出	一般	无
		10	6	3	0
经济利用价值	结构利用	特别突出	比较突出	一般	无
		10	6	3	0
	空间利用	特别突出	比较突出	一般	无
		10	6	3	0

资料来源：作者根据刘伯英和李匡相关研究绘制。

总体来说，我国对工业遗产的评定尚且没有一个科学的、较为客观的评价标准，这就对我国工业遗产的盘点并进行较为有效的管理带来了一定的困难。因此，我国对工业遗产的保护关键就是要建立一套客观的、科学的评价指标体系，对我国工业遗产进行客观的评价与对比，进行分级界定，合理有效地进行管理和开发利用。本书就上述观点的总结，针对兰州工业遗产特征，建立了一套评价指标体系，以期对兰州工业遗产的评价提供科学的参考依据。

（五）关于国内城市工业遗产的再利用方法研究

王建国、蒋楠在《后工业时代中国产业类历史建筑遗产保护性再利用》（2006）一文通过对国内外产业遗产研究近年的发展前沿动向和实践的回顾，探讨了产业类历史建筑及地段的保护性改造再利用的必要性和科学意义，分析列举了在中国实施保护和改造再利用研究的基本内容，指出经由对产业类历史建筑及地段实践层面上的实证研究，提出具有现实技术针对性的改造设计方法、评估原则和技术规范要点为中国当前之必需。

俞孔坚、方琬丽发表的《中国工业遗产初探》（2006）一文通过对工业遗产概念及有关理论的介绍，系统地整理了现存的国内各地具有较强代表性的工业遗产。阙维民的《国际工业遗产的保护与管理》（2006）根据世界遗产国际组织所公布的有关工业遗产的文献，阐述了国际工业遗产保护的缘起与现状，对历年录入世界遗产名录的工业遗产分布情况进行了分析，指出了中国工业遗产在国际背景下的4个特点，并提出了中国工业遗产保护与管理战略的建议。田燕、林志宏、黄焕的《工业遗产研究走向何方——从世界遗产中心收录之近代工业遗产谈起》（2007）在介绍工业遗产研究和发展概况的同时，还对欧美一些国家的研究状况进行简介，并在文献分析和个案调查的基础上总结了国外工业遗产研究发展的特点和态势。冯立昇的《关于工业遗产研究与保护的若干问题》（2008）对工业遗产的发展历史、概念和范畴、评估标准进行了论述，最后提出了中国工业遗产保护与研究工作的对策（见表2-4）。

三　国内工业遗产保护与再利用研究评价

综上所述，我国工业遗产研究的进展和内容体现在以下四个方面。

1. 起步时间短，尚未建立完整体系。根据上述综述分析可见，国外关于工业遗产的研究始于20世纪50年代，而我国起步于2000年左右，2006年以后才得到学术界的重视。目前关于工业遗产保

表 2 - 4   **基于对象探讨保护与利用策略**

研究层面	研究对象	研究内容	主要代表
微观层面	工业建筑、工业企业的保护与利用	从建筑学角度探讨产业建筑遗产的改造与利用；从规划设计角度探讨项目的具体改造利用模式。	程明生《探讨旧产业建筑改造技术——以上海副食品交易市场仓库改造项目为例》，从建筑改造方面详细介绍上海副食品交易市场仓库再设计；张婧《中国产业类建筑改造的分析与研究》，从产业类建筑的形成背景出发，研究产业类建筑的城市环境、开发模式以及改造的设计方法；刘伯英、李匡《北京焦化厂工业遗产资源保护与再利用城市设计》通过对城市经济、社会、环境、文化多角度考虑，提出焦化厂具体规划设计。
中观层面	城市工业遗产的保护与利用以及工业用地更新	介绍城市工业发展历史、工业遗产保护与利用现状，归纳总结城市工业保护与利用模式。	张松《上海产业遗产的保护与适当再利用》介绍上海产业建筑保护的探索实践，以及上海产业建筑的保护制度及部分优秀利用案例；张毅杉《基于整体观的城市工业遗产保护与再利用研究》，从城市工业遗产保护与再利用的整体性出发，就保护与利用分别提出相应对策。
宏观层面	区域范围工业遗产群的保护与利用	对一定区域范围内工业遗产进行分类，以交通线路、产业链关联的遗产群之间的遗产系统的保护与利用为研究对象。	俞孔坚、朱强等将运河工业遗产廊道的保护分为区域—城市—历史工业聚集区—相关企业及单位—建构筑物五个层次。通过建立工业廊道来加强对运河沿线工业遗产的保护；田燕对"汉冶萍"工业遗产分类清查、判别、登录进行价值评价与分级，并在文化线路视野下探讨"汉冶萍"工业遗产保护原则与保护层次。

护和再利用的研究还十分零散，还没有对工业遗产地进行整体性的系统研究。研究者主要集中在城市规划与建筑设计、风景园林规划

设计、遗产旅游三个领域，不同的学科有不同的局限，需要进行整合，特别是首先需要建立符合我国工业遗产特征的保护与利用的概念理论体系，包括概念、内涵、外延、分类等基本理论。

2. 案例实践多，理论成果少。目前发表的文章和出版的书籍多以国内外案例实践进行分析研究，对工业遗产体系的深入理论研究较少见到。实证研究涉猎范围较广，个案研究翔实，但多偏重于建筑、场地改造和景观氛围营造的具体措施，应加强实证研究的广度和深度，并充分借鉴已有成果，与理论研究相结合。

3. 地方研究存在显著差异。目前来看，工业遗产作为一种新兴的文化遗产门类开始受到国家和地方的重视。但是，由于我国区域经济发展存在差异，对文化遗产的保护也存在力度的不同。目前对于工业遗产的历史价值研究东部明显多于西部，实践案例也多集中在北京、上海、南京、武汉等发达地区。对于甘肃乃至西部而言，工业遗产的研究才刚刚起步，目前缺少适应地方经济的保护理论和再利用方法。兰州作为一个工业遗产丰富的城市，亟待建立符合自身特点的保护理论体系。

4. 研究层面偏重于微观，区域研究极少。目前对工业遗产的研究大多集中于工业单体建筑和建筑群的保护与再利用研究；城市层面的工业遗产研究见于硕士研究生学位论文中，案例选择以上海、天津、无锡、青岛、广州等发达城市为主要研究目标，研究还有待于进一步深入；从人文地理角度对工业遗产进行区域范围的研究几乎没有。

第四节　展望与启示

基于国内外工业遗产研究的综述，可以为接下来的研究提出如下四点的展望与启示。

1. 延伸研究领域。由于相关工业遗产保护与研究工作，国内刚刚起步，针对我国自己的工业遗产的理论研究相对欠缺。我国的工业发展有自己独特的历史进程，作为中国文明史的重要组成部分，应该将中国农业文明时代的古代技术遗存与近代民族工业遗产等都纳入研究领域，这样我国工业遗产保护与利用的研究对象才是完整的，也才会符合历史发展的脉络。

2. 经济效益研究。工业遗产的保护与利用涉及面很广，随着理论与实践的逐渐成熟，对它的研究也必然会不断向纵深发展。由于工业遗产的保护、利用和管理与城市发展、产业结构调整有着密不可分的联系，应关注工业遗产所在地区的社会与经济发展，开拓对工业遗产利益相关者之间关系的研究，为实际中的保护与再利用理顺关系，提供生存能源。

3. 综合学科研究。过去关于工业建筑的研究往往忽视其学科跨度较大，多关注于建筑学、市政学的交互式研究。实际上，工业遗产研究涉及多尺度、多时序、多学科，涵盖了地理学、规划学、建筑学、经济学、社会学等多学科知识，因此，多学科相互借鉴、融合发展，是该研究的特点，如此才能促进该研究的不断深入。

4. 战略规划研究。许多中国近代工业，尤其是新中国成立以来建设的现代工业的建筑与设施，在新的市场经济形势下和新一轮的城市建设中面临着许多问题，因此制定中国工业遗产保护与管理的战略规划是必要且紧迫的。就兰州而言，规划内容应包括四个方面：①建立工业遗产的管理体系；②制定工业遗产的保护规划；③建立各级工业遗产名录；④建立工业遗产数据库。

第三章　城市工业遗产保护与
再利用的理论基础

近代开埠之后，国外资本工业兴建的工厂、民间资本家及洋务派官员兴办的民族工业、新中国的社会主义工业建设，都在我国辽阔的大地上留下了各具特色的工业遗产。此外，在整个悠久的农业社会的发展过程中，中国的技术革新和发明，以及近现代的作坊、资源开采、冶炼方式、运输设施等都是工业遗产的构成部分。但是由于对历史文化遗产保护相关理论研究薄弱，尤其对城市工业遗产保护认识不足和观念偏差，导致在实际保护中，忽略对历史文脉、城市环境，以及遗产的原真性、完整性科学保护，导致传统风貌的损害和工业风情的丧失。为此，论文在国内外学术进展研究的基础上，开始适应我国的城市工业遗产保护与再利用理论研究。

第一节　城市工业遗产的构成要素

在研究保护与再利用之前，第一步应该认识城市工业遗产的要素构成。2009 年《北京市工业遗产保护与再利用工作导则》明确指出"工业遗产分为物质遗产和非物质遗产"。2010 年 8 月国际工业遗产保护委员会（TICCIH）、国际技术史委员会（ICOHTEC）和国际联合劳动博物馆协会（WORKLAB）在芬兰工业城市坦佩雷联合主办题为"工业遗产再利用"的 2010 国际工业遗产联合会议也指出，"工业遗产的构成不能只限于物质空间，而展示老工业和手工业技术、流程以及各种产品、过去的工业社会历史也同样重要"。

（王晶、王辉，2010）基于此，本节将从城市工业遗产的物质要素、非物质要素以及两者的价值关系加以阐述。

一 城市工业遗产的物质性要素

物质性城市工业遗产与非物质性城市工业遗产是相对的两个概念，都属于文化遗产的范畴。在理解这对概念之前，有必要先考察物质性文化遗产概念。所谓物质性文化遗产，通常又称为有形遗产（tangible heritage），直观地说，就是指看得见摸得着的物质性的遗产。根据哈里逊（Harrison R.，2010）的观点，物质文化遗产主要指那些有历史、考古、建筑、科学、技术等价值或重要性的特殊物质文化，例如遗迹、纪念物、历史建筑和古器物等。物质文化遗产包括小型的可移动文化遗产和大型的不可移动文化遗产两类。前者主要以出土的古器物、传世文物和工艺美术品等为代表，后者主要指具有特殊价值的建筑或建筑群，如历史建筑、历史街区、古镇、古墓、贝冢、桥梁等（Aplin G.，2002）。

国际工业遗产保护委员会主席伯格伦（L. Bergeron）教授指出：工业遗产不仅由生产场所构成，而且包括工人的住宅、使用的交通系统及其社会生活遗址等。而《下塔吉尔宪章》中阐述的工业遗产定义则更加直观地反映了物质性工业遗产基本内容："工业遗产包括具有历史、技术、社会、建筑或科学价值的工业文化遗迹，包括建筑和机械，厂房，生产作坊和工厂，矿场以及加工提炼遗址，仓库货栈，生产、转移和使用的场所，交通运输及其基础设施，以及用于居住、宗教崇拜或教育等和工业相关的社会活动场所"；"凡为工业活动所造建筑与结构、此类建筑与结构中所含工艺和工具及这类建筑与结构所处城镇与景观，以及其所有其他物质和非物质表现，均具备至关重要的意义"。由此可见，工业遗产无论在时间、范围还是内容方面都具有丰富的内涵和外延，通常我们所说的狭义的工业遗产，就是在工业化的发展过程中留存的物质文化遗产。在内容方面，主要包括作坊、车间、仓库、码头、管理办公用房以及界石等不可移动文物；工具、器具、机械、设备、办公用具、生活用品等可移动文物；契约合同、商号商标、产品样品、手稿手札、招牌字号、票证簿册、照片拓片、图书资料、音像制品等涉及企业历史的记录档案。物质性城市工业遗产作为城市工业化时代的见证物，是承载着特殊功能的一种物质性文化遗产，具有如下三个特征。

（1）历史性：与所有文化遗产一样，物质性工业遗产也是祖先遗留下来的传承品，并且也是在历史沉淀中逐渐形成的。尽管工业化在全球的推进有一定的时间差，但是承载着工业文化的不同器物和历史建筑可以反映出不同时代的文化特色、发展程度和审美观。即使在同一时代的工业遗产，不同民族工业在相互往来中又各具自己的地方特色，促成了丰富而多元的物质文化遗产形式。例如，创建于1872年的甘肃制造局，是陕甘总督左宗棠为适应其在西北的军事行动而建立的近代官办军事工业工厂，也是甘肃民族机器工业的最初的蓓蕾。从今天保存下来的建筑来看，与同时代欧美军事工业建筑有着很大的不同。在满足工业生产、办公等功能需要的前提下，烙着深深的中国文化痕迹（见图3-1）。因此，不论中外，物质文化遗产（包括工业遗产）都是在特殊历史背景下产生的物质文化，因此，学者们常常将物质文化遗产与宗教、认同、社区、殖民主义等联系在一起（Howard P.，2003）。

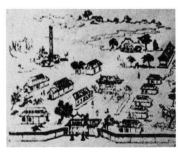

畅家巷时期的甘肃制造局分布图　　　　甘肃制造局生产炮弹

图3-1　创建于1872年的甘肃制造局

资料来源：兰州市档案馆。

（2）人工性：物质性文化遗产归于文化遗产范畴，其与自然遗产最大的不同就是人工性。自然遗产虽然也受到人类活动的影响，但景观和生态系统主要由自然调节，动物、植物、水体等都有其自身的生长和调节能力。而文化是人类社会的特殊产物，因此，物质文化遗产也一定是在人类有目的的生产生活中产生的。毋庸置疑，而物质性工业遗产的制作和建造有些是为了满足生产及辅助生产的生活所需。然而无一例外的，它们都是工业时代群体劳动的产物，承载着或悲怆或辉煌的建设故事，体现了人类征服自然的不屈不挠的精神。

（3）再利用性：与一般的历史文化遗产相比，工业遗产可以说是"最年轻"的遗产种类。它的出现，历史最久远的也得是在工业革命之后，离我们最近的遗产就是"三线建设"时期的工业遗产。而且，随着产业的更新换代，工业遗产的形成周期会越来越短，内容和数量在未来会不断发展。以深圳为例，大量建于 80 年代的厂房和工业区经过 30 多年的发展，这些功能已经转型的建筑和场地承载着改革开放初期特区城市建设发展的集体记忆，具有较高的社会历史价值。尽管深圳是一个新建的城市，但当地政府也提出他们的工业遗产再利用计划（见图 3 - 2）。另外，从资源角度来看，工业遗产建筑可以说是"活着的资源"。一般情况下，工业建筑大都结构坚固，物质寿命总是比其功能寿命长。而且内部空间高大宽阔，其功能并非严格的对应关系，具有使用的灵活性。综上两点，可以认为工业遗产比一般遗产有突出的再利用性。

改造平面图

改造意向示意图

图 3 - 2　建于 20 世纪 80 年代的深圳华强北旧工业区改造

资料来源：深圳市城市规划设计研究院。

二　城市工业遗产的非物质性要素

"非物质文化遗产"（Intangible Cultural Heritage）是一个国际术语，在我国语境中大抵相当于传统民族民间文化。根据 2003 年联合国教科文组织《保护非物质文化遗产公约》相关条文，非物质文化遗产是指"被各群体、团体、有时为个人所视为其文化遗产的各种实践、表演、表现形式、知识体系和技能及其有关的工具、实物、工艺品和文化场所"[①]。事实上，人类对遗产的认识经历了物质性向非物质性拓展的历程。1950 年问世的日本《文化财保护法》，开启了非物质文化遗产保护的先河，随后法国、德国等西方国家开始了非物质文化遗产的普查、保护和管理工作。至此，另一半遗产的价值才得到应有的重视，保护工作随即进入国际化发展阶段。截至 2011 年国务院批准文化部的第三批国家级非物质文化遗产名录，将我国非物质文化遗产名录共分为 10 类，包括民间文学、传统音乐、传统舞蹈、传统戏剧、传统曲艺、杂技与竞技、民间美术、传统技艺、传统医药和民俗。

根据《下塔吉尔宪章》，"曾经使用过的生产流程，以及所有其他有形的和无形的显示物都具有重大意义"，这是对非物质工业遗存重要性的肯定。而在宪章的第一部分"工业遗产定义"中提到，"工业考古学是一门研究所有证据的交叉学科，这些证据既包括物质证据，也包括文档资料之类的非物质证据"。继而在第二部分"工业遗产价值"中提到，"工业遗产的价值还存在于无形的工业记录中，这容纳于人类的记忆和风俗习惯中"，这是对非物质工业遗存保护对象的初步描述。接着在第五部分"维护和保存"中再次指出，"包含于许多古老或者是陈旧的工业流程中的人类技能是特别重要的资源，其损失将是不可挽回的，这种技能需要认真记录并且传播给年轻的子孙后代"，进一步强调了工业遗产非物质要素的重要性和保护方法。2006 年我国颁布的《无锡建议》承续了

[①]　根据维基百科非物质文化遗产词条（http：//zh. wikipedia. org/）。

《下塔吉尔宪章》保护非物质工业遗存的思想。这份中国工业遗产保护的权威文件，强调对工艺流程、数据记录、企业档案等非物质文化遗存一并予以保护。

在理解了非物质文化遗产概念的基础上，结合《下塔吉尔宪章》和《无锡建议》的内涵，可将"非物质工业遗产"概念定义为：与工业发展密切相关的，具有一定历史价值、社会文化价值、科学技术价值和经济再利用价值的各种传统工业文化表现形式和文化空间。文化表现形式主要包括生产工艺流程、企业记录档案、工业知识和工艺技能、工业文学和表述、工业表演艺术和节俗、企业文化与精神等；文化空间则包括定期举行传统工业文化活动或集中体现传统工业文化表现形式的场所。需要强调的是，"非物质工业遗产"中的"非物质"并不是说与物质绝缘，即没有任何物质因素，而是指重点保护的是物态工业遗产所承载的非物质的、精神的因素，非物质工业遗产是活态的遗产，注重的是可传承性（特别是技能、技术和知识的传承），突出了人的因素、人的创造性和人的主体地位。以上述定义为鉴定标准，结合 2002 年《国民经济行业分类》（GB/T4754 — 2002）及依此制定的 2003 年《三次产业划分规定》，我们在国家级非物质文化遗产名录遴选出非物质工业遗产项目名单（见表 3 – 1）。从名录中可看出，我国非物质性工业遗产集中分布在第二产业的制造业、采矿业、建筑业以及第三产业的交通运输、仓储和邮政业。内容涵盖传统音乐、传统美术、传统技艺、传统医药四个类型，其他类型基本不涉及。对表格中的项目进行分析，有助于对我国非物质工业遗产得出如下三个特征。

表 3 – 1　　　　　国家级非物质文化遗产名录的
工业遗产项目

工业遗产项目	批次和批号	工业遗产项目	批次和批号
长江峡江号子	二批 597 Ⅱ – 98	苗族蜡染技艺	一批 375 Ⅷ – 25
上海港码头号子	二批 598 Ⅱ – 99	白族扎染技艺	一批 376 Ⅷ – 26

工业遗产项目	批次和批号	工业遗产项目	批次和批号
龙骨坡抬工号子	二批 600 Ⅱ – 101	加牙藏族织毯技艺	一批 372 Ⅷ – 22
竹麻号子	二批 601 Ⅱ – 102	地毯织造技艺	二批 893 Ⅷ – 110
岫岩玉雕	一批 328 Ⅶ – 29	金属金银细工制作技艺	二批 900 Ⅷ – 117
寿山石雕	一批 334 Ⅶ – 35	金属藏族金属锻造技艺	二批 903 Ⅷ – 120
东阳木雕	一批 342 Ⅶ – 43	金属龙泉宝剑锻制技艺	一批 387 Ⅷ – 37
阜新玛瑙雕	一批 329 Ⅶ – 30	金属张小泉剪刀锻制技艺	一批 388 Ⅷ – 38
郎庄面塑	二批 829 Ⅶ – 53	金属景泰蓝制作技艺	一批 393 Ⅷ – 43
天津泥人张	一批 346 Ⅶ – 47	金属芜湖铁画锻制技艺	一批 389 Ⅷ – 39
秸秆扎刻	二批 842 Ⅶ – 66	漆器扬州漆器髹饰技艺	一批 402 Ⅷ – 52
杨柳青木版年画	一批 300 Ⅶ – 1	宜兴紫砂陶制作技艺	一批 351 Ⅷ – 1
北京绢花	二批 846 Ⅶ – 70	景德镇手工制瓷技艺	一批 357 Ⅷ – 7
软木画	二批 866 Ⅶ – 90	风筝制作技艺	一批 438 Ⅷ – 88
新会葵艺	二批 868 Ⅶ – 92	伞制作技艺	二批 923 Ⅷ – 140
棕编（新繁棕编）	三批 1154 Ⅶ – 97	越窑青瓷烧制技艺	三批 1167 Ⅷ – 187
永春纸织画	三批 1157 Ⅶ – 100	建窑建盏烧制技艺	三批 1168 Ⅷ – 188
上海绒绣	三批 1160 Ⅶ – 103	汝瓷烧制技艺	三批 1169 Ⅷ – 189
宁波金银彩绣	三批 1161 Ⅶ – 104	淄博陶瓷烧制技艺	三批 1170 Ⅷ – 190
瑶族刺绣	三批 1162 Ⅶ – 105	长沙官陶瓷烧制技艺	三批 1171 Ⅷ – 191
藏族编织、挑花刺绣工艺	三批 1163 Ⅶ – 106	蓝夹缬技艺	三批 1172 Ⅷ – 192
侗族刺绣	三批 1164 Ⅶ – 107	中式服装制作技艺	三批 1173 Ⅷ – 193

续表

工业遗产项目	批次和批号	工业遗产项目	批次和批号
锡伯族刺绣	三批 1165 Ⅶ－108	铅锡刻镂技艺	三批 1174 Ⅷ－194
宁波泥金彩漆	三批 1166 Ⅶ－109	乌铜走银制作技艺	三批 1175 Ⅷ－195
大名草编	二批 830 Ⅶ－54	银铜器制作及鎏金技艺	三批 1176 Ⅷ－196
广宗柳编	二批 831 Ⅶ－55	青铜器修复及复制技艺	三批 1177 Ⅷ－197
嵊州竹编	一批 350 Ⅶ－51	传统棉纺织技艺	二批 883 Ⅷ－100
剪纸	一批 315 Ⅶ－16	毛纺织及擀制技艺	二批 884 Ⅷ－101
北京料器	二批 860 Ⅶ－84	南通蓝印花布印染技艺	一批 374 Ⅷ－24
灯彩	一批 349 Ⅶ－50	苏州缂丝织造技艺	一批 365 Ⅷ－15
萍乡湘东傩面具	一批 344 Ⅶ－45	蚕丝织造技艺	二批 882 Ⅷ－99
常州梳篦	二批 844 Ⅶ－68	滩羊皮鞣制工艺	二批 894 Ⅷ－111
南京云锦妆花手工织造技艺	一批 363 Ⅷ－13		

资料来源：根据国务院批准文化部确定的第一、二、三批国家级非物质文化遗产名录整理。

（1）数量多，类型全面。我国非物质工业遗产数量大，类型多，集中分布在工艺品制造、饮料食品农副产品制造以及纺织印染工业领域。项目涵盖了传统美术、民间美术、传统音乐、民间音乐、传统（手工）技艺和传统医药等部分。内容涉及采矿业、制造业、建筑业、交通运输业以及文化艺术业等不同的产业部门。其中制造业包括工艺品制造业、皮革制品业、文教用品制造业、印刷业和记录媒介的复制、纺织印染以及饮料食品农副产品制造等。

（2）古代多，近现代少。中国的工业遗产在年代上，可以分为古代传统工业遗产、近代工业遗产与现代工业遗产（阙维民，2008）。中国工业化发展较晚，有着漫长的农耕经济发展史。所以，我国非物质工业遗产大多都是在古代形成并遗留下来的，手工业以及工程技术较早得到发展，形成了矿冶业、纺织业（丝织业、棉纺织业）、制瓷业、酿酒业、印刷业、造纸业、造船业、井盐业等门类较为齐全的古代工业生产体系。只有长江峡江号子、上海港码头号子、嘉祥石雕、麦秆剪贴等少数项目是在近现代形成的。

（3）文化特色性强。中国非物质工业遗产大多都是在农耕时期形成并遗留下来的，以农耕时代的传统手工业技艺技能为主，也承载了这个时期手工技艺技能的特点。农耕时代的工业技艺技能，高度表现了中国文化的特色性、民族性及先进性。

三　城市工业遗产构成要素价值分析

上文讨论了城市工业遗产的要素构成，从城市的发展角度来说，无论是物质性工业遗产还是非物质工业遗产，都可以视为一种具有珍贵价值的不可再生资源。按照1987年由联合国教科文组织起草的《世界文化遗产公约》中列出的关于建筑遗产的价值定义，工业遗产作为建筑文化遗产的一种，同样具有历史真实性价值、情感价值、科学美学及文化价值和社会价值。如果以环境经济学中的资源价值理论、经济效用理论和可持续发展理论作为理论基础，则可将工业遗产作为一种资源来探讨其经济价值。因为作为一种环境资源（环境物品）的典型性，工业遗产具有使用价值和非使用价值。

工业遗产与一般文化遗产如古迹遗址的价值体现具有很大的不同。除了少数具有特殊意义的珍贵工业遗产外，大多数工业遗产要通过对其进行合理的改造来实现其经济价值。相反地，一般的历史文化遗产则可以通过纯粹的保护以保持原状而将其价值完全地展现出来，比如故宫博物馆建筑群之类的文物保护单位。因此，工业遗产的经济价值相对于一般的文化遗产的经济价值，既有普遍性也有特殊性。参考资源价值理论，我们可以将工业遗产价值分作如下两部分。

（一）使用价值（Use Value）。使用价值又可以分为直接使用价值和间接使用价值。对于工业遗产来说，它的直接使用价值存在于市场中可以直接消费，能够确定价格并且可以在一定程度上交易。间接使用价值主要是指工业遗产的潜在价值，不直接在市场上交换，可以认为是工业遗产内在价值的某种体现。例如，美国纽约市苏荷地区的旧工业区的利用情况，允许艺术家合法利用老厂房与仓库。通过改建，将苏荷旧工业区变为商住混合区。由旧厂房改造为公寓可以视为直接使用价值的体现，而苏荷工业遗产的开发利用对社区或整个纽约所带来的正效应，例如在投资、教育和就业等方面的积极影响可以视为间接使用价值的体现。

（二）非使用价值（Nonuse Value）。或者叫非市场价值（Non-market Value）。是指目前尚未被直接利用，但是可以供自己将来或子孙后代利用的价值。某些情况下即工业遗产作为公共物品或准公共物品的价值，具有非竞争性和非排他性，价值的大小难以实际考量。非使用价值不能在市场中获得，不可以交易所以很难确定价格。工业遗产的非使用价值包括以下三种：

1. 存在价值（Existence Value）。是指个人并不直接消费和体验，仅仅依据纯粹的存在来评定工业遗产的价值；

2. 选择价值（Option Value）。是指工业遗产未来价值是不确定的，但可以保有未来消费工业遗产资源的可能性；

3. 遗赠价值（Bequest Value）。是指保障子孙后代仍有享有工业遗产的机会，这涉及工业遗产的可持续经营问题。

综上所述，城市工业遗产是以物质为依托，但也不局限于物质。工业历史建筑和考古遗迹等是物质性的，但是它们的建造技艺却是人类工业文明的结晶，是非物质的；生产设备、生产场所是物质性的，但它们物质外表下蕴藏的却是企业的精神文化，代表了当时的技术水平和审美价值。可以说，工业遗产虽然以物质为传承和保护的对象，却也是非物质遗产的载体，体现了非物质的历史、审美和艺术价值。工业遗产地、工业建筑、生产设备、工业构筑等实体，是人类技术思想、价值观念、审美特性等无形遗产的物化。因此，物质性要素体现的使用价值和非物质性要素体现的非使用价值共同构成了城市工业遗产的全部价值。认识这点，对后面建立评价体系和保护模式具有重要的意义（见图3-3）。

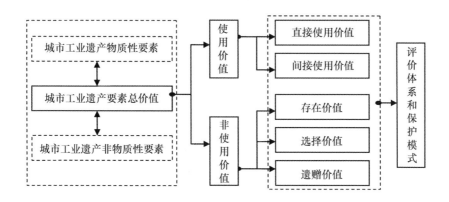

图3-3 城市工业遗产构成要素与价值的关系

第二节 城市工业遗产的基本属性

一 城市工业遗产的空间属性

所谓属性，哲学上是指对象的性质与对象之间关系的统称；空间则是"物质存在的一种客观形式，由长度、宽度和高度表现出来"。前文所述，物质性要素是城市工业遗产构成的物质客观，这些客观实在的物质是可用空间度量的，也就是说，城市工业遗产具有固有的空间属性。

城市工业遗产空间包含工业建筑空间及相关工业活动的场地空间。其中，场地空间是工业生产、工人生活的相关空间。场地空间有三种形式：其一是封闭型外部空间，由建筑实体围合而成的空间；其二是开放型外部空间，包围建筑物的空间；其三是介于前两者之间的半开敞、半围合的形式。场地空间具有工业生产的特殊性，其空间规划布局、景观尺度有别于其他使用功能的用地，一般具有空间尺度大、组成元素单一、生态环境差等特点（见图3-4）。

建筑为人类提供了物质空间环境，如果将"符合功能要求的空间称为适用空间，符合审美要求的空间称为视觉空间，符合材料性能和受力规则的空间称为结构空间"，那么建筑空间就是功能、美学、结构综合协调下的产物。传统的手工业由于生产方式、规模的限制，这一类工业建筑并未与其他性质的建筑区分开来。而近现代工业建筑在功能上要满足工业大生产的需求，成为为机械运作而设计的"非人尺度"；在形式上要符合时代的审美需求，具有反映内部功能特征的外观；在结构上要凸显科学技术的先进性，使用当时最新的技术与材料。内在的空间需求与外在的体型形式两种因素的紧密结合构成工业建筑的整体空间艺术，因此，传统手工业建筑的空间属性的特殊性相对较弱，近现代工业建筑区别于其他性质的建筑形成一种特殊的建筑空间类型（见图3-5）。工业建筑与众不同的外观造型、色彩风貌对于城市景观和环境具有视觉标志性作用；"机械尺度"的建筑空间、结实的结构框架具有继续使用的可能和改造再利用的潜力；烟囱、高炉、贮藏仓等具有特殊形态的工业场地构筑物，反映了场地的鲜明特征，是场地空间认知的标志物。

图3-4 兰州化工机械厂　　　图3-5 兰州化工机械厂
　　工人生活区空间　　　　　　生产建筑空间

二 城市工业遗产的文化属性

文化是社会生活的一种体现，是人类历史足迹的见证。工业遗产是人类长期创造、长久保存和广泛交流的文明成果，是人类文化遗产的重要组成部分。它包含重要的文化内涵，是一个城市时代精神的体现。城市工业遗产曾经见证了一个城市乃至一个区域和国家的经济发展的进程，体现地区的文化特征和创造精神，具有地域性和民族性等特征，包含独特文化魅力。

"文化是历史的积淀，存留于建筑间，融汇在生活里。"（吴良镛，1996）工业遗产作为城市文化遗产的重要组成部分，与城市其他建筑遗产一样，具有空间和文化的双重属性。一方面，工业遗产作为历史上具有某种功能的建筑（构筑物），是实体空间的真实存在，具有物理意义上的空间属性；另一方面，工业遗产作为集历史、科技与政治特征为一体的产物，代表着一个时代的文化，具有历史学、社会学、建筑学以及科研价值。因为城市的文化景观与场所精神都是由城市各个时期和各种不同类型的建筑和地段构成的，而工业建筑与其他建筑一样，有着见证历史和重现历史的作用，工业建筑是人类社会工业化进程的经历者，同样也是见证者。他们是一个城市甚至国家的文化和历史的物质表现，对工业历史文明的传承和记录有着不可磨灭的作用。因此，工业遗产是城市工业文化的空间载体，是城市中有意义的文化空间。

文化是城市工业遗产再利用的灵魂。"保护文化遗产最大的动力是保存文化，而保存文化根本的目的是为了传承文化。"工业遗产见证了科学技术对推动生产力发展所做出的突出贡献，在生产技术、工艺技能方面具有的科学意义，代表了工业发展的科技文化；工业遗产作为人们生活、生产记录的组成部分，工业遗产建筑及其所在地段本身具有历史地标的意义，代表了一定时期的城市社会文化；工业建筑本身的风格、样式、结构、材料或特殊构造作法，具有"工业考古"的研究价值，独特的造型及材质、工业元素以及场地规划的品质展示了特殊的景观，代表了特定时期的建筑艺术文化（见图 3-6）。

罗马前屠宰场被认为是土木工程　　　　剑南春酒坊遗址工业考古入选
　　工业考古学案例　　　　　　　　　　　2004 年十大考古发现

图 3-6　具有"工业考古"研究价值的工业遗产代表特定时期的艺术文化

资料来源：左，亚太资信网 www. cnest. asia；右，中国文化部官网 www. ccnt. gov. cn。

三　城市工业遗产的景观属性

"景观"（Landscape）是人们在日常生活中经常遇到的概念之一，这词最早在文献中出现是在希伯莱文本的《圣经》（*The Book of Psalms*）中，用于对圣城耶路撒冷总体奥运景观墙美景（包括所罗门寺庙、城堡、宫殿在内）的描述，这个观点也许与犹太文化背景有关。王紫雯等学者认为，"景观"一词在 16 世纪局限于文学、艺术界，其含义就是风景、景色。到了 17—18 世纪，"景观地理学家将'景观'一词引入自然科学领域，景观的含义就是地形地貌的地理学意义。19 世纪中期，西方自然科学开始出现景观建筑学，其早期的学科内容与东方现时的景观园林学一样，注目于建筑内外狭小的局部空间，着眼于绿化小品设计。然而，20 世纪中期以来，景观建筑学得到广泛发展，并作为景观规划学进入区域土地利用规划与城市空间设计的新领域中"（王紫雯、叶青，2007）。"景观"一词被引入地学研究后，已不单只具有视觉美学方面的含义，而是具有地表可见景象的综合与某个限定性区域的双重含义（肖笃宁，

1998）。城市工业遗产作为客观存在的物体，由于其建筑形态的特殊与体量，在一些区位比较特殊的场所中可以起到很好的城市地标的作用。城市工业遗产可以引起人们的兴致、意趣，光、形、色及其内涵对人产生信息刺激，构成城市的"景观地标"，成为"城市意象"的重要组成部分。

　　近年来，工业遗产的概念在继续扩大，其中"工业景观"和"工业遗产"的提出引起了人们的关注，一些国家已经开始实施广泛的工业景观调查和保护计划。国际工业遗产保护委员会主席伯格伦（L. Bergeron）教授指出："工业遗产不仅由生产场所构成，而且包括工人的住宅、使用的交通系统及其社会生活遗址等。但即便各个因素都具有价值，它们的真正价值也只能凸显于它们被置于一个整体景观的框架中；同时在此基础上，能够研究其中各因素之间的联系。整体景观的概念对于理解工业遗产至关重要。"20 世纪 80 年代随着许多城市对工业建筑、工业地区、工业地段的改造和更新、开发实践，该研究领域引起了更多的关注，城市传统工业类建筑和遗址已被认作城市的一种特殊景观——"工业景观"（Industrial Landscape）。像一些高耸的巨大的工业建筑往往具有一定的方位和地标作用，是人们认识城市、熟知城市的重要要素。像德国关税联盟 12 号矿区、北京 798 工厂区、维也纳煤气罐、无锡茂新面粉厂等。坐落在德国鲁尔区奥博豪森市莱茵赫尔捏运河旁边的煤气罐就是典型的工业建筑遗产成为城市地标景观的例子。它于 1929 年建成，直径达到 68 米，高度达到 117.5 米，容量为 35 万立方米。这座工业建筑在失去其原本功能之后改造成了展览馆，展出德国鲁尔 200 年的历史，焕发了第二春。建成时其城市地标的作用被保留下来，而且作为城市转型的标志性建筑出现，成为崭新的城市景观（见图 3 - 7）。可以说，工业建筑遗产的存在不仅因为建筑是"石头的史书"，更因为由建筑构成的地段所形成的城市文脉与城市意象，它会唤起人们的认同感与存在感，所以，工业建筑遗产的保护和改造是对城市文脉的传承与保护。

瓦尔特罗普老赫恩雷兴堡升船闸　　　　哈姆市马克西米连公园

图 3 - 7　德国鲁尔区工业遗产成为新的城市景观

四　城市工业遗产的层级属性

我国土地辽阔，历史久远，所形成的工业遗产数量庞大、种类复杂。尤其是中华人民共和国成立后，随着社会主义经济建设的逐步开展和社会主义制度建设的需要，我国工业体制进行了三次大的调整。全国基本布局成六大工业区：以沈阳、长春、吉林、哈尔滨为核心的东北区，主要发展钢铁、机械等工业体系；以津、京、唐为核心的华北区，构成以燃料动力、钢铁为主体的工业体系；以上海、南京、合肥、济南等城市为核心的华东区，在机电、轻纺、化工方面具有雄厚基础；以郑州、武汉、长沙、广州为中心的中南区，是中华人民共和国成立后重点建设的综合性工业区；以成都、重庆为中心的西南区，重点发展冶金、机械等部门；以兰州、西安为基点的西北区，重点发展石油化工、机械制造、棉毛纺织等部门。目前，我国有老工业城市近 120 个，绝大多数在"一五"、"二五"和三线建设时期奠定了工业基础，也有一些早在清末洋务

运动和民国初期就开始兴办工业，是我国工业的先驱和摇篮，其中
蕴含着丰富的工业遗产。在这些传统工业基地中，区域范围内有着
各层级的工业景观遗产类型，有众多工业遗产整体价值突出，形成
了以"工业区域（带）遗产—工业城市遗产—城市工业区遗产—工
业建筑（群）遗产"为轴线的多层级系统（见图3－8）。

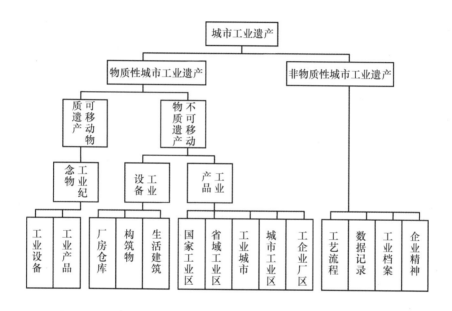

图3－8　工业遗产多层级系统

（一）工业遗产地：工业遗产的主体

工业遗产地是几十年甚至是上百年时间里，人们在与它所形成
的环境之间不断联系、相互作用，深入人们的记忆和情感中所形成
的，是识别和认同其环境的标志性场所，是所在区域人们情感归属
的家园，是城市文化的象征（郝珺、孙朝阳，2008）。较小范围的
工业企业厂区主要包括生产区、仓储区、交通运输区、动力区、生
活区等，规模从小到几百平方米，大到几十公顷；较大范围的工业
区通常是以一个或数个较强大的工业企业为骨干组成的企业群所在
地，各企业之间彼此协作、配套生产，范围从几十公顷到几百平方

公里，甚至几万、几十万平方公里。根据联合国教科文组织（UNESCO）关于文化遗产的认定标准，从1978年到2005年，在联合国教科文组织认定的世界遗产中，属于工业遗产的世界文化遗产共有43处，大多为工业旧址，其中工业市镇、工业区域、工业居民点、矿山、工厂厂址等约占总数的75%。由此可见，工业旧址是工业遗产的主体部分，应成为工业遗产保护与利用的重点。目前，我国对工业遗产的保护还是以工业建筑及设施为主，即使2007年启动的、首次将工业遗产列入文物普查类型的我国第三次文物普查，也只是将工业遗产作为"工业建筑及设施"来对待。因此，明确工业旧址在工业遗产中的主体地位，对于我国加强工业遗产研究与实践具有重要的理论意义和指导意义。

（二）历史工业建筑：工业遗产的核心

工业建筑是紧密结合生产、根据生产工艺流程和机械设备的要求而设计的，因而形象各异，空间组成不同，或是具有高大内部空间的大跨度类建筑，或是空间开阔的、多为框架结构的多层建筑，或是由特殊用途决定的具有特殊形态的构筑物（王建国等，2008）。在工业遗产保护与利用过程中，对内部空间高大的，或开阔的，或多层的建筑物，可进行改造和有创意的分划，建成博物馆、艺术馆、小型剧院、体育馆、购物中心等，供参观者观光游憩；对不可以再利用的具有特殊形态的构筑物、设施、设备等，如水塔、工业烟囱、地下矿井、铁路、机车等，可作为景观要素保留下来，并组织到新社区景观系统中去，有的也可利用为大型城市雕塑、城市标志，成为所在区域的地标物。可以说，工业建筑不单是简单的土木制造，而且是工业美的创造，是工业历史文化的结晶，并具有保护与利用的多重价值，因而构成了工业遗产的核心内容。

（三）工业纪念物：工业遗产的结点

工业纪念物成千上万，难以计数，其典型物件如机器设备、工业产品、各种工具、装配线等，都是工业发展进步的具体体现；特别是那些具有代表性的工业产品，如第一台载重汽车、第一台机车、第一架喷气飞机、第一台中华牌轿车、第一台数控机床、第一台水下机器人等更具有重要价值，它们共同构成了工业遗产体系结构中的众多节点。法国工程师布律诺·亚科莱说："我对物品的历史很感兴趣，因为通过物（无论是简单的，比如铆钉，还是复杂的，比如自行车或圆珠笔），人们几乎可以了解文明的发展史，吉尔贝特·西蒙登说过仔细研究一根 18 世纪的英国缝衣针，就可以通过它的形状、材料和它展示的技能，了解到这一时期英国的技术状况。"

五　城市工业遗产的再利用属性

城市工业遗产再利用则是对原有建筑的再次开发利用，即改造性再利用。它是指原有建筑在某种程度上包含适当的保护、修复、翻新、改造等多重内容。对工业遗产再利用的认识，是伴随着对近代建筑遗产保护意识的扩大而展开的。在 20 世纪 60 年代以前对于历史建筑物的保存价值观念开始衍生，如《雅典宪章》《威尼斯宪章》中对于历史建筑开始认同其对人类和世界文化资产的重要性，并加以定义与设置标准，用以评定具有价值的历史建筑，提出了保护建筑的历史真实性的原则。1979 年，澳大利亚根据本国的历史背景和文化情况，编制了《保护具有文化意义地方的宪章》，简称《巴拉宪章》，其中针对建筑遗产的保护，明确提出了"改造性再利用"的概念，即对某一场所进行调整使其容纳新的功能。《巴拉宪章》提出了一套遗产管理保护原则和纲领，不仅对纪念性建筑，而且对遗址、花园或是城区保护都很适用。《巴拉宪章》的关键在于为建筑遗产找到恰当的用途，使该场所的重要性得以最大限度的保存和再现，对重要结构的改变降低到最低限度，并使这种改变可以得到复原。这一理论的提出不仅对各国的建筑遗产保护工作起了很大的作用，而且树立了很好的参考及借鉴作用。

传统工业城市的老工业企业大多集中在城市中心地带，生活、生产和商业区混杂交错，既影响企业进一步扩大发展，更影响城市功能升级改造。在后工业时代，这些城市老工业区企业的搬迁改造将是老工业基地调整改造的重点任务之一。从资源角度来看，城市中的历史建筑就是活着的资源。通常建筑的使用功能消失后建筑依旧会存在一段时间，尤其是工业建筑更是结构坚固。所以对于工业建筑遗产的保护不能像古建筑遗产保护一样。改造和再利用使工业建筑遗产满足新的功能需求，是对工业建筑遗产保护的最有效的手段，或者说，城市工业遗产具有再利用属性，具体原因如下。

1. 工业遗产地：旧工业建筑的基础设施在给排水、电力电信、燃气动力等方面的容量远高于一般的民用建筑，改造项目可以以原有的基础设施为依托，不用增加新的市政设施接口，只需在原有设施的基础上扩大容量或改变位置，改进设备即可。

2. 工业遗产建筑：由于工业类建筑特定的使用功能和空间要求，在建造时往往采用当时比较先进的建筑技术，大都结构坚固。但是，工业建筑内部空间与其功能并非严格对应，建筑更加具有使用的灵活性。工业建筑初始功能周期相对较短，物质寿命之内可以经历多次使用功能的变更，而非大拆大建，从而减少能源和材料的消耗。特别是一些生产厂房、物质仓库等大空间建筑，在改造上具有很大的使用灵活性，提供了多种利用的可能。

当今所倡导的绿色建筑的原则之一就是全寿命设计思想。在地球自然资源有限及不可再生的前提下，对于其有效利用而言，改造再利用无疑显示出更大的效益。而且，有些生产设备和厂房体量巨大，结构复杂，其拆除反而要付出比改造再利用更大的成本。一幢建筑结构造价约占其总造价的三分之一，改造比新建可省去主体结构所花的大部分资金；基地内原有的基础设施可继续利用；施工建设周期短，可让业主尽快投入使用从而获得较大利润；建造新的建筑以及解体旧建筑所产生的大量建筑垃圾和对空气、水的污染，无疑会对环境造成新的破坏。另外，相比推倒重来，改造再利用的开发方式也可减轻施工过程中对城市交通、能源、人力等的压力。

第三节　城市工业遗产的理论基础

一　城市更新理论

自城市诞生以来，已经历了五千多年的历史。在经历过漫长的农耕社会后，城市伴随着人类社会进入了工业革命，从此拉开了现代意义的城市化序幕。随着城市高速扩张和空前的繁荣，现代意义上的城市开始逐渐形成，其地位和作用也不断地增强。从这个意义上来说，现代工业是城市化的直接驱动力。但是，在工业化给城市带来机遇的同时，也给城市带来了挑战。应当注意到，工业化促使城市的功能、结构以及城市形态都发生变化，城市开始极度膨胀的同时也遭受"城市病"的困扰，如交通拥挤、空气浑浊、环境污染等。

事实上，城市在不同的历史阶段必然面临着不同的城市发展和城市更新问题，在不同的历史阶段，研究城市的主题也不尽相同，因此形成了各具特色的城市更新理论。但是，如果回顾各个阶段的城市更新理论，会发现它们终究是在批判、弘扬或修正前人的理论和观点上生成的。这些理论的批判性、象征性、传承性、创新性具有一脉相承、难以割舍的关系，或者说，它们是不同语境下人类共享的文明成果。在今天城市化快速发展的这一大背景下，城市工业遗产保护与再利用研究是城市更新中的一个分支。因此，梳理城市更新的理论成果无疑可以帮助理解其内在的演进规律，为后续的研究提供有益的指导。下面在王志章教授等（2010）的研究基础上，分六个代表阶段讨论城市更新理论，并阐述它们与城市工业遗产保护与再利用研究的相互关系。

（一）理想主义的城市更新：田园城市

工业革命拉开了现代城市化的序幕，推动着城市化进入一次浪潮。但是，城市的快速膨胀引起了城市环境的恶化。著名的空想社会主义者罗伯特·欧文（Robert Owen）认为"从城市化那天起，就埋下了罪恶的种子"，农村由于人口的外迁而变得破落。凡此种种，不得不引起人类对城市发展理论的反思和探索，于是他在1820年提出了带有理想主义色彩的"田园城市"概念，并受到人们的关注。至19世纪末，英国人埃比尼泽·霍华德（Ebenezer Howard）认为，城市无限扩展和土地投机是引起城市各种灾难的根源。他在1898年出版的《明日的田园城市》（*Garden Cities of To-morrow*）一书中，明确提出了影响最为深远的田园城市系统理论。这是一种全新的城市更新理论，开创了近代城市规划学的先河，翻开了城市规划的新篇章。事实上，城市化带来的聚集效应，让城市成为财富和知识的聚集地，促进了城市的繁荣发展。但同时改变了城市的人口、产业、社会以及空间结构，让城市遭受交通拥挤、就业困难、环境恶化、空气浑浊等"现代城市病"的困扰。

霍华德的"田园城市（Garden City）"理论在一定程度上反映了当时人们对城市社会状况的认识、不满和反思，并体现在行动上。更重要的是，霍华德在城市发展中引入了平衡的概念，试图建立城市内部各方面的平衡，并认为城市更新的根本目的是使得城市各方面达到平衡状态，而实际直到今天，这依然是城市更新的目的所在。此外，田园城市理论也为后来恩温、帕克的"卫星城理论"和沙里宁的"有机疏散理论"打下了思想基础。

这一时期的城市更新理论的研究，同之前相比，摆脱了之前单纯追求艺术的传统城市规划思想，同时在更新的对象方面也不仅仅局限于城市居住区的更新，而更多的是向城市空间结构的更新的方向转变，对现代城市规划的发展有着较大的影响，但从本质上而言，这些理论的思想基础仍然是以传统城市规划中的"形体决定论"为思想基础的，将城市看作一个静止的事物，从而寄希望于建筑师和规划师通过形体规划来构建一个希望中的蓝图，从而解决城市发展的困境。

（二）理性主义的城市更新：《雅典宪章》

前文提到，城市化的主要动力源于工业化，而由工业化所带来的城市交通的更新改造，在很大程度上影响了城市空间形态。20世纪20年代，随着汽车工业的迅猛发展，城市道路基础设施建设以及交通条件均得到极大改善，并大大促进了城市空间结构和形态的转变。这一时期，大多数建筑师对城市功能组合和空间形态的思考是出于建筑物在空间上扩展所形成的。城市规划出于解决城市的秩序性和效率性问题目标，关注仅限于不同用地功能构成和空间组合所达成的不同效果。换言之，城市更新的研究对象集中在物质体型环境，试图通过城市土地与工程布局安排，实现城市环境秩序、效率和美的要求。1928 年，国际现代派建筑师的国际组织（CI-AM）在瑞士成立，发起人包括勒·柯布西耶、W. 格罗皮乌斯、A. 阿尔托等现代建筑的先锋人物。这一组织于 1933 年在雅典召开了第四次会议，会议结束时发布了《雅典宪章》（Athens Charter）。这是一份以"功能城市"为核心的现代城市规划大纲，强调了人类对自然的征服。宪章开宗明义地提出城市的四大功能，即居住、工作、游憩和交通，城市的拥挤以及由此产生的问题是因为缺乏合理的分区规划造成的。而利用现有的交通和建筑技术可以处理好城市的功能关系，从而解决城市面临的各种问题，实现城市的有序更新。

《雅典宪章》宣称"人的需要以及以人为出发点的价值"是衡量一切建设工作成功的标准，表达了一种人本主义的城市更新理念。宪章认为居住是城市最重要的城市功能，住宅区应该占用最好的地区。住宅区应该接近一些空旷地，以便将来可以作为文娱及健身运动之用。诸如此类的表述体现了宪章对人的尊重，对人的需要的满足，可以说是城市更新和规划思想上一个划时代的进步。与此同时，《雅典宪章》也涉及了保护历史遗产的思想。例如要求通过功能置换、交通组织、周边环境清理等整治手段，将城市中的历史地段和历史建筑物隔离开来，体现其功能分区的原则，这也可以说是形成了最原始的城市中历史保护区的概念。同样，《雅典宪章》也受到历史条件的限制，尽管它成为现代城市更新和规划的理论指导，但过分强调理性主义思想，以致没能有效地遏制和解决现代城市出现的种种问题。

（三）人本主义的城市更新：《马丘比丘宪章》

"二战"后，世界各国纷纷致力于重建家园、大规模地发展经济，世界经济进入繁荣发展的黄金时代。世界人口的增多和城市增长速度的加快，导致生态、能源和粮食供应出现严重危机。城市衰退，住房缺乏，公共服务设施以及生活质量的普遍恶化成为不可避免的后果。如何通过城市更新来解决出现的这些城市问题成为社会关注的焦点。1977年，世界建筑师、规划师会聚秘鲁利马召开了国际学术会议。会议以《雅典宪章》为出发点，分析了城市发展面临的新问题，总结了近半个世纪尤其是"二战"后的城市更新和城市规划思想、理论和方法的演变，展望了城市更新进一步发展的方向。会议结束时签署的《马丘比丘宪章》指出，近几十年世界工业技术空前进步，极大地影响着城市生活以及城市规划和建筑，无计划的城市化进程和对自然资源的滥加开发，使环境污染到了空前严重的程度。根据这些新的情况，应该对《雅典宪章》的某些思想和观点加以修改和发展。《雅典宪章》受理性主义的影响，强调人类对自然的征服，而《马丘比丘宪章》则是对环境污染、资源枯竭的反思，表现出对自然环境的尊重，强调要客观理性地看待人的需要，对自然环境和资源进行有效保护和合理利用。

《马丘比丘宪章》认为《雅典宪章》在城市更新的过程中"为了追求分区清楚却牺牲了城市的有机构成"，主张"不应当把城市当作一系列的组成部分拼在一起来考虑，而必须努力去创造一个综合的、多功能的环境"。《马丘比丘宪章》认为城市化"要求更有效地使用现有人力和自然资源""要在现有资源限制之内"。进行城市更新，必须采取相应措施"防止环境继续恶化"，从而"恢复环境固有的完整性"。此外，《马丘比丘宪章》还强调每一特定城市和区域应当制定适合自己特点的发展方针和标准，防止照搬照抄来自不同条件和不同文化的解决方案。在设计思想方面强调"重点是内容而不是形式"，现代建筑的主要任务是正确地应用材料和技术，为人们创造适宜的生活空间，追求建成环境的连续性而不是着眼于孤立的建筑，并提出了群众参与设计全过程的思想。《马丘比丘宪章》坚持"技术是手段而不是目的"，包含着人与自然和谐发展的思想，体现了理想化的人本主义思想，与后来提出的可持续发展理论的理念极为接近。

（四）可持续的城市更新：《我们共同的未来》

在经历过"二战"后 30 年的直线性的高速发展，20 世纪 70 年代全球人类社会面临着资源枯竭、民族冲突、环境污染三大主导问题。面对这些严重威胁人类自身的生存和发展的问题，人们开始反思传统的城市更新模式，力求探索一种人与自然之间、人与人之间可持续发展的新观念。1972 年，由意大利著名学者 A. 佩切伊和英国科学家 A. 金创建的罗马俱乐部（Club of Rome）提出了《增长的极限》（*The Limits to Growth*）。这一纲领性文件在对原有经济发展模式提出质疑后，探讨了关系全人类发展前途的粮食、资源、环境、人口等一系列根本性问题，最后明确提出工业革命以来的经济增长模式给人类和地球带来了毁灭性的灾难。所谓的"增长的极限"，是指人类社会的资源总量是有限的，当增长总量达到"极值"的时候人类就陷入不可自救的地步（见图 3-9）。

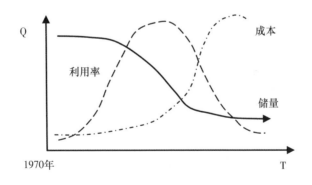

图 3-9　资源储量与利用率的关系

同年，联合国召开的人类环境会议上，人类第一次就全球环境问题进行深刻的讨论，也由此产生了可持续发展的思想火花。在世界环境与发展委员会发布的《我们共同的未来》（*Our Common Fu-*

ture）报告中，将"可持续发展"定义为"既满足当代人需要，又不对后代满足其需要的能力构成危害的发展"。该定义并不否认人类发展需要，而且还明确了必须满足当代的人类发展需求。但是，在满足当代人的同时，不能剥夺后代人享受自然资源、获得生存资源的权利。城市更新中可持续发展的核心是发展，但要求在严格控制人口、提高人口素质、保护环境和资源永续利用的前提下进行经济和社会的发展。这一理论彻底改变了人们的传统发展观和思维方式，对规划学科而言，这一理论也为未来的城市更新奠定了基础。可持续发展的特征强调了经济持续、社会持续和生态持续三者之间的相互关联、不可分割。经济持续是条件，社会持续是目的，生态持续是基础。人类的共同追求是经济、社会和自然形成的复合系统的健康稳定发展。这也意味着"可持续发展"逐渐将成为城市发展的目标，也将逐渐成为指导各个城市更新的理论选择（宋佳珉，2004）。

（五）多元化的城市更新：《北京宪章》

进入21世纪后，城市在更新过程中出现了诸如"混乱的城市化""技术的'双刃剑'""城市特色危机""大自然的报复"等问题。面对这些挑战，1999年，来自世界100多个国家和地区的建筑师聚首北京，在国际建筑协会第20届世界建筑师大会上共同签署了由吴良镛先生执笔的《北京宪章》。宪章在分析了21世纪城市更新过程中可能面临的各种挑战后，明确指出"如今，可持续发展的观念正逐渐成为人类社会的共识，其真谛在于综合考虑政治、经济、文化、社会、技术、美学各个方面，提出整合的解决办法"，认为"可持续发展之路必将带来新的建筑运动，促进建筑科学的进步和建筑艺术的创造"。提出"变化的时代，纷繁的世界，共同的议题，协调的行动"的纲领，城市的改造建设应该"从传统建筑学走向广义建筑学"的思考。

从《北京宪章》的基本理念中可以看出，未来城市更新方向是趋于多元化的，因此，应该更加注重城市规划、设计、建筑艺术的知识内涵。城市的更新过程应该是一个完整的体系，包括环境、经

济和文化等方方面面，是整个人居环境的改造建设。通过建设一个
美好的、可持续发展的、更加公平的人居环境，培育一种地域感，
以实现城市的可持续性和人文社区的和谐。使城市社区滋养出那些
有提升作用的、富有灵感的、令人难忘的建筑环境和居住模式，从
而形成特殊的归属感（见图 3 - 10）。

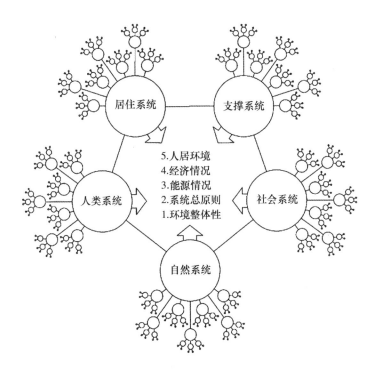

5.人居环境
4.经济情况
3.能源情况
2.系统总原则
1.环境整体性

图 3 - 10　人居环境五大系统模型

资料来源：吴良镛《人居环境导论》。

（六）城市更新新理念：知识城市

进入 20 世纪 90 年代以后，全球信息通信技术的迅猛发展，知
识经济也因此应运而生。这一时期，知识产业比重不断上升，对经
济的贡献率显著提高。同时，由于全球化带来的信息流、人才流、
资本流和知识流的快速流动，致使城市结构发生深刻变化。城市作

为资本、人才、信息等的主要聚集地，如何应对全球化语境下知识经济、新经济所带来的机遇和挑战，成为城市管理工作者和学术关注的重要课题。2004 年，一批国际著名的知识管理专家、城市政要和学者汇聚欧洲知识城市巴塞罗那，出席全球"E100 圆桌论坛"（E100 Roundtable Forum）。会议对世界知识城市发展和城市更新进行了全面的回顾和总结，会后发表了《知识城市宣言》（Knowledge City Manifesto）。该宣言指出，当今的城市更新应该强化"以知识为发展基础"，走知识城市之路。宣言还对知识城市的定义、衡量标准、基本框架要素、未来城市发展的趋势等进行了阐述。从此，"知识城市"作为一种全新的城市更新理念进入全球视野，并逐渐为世界各国所认同，成为城市可持续发展重要的路径选择之一。

知识城市这种最新的城市更新理念和模式突破了以往城市传统的空间结构和空间形态的思维方式，把追求以知识为基础的城市有机更新和可持续发展作为最终的目标（宋佳珉，2004）。知识城市凭借其"不仅强调信息、知识的重要性，更注重社会文化、资源环境、高质量的基础设施、多元文化的容忍度和包容性、自由度、高效透明的政府以及人力资本之间的相互作用"之优势，成为许多发达国家推崇的城市更新理论，并应用于城市的转型、"复兴"之中，如今天的伦敦、曼彻斯特、巴塞罗那、慕尼黑等都已成功转型为全球著名的知识城市（Florida R.，2005）。

二 循环利用理论

根据《资源循环利用论》一书中定义，"循环经济"是指为实现物质资源的永续利用及人类的可持续发展，在生产与生活中通过市场机制、社会调控及清洁生产等方式促进物质循环利用的一种经济运行形态。循环经济是以资源的主动回收再利用为特征，依托于科技进步，促进经济、社会与生态环境协调发展的运行状态；是立足于可持续发展理论，追求人与自然和谐而提出的新概念、新理论。简言之，循环经济是以资源循环利用为核心内涵的经济形态（陈德敏，2006）。2000 年 11 月，全国人大环境与资源委员会主任曲格平在厦门召开的中华环保世纪行工作会议上的讲话中明确提出："所谓循环经济，本质上是一种生态经济，它要求运用生态学规律而不是机械论规律来指导人类社会的经济活动；循环经济倡导的是一种与环境和谐的经济发展模式，它要求把经济活动组织成一个'资源—产品—再生资源'的反馈式流程，其特征是低开采、高利用、低排放；所有的物质和能源要能在这个不断进行的经济循环中得到合理和持久的利用，以把经济活动对自然环境的影响降低到尽可能小的程度。"（曲格平，2002）这是对循环经济的一个较为完整的概括，从中也可以看出循环经济的基本内涵还是体现在资源利用方面（见图3-11）。根据循环经济概念的内涵与外延，结合《资源循环利用论》相关论述，可将资源循环利用的基本特征归纳如下。

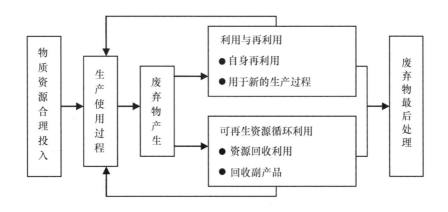

图 3-11　资源循环利用

资料来源：根据《资源循环利用论》资料绘制。

客观性：也可称为内在规律性，是指资源循环利用的出现是人类社会经济发展进程中所必然出现的一种社会生产和再生产方式，是不以人们的意志为转移的社会经济发展的客观现象，是人类社会发展到一定程度之后面对有限的资源与环境承载力所做出的必然选择。

系统性：资源循环利用是一个涉及社会再生产领域各个环节的系统性、整体性经济运作方式。在不同的社会再生产环节上，它有不同的表现形式，但不能因此将其割裂开来看待，只有通过整个社会再生产体系层面的系统性协调，才能真正实现资源的高效循环利用。

统一性：包括两个层面的含义。第一层含义是指通过资源循环利用的社会再生产方式，既可以解决人类目前所面临的资源、环境两大危机，又能实现人类社会经济的可持续发展，因此资源循环利用是人类社会经济发展和生态环境保护的统一。第二层含义是指资源循环利用无论是在社会再生产的宏观层面还是在产业和企业的中微观层面，物质生产与产品流通实现形式都体现于资源的循环利用。

科技性：资源循环利用的出现和发展是以先进的科技作为依托的。只有通过不断的技术进步，才能实现更大范围和更高效率的资源循环利用，同时不断拓展可供人类使用的资源范围，从源和流两个方面解决人类所面临的资源短缺和生态环境保护问题。

能动性：资源循环利用是人类对自身面临的资源和环境危机的理性反思的产物，是人类对客观世界认识的进一步深化。

资源循环利用理论与行动的目的是达到节约资源、减废治污、治理和保护环境，进而从整体上推进经济持续发展与社会全面进步。这种循环的推动力是科学技术进步。回到工业遗产视野下，随着可持续发展观念的深入，简单拆除的方式发生了改变。要减少建筑业对环境的污染，就要在建筑的整个生命周期内，减少从建造、使用到最终解体的整个过程对环境造成的影响。在安全范围内，尽可能延长建筑的生命期限，是十分有效的方式之一。新建工程与再利用工程相比消耗更多的自然资源，同时产生新的建筑材料及解体旧建筑所产生的大量建筑垃圾，往往又会造成更严重的环境污染。旧工业建筑再利用是对城市现有资源的最大限度的再循环利用，它可以减少大量的建筑垃圾及其对城市环境的污染，同时减轻在施工过程中对城市交通、能源的压力。因此，有意识地改造再利用旧工业建筑，取代盲目的拆旧建新，是符合可持续发展精神的。

三　遗产保护理论

人们对历史文化遗产的保护有一个逐渐提高的过程。起初是保护器物、遗址。就建筑物来讲，开始保护的是宫殿、府邸、教堂、寺庙等建筑艺术和作坊、酒馆等见证平民生产、生活的一般建筑物，再由保护单个的文物古迹为发端，到保护一个完整的历史古城，内容越来越广泛，内涵越来越丰富。主张保护的社会群体从学者和社会贤达发展到官员、民众等，保护的法律也越来越完善，方法越来越周全，这种发展过程是与文明程度的提高同步的。

（一）建筑作为文物保护

对历史建筑和建筑群的保护最早可以追溯到古罗马时代的欧洲，18 世纪中叶英国的古罗马剧场成为欧洲第一个被立法保护的古建筑。历史建筑的保护和修复工作开始于 18 世纪 60 年代，西方城市普遍进行了一场以大拆、大改、大建为主要特征的活动，大城市损失了一批有价值的历史建筑，也破坏了城市独特的历史风貌。这些大规模的建设活动受到社会各界，特别是学者的激烈批判与否定，人们开始认识到历史文化遗产的重要价值，至此，保护思想开始抬头。20 世纪 70 年代，尤其是世界思潮变迁和石油危机的出现，人们开始思考历史遗产的现实价值和社会意义，从而在世界范围内逐渐形成了一个保护文物古迹及其环境的高潮。国际组织在此期间通过了一系列宪章和建议，确定保护原则、推广先进方法、协作保护工作。其中代表性的文件《国际古迹保护与修复宪章》《保护世界文化历史地区及其当代作用的建议》《保护历史城镇和地区的国际宪章》等重要文献就在这一阶段问世，历史遗迹保护活动俨然成为国际性文化活动的重要内容。

反观我国，我国保护文物古迹的活动可追溯到 20 世纪 20 年代。1922 年北京大学成立考古研究所。1929 年中国营造学社成立，系统地用现代科学的方法研究古代建筑。受当时日益加深的民族危机和族类优越意识的刺激，以及"国粹"思潮、西方近代公藏思想和崇古怀旧心理等因素的影响，中国现代文物保护事业在民国创立以后逐渐兴起。1930 年国民政府颁布了《古物保存法》，一共 14 条，其中对文物的种类、保存方式、管理方法、发掘权属、组织方法等都给予明确规定。并且在 1931 年公布了《古物保存法施行细则》，其中明确了保护古建筑的内容。1948 年清华大学梁思成先生主持编写了《全国重要文物建筑简目》，共 450 条，它是以后公布全国第一批重点文物保护单位的基础。中华人民共和国成立以后，我国积极研究、借鉴国外文物保护经验，"在实践中总结出一条重要原则：通过普查、复查对古建筑进行评价、鉴别，选择其中具有文物价值的，分批、分期列为文物保护单位，予以重点保存和保护"（赵中枢，2001）。同时按照古建筑价值的大小，分为全国重点和省、县三级登记、录入，分级管理。至 1982 年 11 月颁布《文物保护法》，预示着我国古建筑保护"有法可依"。

（二）从建筑保护到城市保护

20 世纪 50 年代，世界各国陆续开始医治"二战"创伤，借助政府强大的集权威力着手经济复苏和城市恢复建设。因此，人们寻求高效的工业化建筑技术以尽快恢复城市建设。至 20 世纪 60 年代中叶，欧洲的文化大革命引导了一个思想急剧变化和文化转型的时代。社会各阶层开始对"功能至上"所造成的单调、冷冰冰的生活环境和城市景观进行反思。甚至东欧的苏联著名导演埃利达尔·梁赞诺夫（Eldar Ryazanov）拍摄的喜剧电影《命运的捉弄》也侧面反映出莫斯科和圣彼得堡两个城市战后重建带来的"特色危机"①。因此，重新关注人类历史成为这个时期人们思想的主基调，城市建设也开始思考如何保护历史环境，著名的《威尼斯宪章》（1964）也正是在这一时代背景下产生的。不过，《威尼斯宪章》重新定义了历史遗产的保护范畴，即"不仅包括单个建筑物，而且包括能够从中找出一种独特的文明、一种有意义的发展或一个历史事件见证

---

① 电影男主人公安德烈从莫斯科来到了圣彼得堡，居然在这里找到了远在莫斯科的家，同样名字的街道，完全一样的房间和家具，房门钥匙也通用，从而带来了一连串的误会和喜剧。

的城市或乡村环境"。它不仅强调"伟大的艺术作品",而且包含着"一定规模的环境"。随后 1964 年的《华盛顿宪章》则进一步明确了历史城镇与城区的保护内容,包括"地段和街道的格局和空间形式……地段与周围环境的关系,包括自然环境和人工环境的关系"(王景慧等,1999)。20 世纪 70 年代始,出于振兴经济萧条和衰落的历史性城市之目的,西方各国发起了"欧洲文化遗产"运动,使历史建筑、历史地段的认识和保护工作得到了更进一步的发展(张松,2008)。1972 年,联合国教科文组织(UNESCO)第 17 次大会通过《保护世界文化和自然遗产公约》,规定全世界具有杰出普遍性价值的文化及自然遗产需要保护且列入《世界文化和自然遗产名录》,并成立世界遗产委员会(World Heritage Committee)负责公布《世界遗产名录》。公约体现出全人类共同保护文化遗产的概念,开创了国际间保护工作制度化的先例,也将保护遗产的方法、理论、意识提升到全球的层面。此后,　《内罗毕建议》(1976)、《华盛顿宪章》(1987)在谈到传统保护时认为保护、恢复和重新使用现有历史遗址和古建筑必须同城市建设过程结合起来,以保证这些文物具有经济意义并继续具有生命力。在考虑再生和更新历史地区的过程中,应把设计质量优秀的当代建筑包括在内(早川和男,1989)。

(三) 从物质形态保护到非物质文化保护

自 20 世纪 60 年代以来,文化遗产的概念一直在扩展和延伸。1964 年的《威尼斯宪章》把遗产定义为文物和遗址,主要指建筑遗址。到 20 世纪 70 年代,遗产又包括了建筑群、工业建筑和 20 世纪的建筑遗产。从 20 世纪 80 年代开始,非物质遗产的重要性受到人们的关注。非物质文化遗产来自日语中的"无形文化财"。1950 年,日本政府颁布了《文化财保护法》,文化财被划分为以下五类:①有形文化财,包括建筑物、绘画、雕刻、工艺品、书法、典籍、古代文书以及考古出土资料等;②无形文化财,包括演剧、音乐、工艺技术等;③民俗文化财,包括衣食住行、生产、信仰、年中节庆等风俗习惯、民俗艺能,以及表现上述习惯与艺能的衣

服、器具、房屋等物件的有形民俗文化遗产；④纪念物，包括贝冢、
古坟、都城遗址等；⑤传统建筑群。1989 年，联合国教科文组织在
第 25 届常规会议上提出了《保护传统文化与民俗的建议案》（以下
简称《建议案》）。《建议案》中对"民间创作"的定义为：民间创
作（或传统的民间文化）是指来自某一文化社区的全部创作，这些
创作以传统为依据、由某一群体或一些个体所表达并被认为是符合
社区期望的作为其文化和社会特性的表达形式；其准则和价值通过
模仿或其他方式口头相传。它的形式包括：语言、文学、音乐、舞
蹈、游戏、神话、礼仪、习惯、手工艺、建筑及其他艺术①。1993
年，联合国教科文组织第 142 次会议颁布了《在联合国教科文组织
建立"活文化财"系统》的建议案。"活文化财"指活着的文化传
承者，具体指那些具有卓越表演才能，对本国的民俗传统、文化遗
产等的传承起着重要作用的传统文化继承人。建议案还提出保护传
承人的重要性、增强国际间的交流互助、建立和平文化等建议。同
时，还建议各会员国应该根据国情建立"活文化财"制度和提交本
国的"活文化财"名录。《建议案》中还使用了"有形文化财"
（Tangible Cultural Properties）和"无形文化财"（Intangible Cultural
Properties）的概念，对非物质文化遗产概念的产生起了增进效用。
1997 年，联合国教科文组织第 229 次全体会议通过了《人类口头和
非物质文化遗产代表作宣言》，提出了口头及非物质文化遗产的定
义。次年，联合国教科文组织颁布了《人类口头和非物质遗产代表
作条例》，指出"这一口头和非物质文化遗产（文化空间或民间传
统表现形式）将被选为人类口头与非物质文化遗产代表作"。2001
年联合国教科文组织发布了《世界文化多样性宣言》，并宣布了首批
人类口头及非物质文化遗产代表名录。2003 年，联合国教科文组织
颁布《保护非物质文化遗产公约》，公约中明确了"非物质文化遗
产"的定义和内容。2005 年，国务院办公厅在《国家级非物质文化

---

① UNESO, *Recommendation on the Safeguarding of Traditional Culture and Folklore*, 1989.（http：//www. un – documents. net/folklore. htm）

遗产代表作申报评定暂行办法》中明确规定了我国非物质文化遗产的定义、种类和范围。自此，我国的文化遗产从之前的空间形态保护转变到涵盖物质、非物质的整体保护（见图3-12）。

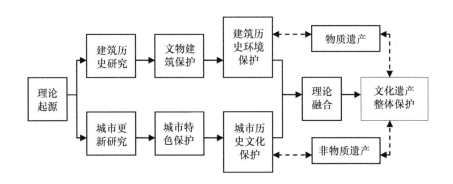

图3-12　历史遗产整体保护理论来源

从目前来看，国际上文化遗产保护理论研究主要集中在三方面。

1. 保护对象的研究：国际古迹遗址学会（ICOMOS）1976年于华沙内罗华会议中讨论传统建筑在现代生活中的角色；1987年该学会又在华盛顿通过了《华盛顿宪章》（《保护历史城镇与街区宪章》），进一步指出保护"历史城镇"与"历史街区"的概念，并期望以一种与现代生活相结合的非博物馆式的保护方式保护历史城镇与街区，这意味着城镇与街区的保护、保存、修复及发展应当和谐地适应现代生活的各种活动；1990年荷兰成立记录与保护现代运动中的建筑、场地和街坊的国际委员会（DOCOMOMO），提出保护现代城市文化遗产的重要性；1999年国际古迹遗址学会通过《保护地方遗产宪章》，提出地方性城市文化遗产相较于纪念性的传统城市文化遗产，是一种活的、具有生命的保护对象。

2. 真实性问题研究：根据《世界遗产公约》规定，城市文化遗产的登录必须满足材料、工法、设计与环境四个真实性的要求，这样的要求是延续《威尼斯宪章》中关于真实性的看法，但由于东方建筑一直以木构造为主，木材不像欧洲石造建筑可以长时间留存，如将腐坏部分替换以新材料，则材料的真实性有了争议。1994年日本奈良举行关于真实性课题国际会议（Nara Conference on Authenticity Relation to the World Heritage Convention），提出城市文化遗产的保护应该重视并尊重多样性，而修复保存则应根据当地的风土条件和历史文化传统，才是保有真实性的方式。

3. 保护与发展的研究：城市文化遗产其实不管是保护、保存或仿古重建，功能都不可能和当初建造时一样，甚至因为融入全球旅游市场而成为被消费对象。1999年国际古迹遗址学会通过《国际文化旅游宪章》，认为国际旅游业持续成长反映了当代社会对于欣赏世界遗产的需求，应视为一种正面积极的力量，各遗产地经营者应针对遗产的旅游资源进行评估，并确认合理的旅游容量与管理模式，寻找保护与旅游开发之间的平衡点。

经历一百多年发展，文化遗产保护理论发生了巨大的变化，从一砖一瓦都不能改变走向尊重文化的多样性，从静态保存单一时期的证据走向动态保存时间性变化。随着越来越多城市文化遗产逐渐显现其独特的保护价值，代表整个保护观念的修正与调整也越来越朝着多元而复杂的全球化趋势发展。这对研究工业遗产具有重要的启迪意义。

四 消费空间理论

消费主义是产生于"二战"之后的西方国家的价值观和世界观，在当今西方发达国家普遍流行的一种消费观念、风气和行为的总称。以美国为中心的当代资本主义经济发展广泛地促进了崇尚享乐与追求奢华的消费主义。在消费主义影响下人们普遍追求炫耀性、奢侈性和新奇性的消费，追求无节制的物质享受，并以此作为个人的自我满足，作为人生价值的体现和生活的目的。消费主义的内容涉及经济、社会、政治、文化等多个领域，是一个含义广泛的概念。但从本质上讲，消费主义就是一种物质主义和享乐主义，其追求的就是一种物质享受的生活方式。在消费主义的意识形态里，消费的目的变得不只是为了实际生活或生存需要的满足，而是在不断追求被制造出来或是被刺激起来的欲望的满足。消费主义满足的不仅是一种"需要"，更是一种"欲求"。"需要"是可以满足的，"欲求"却是永无止境的。在消费主义价值观念下，人们所真正消费的，不是商品和服务的使用价值，而是附于商品和服务之中的象征意义及符号化。人们所要满足的欲求超过了生理需求而进入高级的心理需求层面。这种追求和崇尚过度物质占有和消耗的价值观念的表现，实际是把消费的商品看作自我表达形式，看作追求身份认同感的依据，看作高质量生活的标志，看作事业成功的解读和幸福生活的象征。

消费主义的逻辑逐渐控制了社会生活，并进一步成为社会空间运作的逻辑从而控制着空间的生产和使用。于是，成为资本操作对象的空间被切分为碎片，化为同质性并投入消费市场。正如亨利·列斐伏尔（Henri Lefebvre）所阐述的，空间成了资本主义剩余价值创造的中介和手段，是带有意图和目的而被生产出来的。在消费主义传播及消费文化影响下，城市空间发生了巨大的变化（张京祥、邓化媛，2009）。今天，世界各国的经济和社会发展之间的关系比以往任何时代都更为密切，可以说全球任何一个地区都被置于一个统一的系统之中，其中发达资本主义经济体系是整个经济世界占主导地位的支配力量。在跨国企业和跨国媒体的双重刺激下，消费文化的意识形态及其指导下的消费主义生活方式向世界每一个角落蔓延并逐渐变为现实。西莉亚卢瑞认为"消费文化"是指"消费社会或后工业社会的文化"。整体来看，当代消费文化的特征如下。

1. 全球化和同一性。在全球化趋势下，跨国公司和大众传媒在全球范围传播着同一的消费价值和理念，消费者面对越来越相似的商品时，消费观念和方式也在趋同。一旦某一商品被大众消费者接受，就将在另一处被复制并迅速传播和流行。

2. 象征性和符号化。商品消费与文化消费融为一体，商品的符号价值与使用价值脱离，在当代消费观念中扮演越发重要的角色。大众传媒通过广告等将知识变成了以公式、广告标语和二进位数编制出来的信息符，更进一步强化了商品的符号化。

3. 体验和愉悦。当代消费文化观念中，消费成了一种接受商品全方位信息刺激带来愉悦的体验过程。人们的消费观念成为强调享乐主义，追求及时行乐，培养张扬、自恋个性的生活方式。

4. 虚拟性和跨时空。信息技术高速发展带来的信息产业革命迅速改变着人们的生活，电脑、网络、新一代通讯技术改变了以往的传统消费方式，使得消费可以借助虚拟消费空间，呈现出跨越时空的特点。

消费文化语境下，消费活动决定了消费空间的存在形式。同时，消费空间也影响着人们的消费活动。对空间的征服和整合成为当今消费文化蔓延的主要形式，城市空间也把消费文化投射到全部的城市日常生活中去。通过消费空间的设计可以在一定程度上指导消费者的消费行为。法国学者列斐伏尔曾分类出空间的实践、空间的再现以及表象性空间来理解社会空间，用这一概念解读消费空间可以通过人们对消费活动的体验、消费再现的概念、空间的表象特征三者结合实现（张京祥、邓化媛，1991）。

今天，消费活动已经成为最后也是最普及的公共活动。消费空间被赋予方方面面的内容，购物同时还有娱乐休闲、教育等功能。消费空间从城市中心渗透到主要街道、居住区、学校等现代城市生活的各个城市空间。这些无所不在的消费空间张扬和贪婪的本质必定影响着人们对城市的体验。消费空间不仅是日常消费活动的必需，它也影响到城市的更新。因为没有其他社会空间如同消费空间那样需要不断被革新和重塑以保持对社会变化最敏捷的回应。它总是用最新的科技发明使自身充满吸引力，它总是跟随潮流呈现最时尚的风貌，因为市场竞争使它时时受到"过时"的威胁。

消费空间在市场机制运作的都市中往往可优先获得较多建造资金和空间选择权，因为它是可以盈利的商品，凭借这个优势消费空间在城市中的发展自由度更大。最后，消费空间有条件提供无功能空间作为公共空间使用，所以库哈斯会将商业建筑看作建筑奉献于城市公共活动的第一块阵地。在 21 世纪的今天可以说没有解码消费空间就无法读取城市。

雷姆·库哈斯（Rem Koolhass）认为："在消费时代不仅消费活动融入各种事件中，而且各种活动也融汇成消费活动，消费环境已经成为现代空间的重要要素，消费活动成为城市生活不可缺乏的部分，消费活动将成为 21 世纪最后也将是最普遍的公共活动。"①亨利·列斐伏尔（Henri Lefebvre）认为社会空间是被使用或消费的产品，不应该简单地将消费看作一种消极行为，而应该将消费空间看作一种具有城市生活创造力的生活场所。消费文化是当今的主流文化，也是生产空间过程中极为重要的影响因素，建筑物、图像、空间，以至于建筑师及其建筑理论全部都成了被消费的对象。过去的城市被赋予与服务相关的用途大规模地再开发，这为不断扩张的消费文化生产着空间载体。在消费空间的生产中，消费文化绝对是一种重要的动力。它是一种追求走向物化与大众化的文化现实，它影响着消费空间的生产过程。消费文化创造了消费空间，消费空间又同时塑造了消费文化（Henri Lefebvre，1991）。

消费文化语境下，城市居民的消费活动趋于多样化。首先，餐饮、娱乐与购物活动构成了三大物质性消费活动的基本类型。以消费时间为目的的休闲活动大量通过消费实现，同时传统的高雅文化活动也与消费紧密联系在一起。这就使休闲活动以及与审美和文化相关联的活动都成为消费活动的新类型。在多样化基础上，消费活动不再单一、孤立地发生，而是组合化、系列化地形成消费活动群组。形成活动群组的消费活动可以是物质性消费活动的组合，也可以是物质消费活动、文化消费活动、休闲消费活动的组合。消费活动群组并不是由消费活动任意组合而成，组合的消费活动必须形成活动系列，新的消费活动类型使消费活动的组合方式和活动系列不断增加。独立的消费活动必须通过运动形成连续的组合与系列，运动在消费活动组中具有链接作用。同一个空间高密度地交叉存在多种不同系列的消费活动组，它们通过媒介活动形成复杂的活动组。

---

① 荆哲璐：《城市消费空间的生与死——〈哈佛设计学院购物指南〉评述》，《时代建筑》2005 年第 2 期。

比较典型的案例是巴尔的摩滨水区改造。20世纪初，巴尔的摩港口航运及工业渐渐衰落，成了一个充满破旧码头、仓库的地区，失业率、犯罪率上升，物质环境和社会环境恶劣。1965年，内港挖掘码头工业文化主题，利用位于城市中心的滨水条件开始改造与更新。经过十余年的操作，逐渐建成24小时充满活力的城市商业、办公、娱乐等功能融为一体的城市生活中心，在创造税收、吸引游客、提供就业岗位及带动市中心的开发方面，取得了巨大的效益（见图3-13）。

巴尔的摩滨水区改造　　　　　巴尔的摩滨水区码头工业建筑的再利用

图3-13　文化成为后工业时代消费空间塑造的符号

五　空间统计理论

空间统计学（Spatital Statistics）是将具有地理空间信息特点的数据空间位置相互作用及变化规律作为研究对象，以区域化变量为基础，研究既具有随机性又具有结构性，还具有空间相关性和依赖性的一门科学。空间统计学是统计学的一个重要分支，在统计学上属于起步较晚的学科，从20世纪70年代才开始被重视，但发展迅速，而且推广到诸多行业与研究领域。与传统统计方法的最大不同之处在于空间统计方法主要是将各类数据的空间属性作为空间分布的统计分析和研究，可以弥补传统统计方法中无法充分反映数据的空间分布属性的问题。

从研究方法来看，空间统计学方法是将古典统计方法用于与地理位置相关的空间数据，通过位置建立数据间的统计关系，利用统计方法来发现空间联系及空间变动的规律，是一种分析空间数据的统计方法。空间统计学与传统统计学存在较大区别：

1. 变量取值的空间性：传统统计学研究的变量必须是纯随机变量，而且该随机变量的取值按某种概率分布而变化；而空间统计学研究的变量不是纯随机变量，而是空间位置的变量，其变量在一个特定的区域内因空间位置不同而取值不同，是随机变量与空间位置相关的随机函数。

2. 空间数据之间并非独立：传统统计学的样本中各个取值之间具有相互独立性；而空间统计学中的变量是在空间上不同位置取样，具有空间位置的相关性，因而相邻样品中的值不具有独立性，使空间统计学的样本变量具有空间过程的特点，既考虑样本值的大小，又考虑样本的方向、距离以及各样本间的联系，弥补传统统计学无法充分反映样本空间属性的特征。

3. 研究内容不同：传统统计学以频率分布图为基础研究样本的各种数字特征；空间统计学除要考虑样本的数字特征外，更主要的是研究空间位置变量的空间分布特征及其空间相关关系。

如将空间统计学运用于城市空间研究，常常涉及邻近性概念及空间自相关概念。

（一）邻近性概念

空间统计学最引人注目的是引入了"邻近性"（proximity）这一概念，使这一概念渗透到统计分析的一些领域中，从而导出了一些新的模型和方法，通过度量、数据分析研究对象的"邻近性"来反映、描述、总结研究对象的分布规律与特征。邻近性这一概念有狭义与广义的内涵，狭义的理解就是地域上的邻近性，比如相邻的省、市、县、区等，甚至是城市中的两个地标的空间关系；广义的理解可以认为是某一种属性的邻近，比如在某两个城市之间有着贸易往来，则可被视作贸易上的邻近，贸易额的大小可以反映"邻近性"的程度，而且无论这两个城市是否在地理位置上相邻，都可被视作在贸易上具有"邻近性"。空间统计学中邻近性为广义的邻近性概念，即认为一个区域单元上的某种地理现象或某一属性值与邻近区域单元上同一现象或属性值是相关的。

城市作为人类活动的中心，同周围广大的区域有着密切的联系，具有控制、调整和服务"邻近"区域的功能。这些相互作用不仅发生在地理位置相邻的城市之间，还可能发生在地理位置不相邻的城市之间。一个城镇体系中的各城市之间必然存在着广泛而密切的联系，即具有邻近性关系。

（二）空间自相关的概念

空间自相关是空间统计学中的重要概念，对于空间自相关有多种定义，它们的共同点是都认为在空间关系中邻近的单元比相距较远的单元具有较高的相似性，因此，空间自相关性又可认为是在空间上越靠近的事物或现象越相似。空间自相关性是现实空间格局中广泛存在的一种特征，自然界中的温度、水分、土壤特征、植被以及人类社会中的人口、灾害、疫情等现象或系统的空间分布都反映出"空间自相关"的特征，因此，空间自相关性被称为地理学第一定律（W. R. Nobler，1970）。空间自相关分析是指对同一变量在不同空间位置上的相关性分析，并对空间单元属性值聚集的程度进行度量和评价。在研究空间自相关性时，应用全局和局部两种指标来度量，其中全局指标用于验证整个研究区域的空间模式，而局部指标用于反映一个区域单元上的某种地理现象或某一属性值与邻近区域单元上同一现象或属性值的相关程度。根据胡明星教授《空间信息技术在城镇体系规划中的应用研究》（2007），可以概括出空间自相关系数的计算方法：

1. 空间权重矩阵的建立

空间权重矩阵是用于定义空间对象的相互邻接关系，通常定义一个二元对称空间邻近矩阵 W_{ij} 来表达 n 个位置的空间邻近关系，可以根据邻接标准或距离标准来度量。根据邻接标准，当 i 和 j 邻接时，空间权重矩阵的元素 $W_{ij}=1$，否则 $W_{ij}=0$。其公式如下：

$$W_{ij} = \begin{cases} 1 & (i \text{ 与 } j \text{ 相接}) \\ 0 & (i \text{ 与 } j \text{ 不相接}) \end{cases}$$

根据邻接标准，当 i 和 j 之间的距离标准在一定距离 d 范围内时，空间权重矩阵 $W_{ij}=1$，否则 $W_{ij}=0$。其公式如下：

$$W_{ij} = \begin{cases} 1\ dist\ (ij) \leqslant d \\ 0\ dist\ (ij) > d \end{cases}$$

2. 全局空间自相关系数

全局空间自相关（Global Spatial Autocorrelation）是用于描述区域单元某种属性值的整体分布状况，判断该属性值在空间上是否存在聚集性的特点。常用的全局空间相关性统计指数是全局 Moran's I 系数。全局 Moran's I 系数度量空间自相关（要素属性相近程度）的程度，不仅考虑要素属性值而且包括要素之间的距离。给定一系列的要素和相应的属性值，评估要素的分布是集聚分布、离散分布还是随机分布。Moran's I 计算公式如下：

$$I = \frac{n \sum\limits_{i=1}^{n} \sum\limits_{j=1}^{n} W_{ij}\ (x_i - \bar{x})\ (x_j - \bar{x})}{\sum\limits_{i=1}^{n} \sum\limits_{j=1}^{n} W_{ij} \sum\limits_{j=1}^{n}\ (x_i - \bar{x})^2}$$

其中

$$\bar{x} = \frac{1}{n} \sum\limits_{i=1}^{n} x_i W_{ij}$$

式中：n 是参与分析的空间单元数；x_i 和 x_j 分别表示某种属性值，是 x 在空间单元 i 和 j 处的观测值；W_{ij} 是空间权重矩阵。Moran's I 的值域为 ［-1, 1］，大于 0 为正相关，小于 0 为负相关。值越大表示空间分布的相关性越大，即空间上有聚集分布的现象；值越小表示空间分布相关性小，分散程度越高。值趋于 0 时，表现此时空间分布呈现随机分布，即 Moran's I 系数接近 1 表示集聚，接近 -1 表示离散。

3. 局部空间自相关系数

全局指数仅使用单个值来反映一定范围内的自相关，但难以反映聚集的空间位置及区域相关的模式，而局部指数不仅能计算出每一个空间单元与邻近单元的某种属性相关的程度，还可以揭示空间参考单元与其邻近的空间单元属性特征值之间的相似性，识别空间集聚,因此在实际的应用中,通常将局部指数和全局指数相结合,来确定和识别空间关联和聚集模式。

第四节 城市工业遗产的空间资源结构体系

一 空间资源结构体系构建的必要性

随着日本的纪伊山朝圣路线等大型文化遗产相继列入世界遗产名录,大尺度、跨区域型的文化遗产越来越受到遗产保护界的重视,世界遗产保护运动正朝着整体保护、区域化保护的方向发展,整体性的遗产保护是本书构建的核心思想,"遗产区域"理论的出现,开创了文化遗产整体性保护的先河,对本书具有重要的理论指导意义。

"遗产区域"是美国针对大尺度文化景观保护的方法,强调对地方的历史文化、自然景观和游憩资源进行综合保护与利用,实现大尺度文化遗产保护的目的。遗产区域是具有展示地方和国家的自然、文化遗产特色的区域,它包括较大尺度的自然、文化资源:湖泊、河流、山脉等自然资源类型;运河、铁路、道路等文化资源,或者是废弃废旧的工厂、矿地等文化资源(朱强、李伟,2007)。遗产区域并不是自然存在的状态,很多文化景观都具有独特性和重要价值,但只有当地方政府重视历史文化资源并制定相应的保护措施时,才可以称为遗产区域。从遗产区域的发展历程来看,建立之初是为了萧条地区的经济复兴,但现在愈来愈强调加强文化旅游来维持经济发展和地方生活方式之间的平衡(朱强,2007)。相对于传统的保护方法,遗产区域具有以下特点。

1. 保护对象——由传统的单个独立的遗产点扩展为大型的区域文化景观。

2. 保护重点——正在被遗忘或已经消失的当地历史记忆和生活方式,按照一定的主题进行保护与开发。

3. 保护方式——政府重视并制定相应的保护规划,居民、商业机构和政府部门共同参与保护。

遗产区域保护方法预示了以遗产价值为核心的保护方法以及区域合作保护思想的诞生。单个遗产点的保护模式逐渐被一种将整个城市乃至地区作为一个大型遗产区域的概念所代替。"遗产区域"的出现为大尺度文化遗产保护目标的实现提供可能，因此可以借鉴遗产区域的概念，提出在文化遗产资源密集区构建文化遗产保护为主题的城市文化遗产区的构想。城市文化遗产既是区域文化遗产的组成部分，又是相对独立的文化区域。按照一定的主题将城市中一个个孤立遗产资源点组织起来，带动城市整体文化遗产的保护与利用，有利于突出城市遗产资源的整体文化价值。

二　空间资源结构体系的构建思路

工业遗产点之间的关联是资源体系的建构基础。词典中关联性的定义为：组织体系内的要素，既具独立性又有相关性，要素和体系之间同样存在"相互关联或相互作用"的关系（许晓斌，2010）。

（一）时间、空间关联

城市作为一个整体，空间格局显示一定的稳定性，格局的形成与变化是一个缓慢的、深层次的过程，在短时间区段很难发现它的变化。往往只能置身于历史时间的视野中，才可能看清历史现象的变化，分辨城市不同时代的空间特征。对客体的分析应从时间和空间两方面入手，分别从历史脉络和空间格局进行分析，也就是历时性、共时性的关联分析。事物时时刻刻与其他事物发生着关联，普遍的关联性研究有历时性研究和共时性研究两种方法。从遗产保护领域来说，历时性就是历史时间的纵向顺承，研究城市工业遗产的文化历程、空间演变以及它们之间的关系；共时性就是进行横向对比，研究工业遗产本体、周边自然环境和城市建设环境以及与城市文化空间结构之间的关系。从时间和空间两条线索出发进行关联性分析是资源体系构建的基本方法。

（二）整体、局部关联

城市孕育工业的发展，工业遗产的"再生"也应融合于城市发展的空间与功能中。城市工业遗产保护与利用要具备整体与局部的关联研究,"整体价值应大于局部价值之和,局部给整体带来的效应大于局部的自身效应",遵循整体的局部能更加准确地表达整体。在现代城市空间发展的背景下,对局部的设计应关注其在整体中的地位与价值,关注局部与其他部分之间的关系。力求通过城市工业遗产本体与城市遗产群体之间的双向互动、城市工业与区域工业之间的宏观思索,形成完整的工业遗产保护体系。

(三)文化、物质关联

物质是文化的外在表征,文化是物质的核心灵魂。在构建城市工业遗产资源体系时,既要注重工业遗产本体的空间特征,明确该工业遗产(建筑或场地)空间属性,即回答"适合做什么?"的问题。同时,更要挖掘工业遗产的整体文化价值、个体审美价值,突出该工业遗产文化属性,即回答"需要做什么?"的问题。通过文化和物质的关联,实现文化和空间的融合,使之发挥最大的社会效益。(见图3-14)

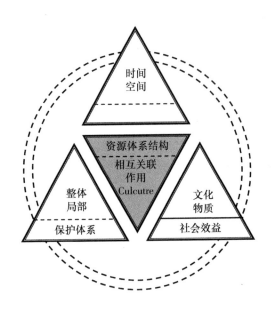

图3-14 空间资源结构体系构建模型

三 空间资源结构体系的层次划分

城市工业遗产资源体系建构的实质内容就是形成遗产空间网络体系与遗产空间网络结构。基于城市空间文化的差异性与复杂性，为了准确地把握城市空间文化结构，按照三个等级（宏观——城市遗产整体、中观——城市遗产片区、微观——城市遗产个体）、两个类型（物质空间、文化脉络）和三种表现形式（点、线、面）对工业遗产资源体系进行建构（黄瓴，2010）。城市工业遗产资源从物质层面的规模来看，分为三个层次：遗产整体资源、遗产片区资源、遗产个体资源，组成的基本形式有点状、线状、面状，工业企业文化等文化脉络贯穿于整个结构层次系统中。个体资源是工业遗产资源的基本组成单位，包括以工业建筑为基本要素的单体建筑、工业厂区；片状遗产资源主要是城市范围内工业遗产较为集中的区域，主要包括若干个工矿企业所组成的工业区范围内的工业遗产；整体资源是以遗产点、遗产片区为组成单元，通过交通联系而组成的城市遗产群。

（一）整体资源——城市工业文化脉络

文化脉络是城市中的一种无形存在，它联系着城市的过去、现在和未来。"'文脉'可称作一条凝聚城市历史人文信息的主脉线索，用以凸显沿线节点的文化内涵。"在城市的发展进程中，文化脉络如同一只无形的手，引导着城市的发展。"一个城市的性格可以和一条轴线的精神紧密地结合，让人们在精神上有一个主导的概念"（王颖，2006），文化脉络记录了城市在发展过程中经历过的历史文化变迁，各个历史时期具有代表意义的建筑物、场所空间等物质景观是文化脉络的外在表现。城市文脉的保护主要有两种途径：历史信息的收集与展示——获取城市发展历程中的人文环境变迁的相关历史信息；物质空间的保护——对城区内具有历史文化价值的老建筑物、具有时代特征的场所空间的辨识和保护。

关于这点可以举一个工业遗产类型的典型案例来说明。杭州城市文明起源于几千年前的"跨湖桥文化"和"良渚文化"。随着社会生产的发展，聚落的规模开始扩大并最终导致城市的产生。老城历史空间格局从秦代建制开始，逐渐发展至现今老城范围。根据杭州从古代到近现代的城市发展脉络，城市的发展变迁经历城市起源—发展—兴盛—衰落—转型几个阶段，整个老城的城防体系、街巷体系、用地功能、水系网络等随着时代的发展而不断地变化，但是城市的文化脉络却从秦汉六朝直至今天而不断延续发展，从南宋时期的江南帝都、近代的江南产业中心至现代国际化休闲创意之都，不同时期的文化空间截面在城市中叠加共同构成了杭州市的历史文化脉络（董卫，2006）（见图 3－15）。

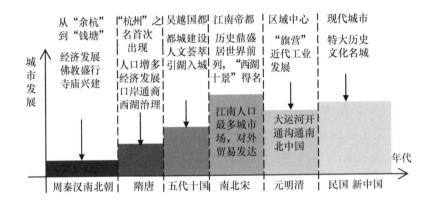

图 3 - 15 杭州城市历史文化脉络演变

资料来源：根据东南大学《杭州南宋皇城大遗址公园规划设计》项目绘制。

工业遗产可以看作整个城市从近代发展至今工业文化的缩影，甚至可以视为整个近现代工业发展的代表。因此，它所承载的物质和文化意义是非常巨大的。它包裹着本土文化色彩，是城市文化事业、文化产业发展的重要基础，也是城市发展的特殊名片。工业遗产的文化脉络是由工业遗产物质表现和工业文化信息叠加形成的，物质特征是显性因素存在于城市的空间中，文化特征是隐形因素流连于历史的时间中。两部分组成因素都会随着时间演变而产生空间变迁，工业遗产文化脉络始终处于"新陈代谢"变化之中，存在鲜明的时段性和区域性。

在整体层面上主要解决三个问题：在空间上，要全面了解个体的空间分布、风貌特性、文化特征等多个方面，对各项指标的空间分布进行全面分析并划分片区，形成若干相对独立的保护单元；文化上，要对工业发展的各个时段进行划分，提取最具地方文化的时间片段；在功能上，明确各个片区的文化特色定位，制定合理的文化保护策略。

（二）片区资源——遗产片区文化特色

片区资源是以工业遗产聚集区为基本物质形态要素，包括建筑、构筑物、景观设施、场地空间、活动事件等，强调的是场所的集合。工业遗产片区往往反映的是一个地区某个时间断面的工业发展，建立在特定年代具有价值的工业遗产往往具有符号意义，代表当时先进生产力和文化水平。并且在发展过程中，工业企业与当地的风土人情、人文特质渐渐融合，形成具有鲜明地方特色的企业特质和企业文化。如"一五"和"二五"时期按照社会主义国家的标准建设的，集生产、生活、文化、教育等功能于一体的"大而全""小而全"的工业社区。这类社区代表了特定时期的建设模式，有较高的历史价值，部分已经被划定为历史街区或风貌区的工业社区，例如，太原的矿机社区、太重专家楼，武汉的青山红房子片区，沈阳的工人村等。以西南"三线时期"工业为例，在西南地区百年工业史中，最能体现艰苦奋斗中国精神的就是"大三线"工业遗产。"三线时期"项目按照"大分散、小集中"的原则进行选址，少量国防尖端项目要"靠山、分散、隐蔽"布局，工业布局选址带有明显的政治、时代背景特色。基于此，大多数新建工业企业位于交通不便利、远离主城区的地域。许多有着很高科技水平（以当时的科技水平衡量）的三线企业深处大山之中，先进的"高科技"产业与周边农耕文化形成密切的功能—空间组合。工业企业呈"分散集中式"布局，形成一组组产业链或企业链，在传统农业环境中呈现出一种独特的"飞地"型科技片区。

片区层面保护与利用是体系层次中的重点，无论从空间结构、文化景观还是场所精神，片区是一个相对整体和独立的保护单元。因此，对片区的功能布局、空间风貌、发展方向进行控制引导，是片区层面关注的主要内容。

（三）个体资源——遗产个体空间特征

个体资源以工业遗产的单体建筑、工业用地场所等为基本物质形态要素，以"点"的形式存在于工业遗产资源体系中。对于建筑空间保护与再利用要点集中在：外部形式、内部空间、构造结构等层面；场所空间保护与再利用要点集中在：场地布局、空间景观、文化活动。

不同时代的工业遗产的建筑空间、场地布局有各自特征。"任何时代的文化形态总是以该时代现实的社会物质生活存在为基础"（何林，2000），建筑、场地等物质空间形态作为时代文化信息的传递者和表述者，总是能动地认识并满足时代的需求。在建筑空间体量上，手工业时代由于生产规模、销售市场、交通运输的限制，工业建筑体量小，和居住建筑高度融合；现代机器工业时期为了满足社会商品需求、提高机器生产效率、提供宜人的工作空间和环境，产生符合工业化大生产、人性化要求的建筑空间。建筑平面布局上，传统的工业建筑以平面分散铺开的布局形式为主；现代工业建筑为了集约用地，布局打破平面伸展的模式朝着竖向立体化布局方向发展。

同一时代的工业遗产的建筑空间、场地布局也各有特点。由于建筑功能的不同、文化的差异，工业遗产在空间形态上表现迥异。功能类型不同会导致建筑空间不同，建筑体量、内部空间和结构上会产生巨大的差异。以武汉市龟北路三号为例，仅存的两栋建筑一栋为厂房建筑、一栋为办公建筑，建筑的层高、结构、平面布局就完全不一样。因此，如果将工业遗产分为生产性质、生活性质、运输性质、仓储性质以及非物质性工业遗产等不同种类，每种类型都会表现出各自的空间特征。

四　空间资源结构体系构建的方法

城市工业遗产资源的整体保护与利用建立在对工业发展历史信息的收集、历史文化的整体把握上。通过了解遗产的生存现状，对遗产本体及场地环境特征进行充分认识。在刚性和弹性相结合的评价体系框架下，从遗产的本体价值与再利用价值出发，对工业遗产的保护利用等级进行合理划分，形成梯队状的保护与利用体系。对遗产整体空间分布进行全面分析，并了解遗产的个体在城市空间的分布、建筑空间类型、产业类型、建筑风貌等多项指标。在空间上明确划分各个片区，形成若干相对独立又相互联系的保护单元；在功能上，明确各片区的文化特色定位，提出合理的保护与利用策略。工业遗产资源体系建构包括五个阶段的工作。

（一）剖析城市工业发展的历史演变

收集城市工业发展的历史资料，研究城市工业发展的历史进程。通过整合工业发展的历史信息，对工业发展的历史阶段进行划分；研究城市各个历史时期工业发展的历史政治背景、区位选址原因、场地空间布局特征等。通过对各时期工业企业文化发展脉络进行梳理、区位布局进行空间叠加分析，纵向比较各历史时期城市工业的文化、空间特征，剖析城市工业空间发展变迁的逻辑，探寻城市工业发展的空间演变及空间布局。并从资源要素、历史要素、社会要素及交通要素出发，探寻工业分布格局形成的历史基础及内在动因，为后期特色的归纳、价值的评析提供基础。

（二）解读城市工业遗产的生存现状

对城市工业用地的空间分布进行研究，了解城市工业遗产的生存空间；以场地现状调研、相关信息的收集为基础，研究遗产本体的存在情况以及遗产的生存环境状况。并在此基础上，从城市遗产空间布局、遗产本体的空间类型、遗产的产业类型、建筑风貌四个方面对遗产的构成进行分析。通过了解城市工业遗产的生存现状，为下一步遗产的价值评价、划分保护等级做准备，并为工业遗产资源的文化梳理与空间整合做好充分的数据收集。

（三）发掘城市工业遗产的利用价值

深层次地发掘工业遗产资源重要的价值并且以此判断保护及再利用价值。在保护城市工业遗产整体价值的框架下对遗产进行价值评价；以遗产的文化价值为核心、以遗产的保护利用为目的对工业遗产进行保护优先等级划分。不同等级的工业遗产，主要差异体现在保护的严格程度、再利用的兼容性方面（俞孔坚、方婉丽，2006）。

（四）编织城市工业遗产的资源体系

根据工业遗产价值评价的结果，将工业遗产进行类型划分。并在工业企业历史信息的发掘与整理的基础上，对于已经消失但是对城市工业发展史产生重大意义的工业，予以文化意义上的重现。以构建资源体系网络、资源体系结构为主要途径，通过城市空间、功能、文化的织补，建立起以点、线、面为主要空间类型的完整的城市工业遗产资源网络体系。

（五）探讨城市工业遗产的利用方式

根据工业遗产影响范围及意义大小，并考虑作为城市文化遗产的组成部分，遗产本体与其他文化遗产之间的关系，分类型将工业遗产与现代城市进行历史文化综合、空间优化整合、功能高度融合。梳理城市工业遗产资源网络结构，提出相应的保护与利用模式。

第五节　城市工业遗产保护与再利用模式

如本章第一节所述，工业遗产作为一种工业文化遗存，具有历史价值、社会价值、科学价值和艺术价值等，有着自己的形象和空间组成特点，它以"工业语言"来表述自身所具备的"工业美"。它还是承载工业文明的遗存物，是逝去的工业时代的标志和见证，也是记录城市历史、体现城市特色、"阅读"城市的重要物质依托。对于有价值的工业遗产，不论是弃置或是将它们全部拆除，都将会是历史文化的损失，是资源的浪费。应以"保留—再利用"的思想对待具有历史价值的工业遗产，使它在城市的建设中成为更具有地域特色与历史文化的新亮点。

工业遗产保护和再利用具有广阔的发展空间，可以将其改造为主题博物馆、商业中心、城市开放空间和创意产业聚集区等，它能很好地与时尚、怀旧等要素结合，迎合都市人群的品位。工业遗产保护与再利用能帮助衰退中的老工业区"变废为宝"，缓解地区衰落和就业难的困局，实现城市发展中形象效益和经济效益的双赢。只有合理的开发利用才是对工业遗产最好的保护，对工业遗产原有空间的改造或扩建、对其建筑形式的改造、对工业遗产的更新和再利用、对工业遗产的外部环境景观的设计等各个方面又因各自不同的特点而分为不同的保护开发模式。全国各个城市的旧工业区因为不同的城市特色和发展特点，有其各自的特色。综合国外工业遗产保护的开发实践，工业遗产保护的开发大致存在以下五种不同的开发模式。

一　工业旅游开发模式

广义的工业旅游其中包括工业遗产旅游（Industry Heritage Tourism）和现代工业旅游（Modern Industry Tourism），是以工业生产过程、工厂风貌、工人生活场景、工业企业文化、工业旧址、工业场所等工业相关因素为吸引物和依托的旅游；是伴随着人们对旅游资源理解的拓展而产生的一种旅游新概念和产品新形式。工业遗产旅游是一种从工业考古、工业遗产保护而发展起来的新的旅游形式（何振波，2001）。首要目标是在展示与工业遗产资源相关的服务项目过程中，为参观者提供高质量的旅游产品，营造一个开放、富有创意和活力的旅游氛围。寻求工业遗产与环境相融合，成为工业遗产保护的积极因素，从而促进对工业发展历史上遗留下来的文化价值的保护、整合和发扬。在工业遗产分布密集的地区，可以通过建立工业遗产旅游线路，形成规模效益。

我国有着丰富的工业遗产资源可以发掘。截至目前，开展工业旅游活动的各类工业企业已遍布全国二十九个省（自治区、市），全国工业旅游示范点总数已达 271 家，涵盖了从传统手工艺、民族特色工业到现代生产、高科技等各类工业生产领域。从工业旅游的地域分布上来看，江苏、辽宁、浙江、广东、上海、北京等工业化程度较高的地区，往往也是工业旅游发展比较迅速、发育程度比较高的地区。在北京和上海，工业旅游与都市旅游相应生辉；在东北，工业旅游成为老工业基地实现发展转型的新亮点；在民营经济最为发达的江浙地区，工业旅游已经成为众多民营企业在规划建设中的重要选项。

上海的工业旅游发展得非常成功，上海学习和借鉴国外工业旅游的经验和理念，将过去的厂房改造成了音乐厅、画廊、博物馆等，并在此基础上发展与之相配套的餐饮、住宿、交通、娱乐业等产业。2008 年，上海市工业旅游促进中心制作发行了《2008上海工业旅游年票》，年票涵盖了洋山深水港观光游览区、上海国际赛车场、上海磁悬浮列车、上海海洋水族馆、新场古镇、杭州娃哈哈、嘉兴五芳斋、江苏海澜等 115 个景点，囊括了上海及江浙一带的工业企业景点，覆盖范围相当广泛。上海将工业旅游景点和长三角其他城市的工业旅游景点加以整合，打破了区域的限制，发挥了资源最大的效益，也给游客提供了更多的选择。实践证明，依托工业遗产资源开发工业旅游不仅是旅游开发创新，也是转型经济新思维，更是以新视角审视旧事物来发现新价值，从而进一步加强对工业遗产的保护，也实现工业资源的综合集约利用。从操作角度来看，它不仅有助于旅游安全环境完善、旅游舒适环境完善和遗产保护环境完善，也是治害、保护、旅游开发三者互助互利的新作为（见图 3-16）。

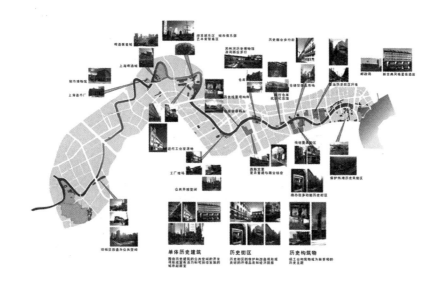

图 3 - 16　上海苏州河沿岸工业遗产保护与再利用

资料来源：根据伍江教授报告整理。

二 公共空间开发模式

在政府机构主导下，对那些占地面积较大的厂房、设备等具有较高保留价值的工业遗产，可考虑将其改造为公园或广场等一些公共开发空间。建造一些公众可以参与的游乐设施，作为人们休闲和娱乐的场所，这是完善城市功能、改善城市环境的重要举措。这种开发模式成功的案例以彼得·拉茨设计的北杜伊斯堡公园最为典型。公园的前身是个衰落的钢铁厂，厂区内遗留下大量的工业构筑物和废弃的生产设备，拉茨通过对厂区内的环境和厂内的工业元素进行改造，如将废旧的贮气罐改造成潜水俱乐部的训练池，将堆放铁矿砂的混凝土料场改造成青少年活动场地，墙体被改造成攀岩者乐园，一些仓库和厂房被改造成迪厅和音乐厅，甚至交响乐这样的高雅艺术都开始利用这些巨型的钢铁冶炼炉作为背景，进行别开生面的演出活动（王向荣，2001）。

在国内由土人景观的俞孔坚教授主持设计的中山岐江公园是将工业遗产地改造成城市公共开放空间的经典案例之一。园址原为粤中造船厂，是地方性中小规模造船厂，地处南亚热带。船厂始建于 1953 年，

1999 年破产，2001 年改造为综合性城市开放空间，供市民开展休闲游憩活动。设计保留了场地原有的榕树，驳岸处理、植物栽植等方面也处处体现自然、生态的原则。改造过程中充分利用厂区遗存的工业元素，例如，烟囱、龙门吊、水塔等，同时掺插现代景观环境小品，运用景观设计学的处理手法，成功展现了工业美学的特征（见图 3 - 17）。

中山岐江公园规划平面图　　　　中山岐江公园规划公共空间节点处理手法

图 3 - 17　中山岐江公园规划设计方案

资料来源：根据伍江教授报告整理。

三　历史展示开发模式

工业遗产能反映出当时工业化过程的特定阶段或者功能，也具有物质文化意义。因此，在原址上修建工业博物馆比在传统博物馆中展出旧有物品更方便，也更生动。它可以通过展示一些工艺生产过程，从中活化工业区的历史感和真实感，同时也激发市民的参与感和认同感，还可以作为艺术创作基地，开展一些作品展览活动。对于那些具有典型代表意义、并做出过重大贡献的工业遗产，结合工业建筑及构筑物设立主题博物馆、展示馆、展示厅、纪念馆等形式进行保护和展示，这样也可以最大限度地对历史信息进行保护，同时也可以对其进行开发利用。该模式以德国鲁尔工业区的亨利钢铁厂和关税同盟煤炭焦化厂最为典型。亨利钢铁厂位于哈廷根市，1847 年煤井开始运行，一度成为欧洲最大的煤井,世界第二大钢铁公司。1986 年 12 月煤井停产,1986 年被省政府列入历史文化纪念地。2001 年 9 月,该地成功进入世界文化遗产名录,成为德国第 3 个获此殊荣的工业遗产保护与再利用地。目前该废弃钢铁厂已经变成一个露天博物馆,并对公众开放,其典型的包豪斯建筑风格,简洁大方,具有很强的现代艺术感染力,除了吸引游客外,还吸引了众多的艺术和创意、设计产业在这里集聚,成为办公场所和作品展览场地。该博物馆的最大特色是设计了一个儿童可以参与并在废弃的工业设施中开展各种活动的游乐天堂,从而大大吸引了亲子家庭旅游者。此外,导游人员由原厂工人志愿者承担,活化了旅游区的真实感和历史感,同时也激发了社区参与感和认同感,使整个旅游区具有一种"生态博物馆"的氛围。

在我国也有成功的案例——福建船政工业遗产的开发再利用。福州的马尾船厂保留着部分旧有的厂房和设备形态,展示造船工业的历史与文化价值。船政绘事院(船舶设计所,1867 年建成)目前已作为厂史陈列馆。厂史陈列分为近代部分(船政)与现代部分(造船厂),陈列沙盘、舰模、图片、实物等,展现中国造船发展史、海军建设史、近代史上重大事件以及改革开放后百年老厂发生的巨大变化。另外,马江海战纪念馆、中国近代海军博物馆、船政精英馆正在建设中(皓月康桥,2007)(见图 3-18)。

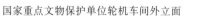

国家重点文物保护单位轮机车间外立面　　国家重点文物保护单位轮机车间室内

图 3-18　福建船政工业遗产的开发再利用

资料来源:航运在线网站,见 http://news.sol.com.cn。

四 创意产业开发模式

大多数的工业建筑由于地处市中心，早期租金较便宜，更重要的是这些老厂房、旧仓库背后所积淀的工业文明和场地记忆，能够激发创作的灵感。加上厂房开阔宽敞的结构，可随意分隔组合，重新布局，受到艺术家等创意产业从业者的青睐。从 20 世纪 50 年代，美国艺术家利用城市中的旧厂房创造了"苏荷区"的童话，至今这种风尚愈演愈烈。艺术家及创意人士们所需要的是城市生活所激发的创作热情，而工业建筑特有的历史沧桑感和内部空间的高大宽敞能为艺术家们和创意人士们提供这种迸发创意灵感的特质场所，所以工业遗产和创意产业能够得到很好的融合。目前全球资源趋于紧张，地球环境日益恶化，怎样能够使发展和保护并存？不能为了经济而破坏环境，也不能为了环境就停止发展，这就给人们提出了更加严峻的考验，显然创新是唯一的出路，既环保又节约能源的新型产品和服务才是未来的主流。

北京 798 工厂是 20 世纪 50 年代苏联援助中国建设的一家大型国有工厂，东德负责设计建造，秉承了包豪斯的设计理念。当工厂的生产停滞以后，一批全新的创意产业入驻，包括设计、出版、展示、演出、艺术家工作室等文化行业，也包括精品家居、时装、酒吧、餐饮等服务性行业。在对原有的历史文化遗留进行保护的前提下，他们将原有的工业厂房进行了重新定义、设计和改造，带来的是对于建筑和生活方式的创造性的理解。

五 综合功能开发模式

这个模式是从整个区域来看，工业建筑往往成片集中建设，特殊的时代烙印，使其可以作为整体展开复兴计划，即对一个区域的工业遗产进行统一性开发，称为综合开发模式。如德国鲁尔区工业遗产旅游一体化开发，它以 19 个工业遗产旅游景点、6 个国家级博物馆、12 个典型的工业聚落为一个整体进行组合开发，从而形成了一条包含 500 个地点的 25 条专题游览线。对具有改造潜力的工业遗产，可考虑通过适当的改造，对其进行集参观、购物、娱乐、休闲等于一体的综合多功能开发。经过改造赋予其新的功能，即保持原有建筑外貌特征和主要结构，进行内部改建，空间重组后按新功能使用。

巨型储气罐 Gasometer 改造　　　　　　　　Centro 购物中心

图 3 - 19　奥伯豪森工业遗产地改造为综合功能购物区

资料来源：维基百科 Oberhausen 词条，见 www. wikimedia. org。

该模式的典型代表是位于奥伯豪森（Oberhausen）的中心购物区。奥伯豪森是一个富含锌和金属矿的工业城市，1758 年在这里建立了鲁尔区第一家铁器铸造厂。逆工业化导致工厂倒闭和失业工人增加，促使该地寻找一条振兴之路，而奥伯豪森成功地将购物旅游与工业遗产保护与再利用结合起来。它在工厂废弃地上依据 Shopping Mall 的概念，新建了一个大型的购物中心（Centro），同时开辟了一个工业博物馆，并就地保留了一个高 117 米、直径达 67 米的巨型储气罐（Gasometer）。Centro 购物中心并不是一个单纯的购物场所，还配套建有咖啡馆、酒吧、美食文化街、儿童游乐园、网球场、体育中心、多媒体和影视娱乐中心，以及由废弃矿坑改造的人工湖等。而巨型储气罐不仅成为这个地方的标志和登高点，而且也成为一个可以举办各种别开生面展览的实践场所（见图 3 - 19）。奥伯豪森的购物中心由于拥有独特的地理位置以及优越便捷的交通设施，已成为整个鲁尔区购物文化的发祥地，并有望发展成为奥伯豪森市新的城市中心，甚至也是欧洲最大的购物旅游中心之一，吸引了来自周边国家购物、休闲和度假的周末游客（李蕾蕾，2002）。综合开发模式可以弥补工业遗产保护与再利用功能不足、产品单一的缺陷，它是提升旧工业区整体形象，扩大工业遗产开发外延的最佳开发模式之一（刘静江，2006）。

第四章　城市工业遗产综合
评估体系与方法

　　一般而言，历史文化遗产因存在时间久远，其使用性基本衰退或放弃使用，历史文化等方面的价值研究是对其进行保护的依据，因此本体的价值评估是历史文化遗产保护的关键。而工业遗产是历史文化遗产中较为特殊的一类，存在时间短，数量多，相对完整性好，并且在不断产生。作者在调研中发现，那些管理机制完善，或是已做过保护规划的工业遗产往往运行良好，以保护为主就可以；而像兰州黄河铁桥这类已列入文物保护单位的工业遗产更是得作为文物整体保护起来，较大程度的改造就不适宜。故这些条件也应该在评估中有所体现，因此，这些已有的保护与再利用措施也是其今后发展的参考要素。

　　因此本书认为，工业遗产一方面要考虑作为历史文化遗产的本体价值特征，另一方面还要兼顾已有的管理与保护与再利用措施等，这样进行综合评估才能全面认识和分析工业遗产，成为今后保护与再利用的准确依据。在上一章理论研究的指导下，本章以挖掘城市工业遗产内涵和价值特色为基础，结合保护与再利用措施，提出城市工业遗产综合评价体系与方法的研究。建立工业遗产综合评估体系作为对兰州工业遗产分级保护的评定标准，是研究工业遗产保护与再利用模式的重要参考依据。

第一节　城市工业遗产价值评价指标影响因子

一　评价指标影响因子遴选原则

评价是对工业遗产全面认识的过程，是工业遗产保护和再利用的基础。综合评价包括对其价值的评估、现在保存状态的评估以及现有管理条件的评估等，其主要目标在于准确认识遗产所包含的历史文化信息。城市工业遗产综合评估涉及的内容很多，这就要求所提出的评价指标影响因子要尽可能的全面性强、覆盖面广；但是也要突出城市工业遗产的特色和价值体系的重点，不可能面面俱到。

因此，本书以联合国教科文组织（UNESCO）所列的文化遗产评定标准为依据：①代表人类创造天赋的杰作；②展示某时间段或某文化区域内人文价值的交流；③某种尚存或者已经消失的文化传统唯一或至少典型的见证；④某种类型建筑、技术体系或者景观的杰出代表，展示了人类历史推进的重要阶段；⑤体现文化和人类活动与自然互动过程的传统定居点、土地及海域利用方式，尤其当这种互动因为不可逆变化的影响变得脆弱；⑥直接与某些具有重大意义的事件、传统、观念、信仰或者艺术及文艺作品相关。结合现有的评价方法，作者认为评价城市工业遗产应从整体性入手，既要从遗存的真实性、代表性和完整性进行评价，又要兼顾遗存的珍稀性和特殊性（见图4-1）。综合考虑，城市工业遗产综合评价指标影响因子遴选应该符合如下五个原则。

（一）价值代表性原则

评价指标影响因子的选择要针对历史城市工业遗产的特点，围绕城市工业遗产的构成要素，针对物质文化内涵和非物质文化内涵进行设计。它既要体现城市工业遗产的共性，又要便于实现不同案例之间的个体差异，以求客观地反映城市工业遗产的综合状况，从而使评价结果接近于实际，科学地体现客观情况。

（二）真实完整性原则

真实性是对历史文化遗产的基本要求，完整性表现为生产空间的完整和工艺技术的完整，是展现工业技术价值的必要条件。因此，城市工业遗产综合评价影响因子中，就要针对城市工业遗产的历史环境、建筑特色、空间类型等提出涉及真实性和完整性这两个方面的具体指标，以保证工业遗产价值特色的保存和延生。

（三）资源循环性原则

与一般的文化遗产不同，工厂的设施设备、厂房都凝聚了大量国家、社会的财富，工业建设是国家重点投资的项目。在当前倡导低碳、节能、循环经济的时代，再利用有价值的工业设施、厂房，赋予其新的使用功能，再产生不可低估的经济价值，能够产生新的经济价值也是工业遗产得以保护的因素之一。因此，在城市工业遗产的综合评估影响因子中，就要针对工业遗产的区位、能耗以及建筑再利用潜质作相应的设置。

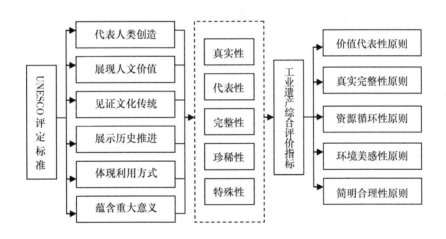

图 4 - 1　城市工业遗产评价指标影响因子遴选思路

（四）环境美感性原则

评价指标影响因子在考虑到真实完整性的基础上，还要充分反映人们对工业遗产地内的自然环境、空间格局以及建筑遗产的视觉景观感受，体现出城市工业遗产在环境方面的生态质量、视觉质量和景观敏感度等方面的特色。因此，评价指标因子还要涵盖环境的和谐性、友好性和美感度等方面的内容。

(五) 简明合理性原则

评价指标影响因子应建立在科学的基础上，有一定的典型性、代表性以及完整的科学内涵。能够较全面地反映城市工业文化遗产的特色、风貌、价值以及现实状况。评价指标影响因子要结构合理，既不能太细、太多，造成指标之间相互重叠交叉，在实践运用中使用不便；同时也不能太简、太少，造成必要的评价信息遗漏。

二　评价指标影响因子基本构成

从上一节的原则来看，与普通历史遗产类似，城市工业遗产综合评价指标影响因子的主要特征是：反映城市工业遗产自身特色、注重遗产的真实性和完整性以及环境的空间质量。因此，城市工业遗产综合评价的指标影响因子构成就要围绕着体系的构建原则和主体特征来进行。

城市工业遗产虽然属于历史文化遗产的范畴，但是由于城市工业遗产与一般文化遗产有着不同的产生要素、文化背景、区位条件、经济结构等因素，因此城市工业遗产更突出再利用价值的考量。目前对文化遗产经济价值的研究多侧重于非使用价值的评估，而对再利用价值关注不够，欠缺对经济价值的全面衡量。因此，在研究工业遗产的经济价值中，既要强调定量分析，也要做定性分析；既要考虑使用价值，也要考虑非使用价值。根据第三章中对城市工业遗产构成要素和基本属性的分析，本书借用经济学的理论和方法对城市工业遗产价值评估加以阐述。

(一) 使用价值评估的机会成本法 (Opportunity Cost Method)

机会成本的概念是 19 世纪新古典经济学派提出来的。机会成本可以比较准确地反映把有限的资源用于某项经济活动的代价，从而促使人们比较合理地分配和使用资源。也就是在资源有限的情况下，从事某项经济活动而必须放弃的其他活动的价值，亦称择一成本。客观事实上，人们在做出一项决策时，往往面临多种备选方案。但是由于资源的稀缺性，人们只能选择其中一种方案去实施，而必须放弃其他方案，被弃方案中可能获得的最大收益就构成所选方案的机会成本。机会成本法指在无市场价格的情况下，资源使用的成本可以用所牺牲的替代用途的收入来估算。但应该注意到，运用机会成本法评估工业遗产的使用价值，不是说用最高收益的用途来评估，而是要找到在目前及可预见的将来，如何不保存工业遗产最适宜最可能设定的用途。对该用途下的开发建设进行评估，并根据实际情况对评估结果进行修正，将最终结果作为工业遗产的机会成本价格，在一定程度上使机会成本价格能够较客观地反映工业遗产的使用价值。

（二）非使用价值评估的有条件评估法（Contingent Valuation Method）

对于非使用价值的评估，经济学术常用方法包括有条件评估法（CVM）、特征价格法（HPM）、选择模型法（CM）以及专家评估法（DM）等。目前使用较为普遍的是有条件评估法（CVM）。

CVM 是一种以调查问卷为工具来评价被调查者对缺乏市场的物品或服务所赋予价值的方法。这是以货币形式量化非使用价值的比较有效的途径，甚至是唯一的途径。通过在模拟市场中引导受访者，量化其支付意愿，使非使用价值显性化。1963 年，美国的 Davis R. 首次应用 CVM 研究了一处海岸林地的游憩价值。此后 CVM 在发达国家得到广泛应用，其领域涉及环境保护、生物多样性评价、旅游管理等方面。根据 Ian J. Bateman 等人编写的《基于描述性偏好技术的经济评估指南》，其工作思路流程如下：前期调研—对评估对象进行考察—确定目标人群和选择样本（受访者）—CVM 问卷设计—问卷测评与调查—数据处理和分析—对评估结果进行讨论。其中，调查样本的平均支付意愿值（WTP）与相关样本人群的乘积即为评估对象的非使用价值，具体计算公式如下：

$$WTP = \sum wtpi \frac{n_i}{N} M$$

式中，WTP 为总支付意愿；$wtpi$ 为受访者第 i 水平的支付意愿；n_i 为受访者中支付意愿为 $wtpi$ 的人数；N 为受访者总数；M 为总体样本人群。

例如，对城市工业遗产来说，总体上人们无外乎面对两种选择：一种是荡平工业遗存地，在遗址上进行全新的开发；或者是保留工业遗址上的厂房、设备等进行再利用。而再利用的方式还可以细分为两种：一种是全新用途的再利用，即通过对工业遗产合适的功能置换和改造，使其在今后很长一段时期内发挥作用，从而避免了资源浪费，减少发展计划中新的投资与支出。同时可以防止城市改造中因大拆大建而把具有多重价值的工业遗产变为建筑垃圾，有助于减少环境的负担和促进社会可持续发展，做到物尽其用。另一种是保存式的再利用，即在废弃的工业旧址上，通过保护性再利用原有的工业机器、生产设备、厂房建筑等，形成具有独特的观光、休闲功能的新的开发方式。对于进行全新用途再利用的工业遗产，最主要的是工业建筑遗产的使用价值占主导地位，评估运用机会成本法较为合适；对于保存式再利用的工业遗产，则偏重于非使用价值，有条件评估法可作为主要评估方法。

通过对使用价值评估的机会成本法和非使用价值评估的有条件评估法的研究，在评价指标构建的同时，既要关注工业遗产的再利用价值方面的设计，也要充分考虑城市工业遗产的非物质性价值指标构建。

事实上，为了加强非物质文化遗产的保护，UNESCO 在 2003 年通过了《非物质文化遗产保护公约》，强调了对非物质文化的遗产进行重点保护，公约中提到的主要内容包括口头传说、表演艺术、社会风俗、礼仪、节庆以及传统手工技能等。可以看出，随着世界遗产保护事业的发展，物质性遗产和非物质性遗产的保护均已成为当前遗产保护领域的重点。尤其是传统音乐、传统美术、传统技艺等，往往伴随着工艺品制造业、纺织品制造业、运输业等工业部门，成为非物质性工业遗产的重要组成部分。因此，在设计城市工业遗产综合评价影响因子时，首先从物质性、非物质性两大类遗产进行评价指标影响因子分类，然后再根据需要设计第二、第三……层次的指标因子。

综上所述，从城市工业遗产自身特点出发，在借鉴国内外遗产评价方法的基础上，本章从物质性工业遗产、非物质性工业遗产这两个方面遴选出 15 项综合评价指标的影响因子（见表 4 - 1）。

表 4 - 1　　　　城市工业遗产综合评价指标影响因子基本构成

A 层	B 层	C 层	D 层
城市工业遗产综合评价影响因子	B1 物质性工业遗产	C1 工业遗产地环境	D1 遗产地绿化景观优美度
			D2 遗产地区位条件通达度
			D3 遗产地基础设施完好度
		C2 外部空间形态	D4 整体形态风貌完整度
			D5 公共活动空间友好性
			D6 整体空间格局特色性
		C3 工业建筑（构筑）遗产	D7 建筑（构筑）物完整度
			D8 建筑（构筑）物真实性
			D9 建筑（构筑）物艺术性
	B2 非物质性工业遗产	C4 历史影响	D10 特定时期影响力
			D11 工业产品知名度
			D12 名人事件影响度
		C5 工艺流传	D13 工艺流程的独特性
			D14 工艺流程的科学性
			D15 工艺流程的保持度

三　评价指标影响因子分析检验

根据城市工业遗产价值评价影响因子基本构成，以兰州市建委、兰州市规划局和兰州市文物局联合公布的 33 个兰州市第一批工业遗产为例，对这些影响因子进行实证分析和检验，提炼出影响城市工业遗产综合评价的关键性指标因子，为下一步城市工业遗产综合保护评价指标框架的形成提供依据。

（一）分析方法及数据处理

1. 问卷调查过程及方法简介

为了更好地针对评价指标影响因子进行实证分析，本书根据综合评价指标影响因子的构成设计了城市工业遗产综合评价调查问卷，并采用 SPSS 软件中的因子分析方法来处理点差结果，提取贡献率较大的公因子并计算分值。在问卷调查中，要求被调研的专家从兰州市第一批工业遗产名单中，选取一个自己较为熟悉的工业遗产作为参照物，然后将其他 32 个工业遗产与参照物相对比得出 15 项指标的比较得分。问卷调研时间为 2012 年 6 月至 12 月，共发放 250 份问卷，通过回收、审核获得有效问卷 213 份。通过数据分析首先进行评价分值的标准化处理，然后利用因子分析法进行分析计算。

2. 评价指标影响因子得分的标准化处理

由于调查所得分值均是工业遗产两两之间的指标比值，且专家所选的参照工业遗产也不同，为了使所得分值在不同的工业遗产之间具有较强的比较性，则需要将评价指标影响因子分值进行标准化处理，具体方法如下。

1）在问卷中设计评价工业遗产量表时，要求专家选取一个自己熟悉的代表性工业遗产作为参照物，然后再进行其余各工业遗产各项指标的评价，同时专家说明对其评价的各遗产的熟悉程度，分为熟悉、较熟悉和一般三档。

2）从收回的问卷来看，由于选择兰州炼油化工总厂作为参照物的专家最多，所以将其作为本书的标准参照物。同时根据所有选定兰州炼油化工总厂的咨询专家评价值，将专家自述熟悉程度作为权重进行加权平均，计算出兰州炼油化工总厂与所有其他各工业遗产之间的标准比较矩阵，该矩阵由兰州炼油化工总厂与其他工业遗产之间的所有评价项目的对比系数组成。

3）其他没有以兰州炼油化工总厂作为参照物的评价问卷，均根据其自填参照物通过"标准化比较矩阵"找出与兰州炼油化工总厂的对比系数，然后进行评价各工业遗产的评价值转换。

4）为了避免转换过程中，由于比例关系可能导致转后评价值超出范围（1/5—5），研究中假定每个专家评价值必须在这一范围内为合理，对不符合该标准的数据进行单边比例调整，计算方法是将评分值调整到 1/5—5，以 1 为基准点，大于 1 的处理从原来 1—max（评价值）调整到 1—5，小于 1 从 1—min（平均值）调整到 1—0.2 范围，具体算法为：

对于工业遗产各项评价中最小值 E_{min} 小于 1/5 的工业遗产，将所有小于 1.0 的项目评价值，按照 E_{min} 距离基点的比例进行转换，计算方法为：

$$E_{转换} = 1/\left[(1/a - 1) \times 4/(1/E_{min} - 1) + 1\right]$$

对于工业遗产各项评价中最小值 E_{max} 大于 5 的工业遗产，将所有大于 1.0 的项目评价值，按照 E_{max} 距离基点的比例进行转换，计算方法为：

$$E_{转换} = (a - 1) \times 4/(E_{max} - 1) + 1$$

3. 价值评价影响因子的分析方法

利用 FoxPro 软件进行数据的统计、处理和转换，把在不同参照物遗产下的评分统一转换为以兰州炼油化工总厂为参照物的评价分值，即建立兰州市第一批工业遗产的价值评价指标影响因子数据库，构造一个 33×15 阶的数据矩阵；并利用 SPSS 软件进行因子分析，采取主成分分析法（Principal Components）计算方差贡献率、累计贡献率，提取能较多反映原变量指标信息的公因子；进而选择方差极大法（Varimax）进行旋转，计算各因子变量的荷载，并给予因子解释，从而分析出影响城市工业遗产综合评价的关键性指标因子。

（二）价值评价影响因子的实证分析

1. 公因子的提取

因子分析将涉及工业遗产地环境、外部空间形态、工业建筑（构筑）遗产、历史影响和工艺流传等多方面因素中相关或者重叠的信息，进行必要的剔除，也对 15 个变量进行了归并和降维处理。如表 4-2 所示，前 5 个因子的累计贡献率已达到 81.356%（一般认为累计方差贡献率大于 80% 即可提取主要信息），即前 5 个公因子已经能充分反映出来原来 15 个变量才能代表的 33 个城市工业遗产的综合水平。

表 4 - 2 因子分析方差解释

公因子	特征值	贡献率（％）	累计贡献率（％）
1	3.476	23.221	23.221
2	2.897	19.287	42.520
3	2.721	18.131	60.642
4	1.755	11.712	71.317
5	1.649	10.899	81.356

2. 公因子的分析解释

通过对正交旋转后的荷载矩阵表观察分析（见表 4 - 3），可以对这 5 个公因子做出如下解释。

表 4 - 3 正交旋转后的荷载矩阵

变量	公因子 1	公因子 2	公因子 3	公因子 4	公因子 5
遗产地绿化景观优美度	0.889	0.200	- 2.42E - 02	- 1.41E - 02	0.112
遗产地区位条件通达度	0.607	0.192	- 0.163	0.552	0.199
遗产地基础设施完好度	0.887	1.149 E - 02	0.170	7.939 E - 02	- 0.128
整体形态风貌完整度	0.629	6.431 E - 03	- 0.289	0.273	- 0.416
公共活动空间友好性	0.239	4.245 E - 02	9.298 E - 02	0.838	0.110
整体空间格局特色性	0.765	- 5.89 E - 03	0.353	0.375	- 6.90 E - 02
建筑（构筑）物完整度	9.316 E - 02	0.932	0.119	0.213	- 9.30E - 02
建筑（构筑）物真实性	3.672 E - 02	0.944	8.999 E - 02	0.213	- 8.28E - 02
建筑（构筑）物艺术性	0.204	0.772	0.352	0.374	0.177
特定时期影响力	0.192	0.240	- 0.118	- 0.352	0.684
工业产品知名度	- 0.145	0.193	- 6.81 E - 02	1.146 E - 02	0.301
名人事件影响度	- 0.500	0.518	0.324	- 0.284	0.355

续表

变量	公因子1	公因子2	公因子3	公因子4	公因子5
工艺流程的独特性	-4.68E-02	0.139	0.875	3.748E-02	0.190
工艺流程的科学性	-7.37E-02	0.170	0.888	0.207	1.618E-02
工艺流程的保持度	0.363	-0.222	0.789	-0.220	5.340E-03

1）公因子1在遗产地绿化景观优美度、遗产地区位条件通达度、遗产地基础设施完好度等指标变量上负载显著，且都在0.6以上，从其代表意义上分析归纳，可解释为工业遗产的"环境风貌因子"，城市周边环境是工业遗产形成和占有土地的背景，其状况的好坏直接影响城市工业遗产的景观风貌和空间形态的完整优美程度；而整体形态风貌则是工业遗产特色景观的宏观表达，因此城市周边环境与形态风貌融合在一起，就集中体现了城市工业遗产的现状与价值特色，其贡献率也最大，达到23.221%。

2）公因子2在建筑（构筑）物完整度、建筑（构筑）物真实性和建筑（构筑）物艺术性的指标变量上负载显著，且都在0.6以上，主要反映城市工业遗产的历史建筑、文物古迹和工业构筑物等的真实性、完整性，可以解释为城市工业遗产的"历史建筑因子"。城市工业遗产地内文物古迹作为记载历史信息的实物，历史工业建筑作为反映工业文化的社会产物，是城市工业遗产展示工业社会文化、工业发展历史和建筑魅力的核心所在，其贡献率达到19.287%。

3）公因子3在工艺流程的独特性、工艺流程的科学性、工艺流程的保持度的指标变量上负载显著，且都在0.7以上，可以解释为"科技文化因子"。工业遗产的独特的工艺流程是工矿企业功能文化的彰显。而独特的手工业，其工艺保持下来更是多年文化积淀的充分反映，构成了城市工业遗产的非物质资源，其贡献率也达到18.131%。

4）公因子4在公共活动空间友好性和整体空间格局特色性的指标变量上负载显著，可以解释为"公共空间因子"。公共空间作为遗产地内反映工业历史文化风貌的主要载体，其贡献率达到 11.712%。

5）公因子 5 在特定时期影响力、工业产品知名度和名人事件影响度的指标变量上负载显著，可以解释为"价值影响因子"。工业遗产价值是城市特定时期、特定地域的工业建设的反映。而历史重大事件的发生和与之相关联的名人事件，则能增添工业遗产的历史记忆和开发的吸引力，其贡献率达到 10.899%。

这 5 个公因子的物理意义可以用上述方法解释，它们是除去相关信息后的提纯，是从 15 维空间到 5 维空间降维处理的结果。

3. 公因子分值的综合随机检验

针对已经提炼出来对城市工业遗产综合评价贡献较大的 5 个公因子，环境风貌、历史建筑、科技文化、公共空间和价值影响因子，将这些公因子与其相应贡献率相乘计算出每个工业遗产的价值评价分值，并对单个工业遗产的综合评价结果进行分层聚类来划分现状类型。通过评价综合分值的计算以及现状类型的划分，来观察分析评价结果是否能反映出 33 个工业遗产现状存在的差异，以此来检验这些公因子作为城市工业遗产综合评价指标确定依据的合理性。根据检验结果，在 33 个工业遗产中，只有 12 个遗产的综合评价得分大于 0，其余 21 个遗产都在评价水平之下；在贡献率最大的环境风貌因子上，则只有 10 个工业遗产的得分大于 0，比重仅接近于 1/3；而且即使是得分排在前两位的工业遗产，其综合得分也远在 1 分之下，总体现状不容乐观。按照聚类分析结果，将 33 个工业遗产保护状况分为 I、II、III、IV 四个类别。通过对兰州市第一批 33 个城市工业遗产保护状况的逐一分析，可以认为，根据提取出的 5 个公因子及其贡献率计算出来的综合分值，基本上反映了这些工业遗产的价值特色，这些公因子通过进一步的检验分析，可以作为确定城市工业遗产综合评价的重要依据。

（三）城市工业遗产价值评价指标影响因子研究的结论

以兰州市第一批工业遗产为例，利用因子分析、聚类分析等数理方法对调研数据进行分析处理，发现从 15 个指标变量提取出 5 个公因子，其方差累计贡献率已达到 81.356%，表明 5 个公因子所代表的综合指标，即环境风貌因子、公共空间因子、历史建筑因子、科技文化因子、价值影响因子这 5 个公因子，可以作为确定城市工业遗产综合评价指标的重要依据。但由于它们只是反映了工业遗产的大部分特征，尚有一些属性信息没有涵盖，这就需要在保护评价指标框架构建时再进行适当补充和调整。

第二节　城市工业遗产综合评价指标框架构建

一　综合评价指标框架构建原则

在确定城市工业遗产综合评价指标影响因子的基础上，综合评价指标的设置要适当考虑数据资料的可获取性和综合评价的可实施性，以及在重点体现价值特色的同时还要兼顾保护与开发的管理措施等因素，因此城市工业遗产评价指标框架构建中要遵循以下原则。

（一）直接测度原则

为了提高评价指标定量可比性，城市工业遗产综合评价指标要求均可直接进行测度，不需要再进行转换，不但定量指标可以直接量化，而且定性指标也可以间接赋值量化。同时，评价指标对于不同案例之间也应具有较强的可比性，在时间上现状与过去对比，在空间上不同区域之间对比。

（二）系统整体原则

构建城市工业遗产测度指标体系是一项复杂的系统工程，应该较全面地反映不同样本的环境风貌、历史价值、工业文化和保护管理等各个侧面的基本特征。每一个侧面由一组指标构成，各个指标之间既要相互独立，又要相互联系，并且具有一定的层次性，从宏观到微观层层深入，共同构成一个有机的整体。

（三）实施操作原则

城市工业遗产综合评价具有较强的实践应用性，而且涉及的地域范围广、管理层次多，这就要求评价指标的设置时，一方面要以实物的客观属性数据为依据，减少主观人为因素的影响；另一方面这些信息数据要在实际评价中有较强的可获取性；最后对评价人员的知识能力层次不能过于苛求，具有较强的普及推广意义。

二 综合评价指标框架构建思路

根据上述原则，城市工业遗产综合评价指标体系框架的主要特征是：①能反映城市工业遗产自身的特色和保护管理的现状水平；②能较为方便、直接测度；③便于实时操作；④能方便动态管理。因此，城市工业遗产综合评价指标体系的设计思路必须紧紧围绕主体特征和构建原则，结合目前有关的文化遗产评选和城市工业遗产评价研究来进行。

（一）住建部、国家文物局、各省市关于工业遗产相关评选的基本条件和评价标准的制定

尽管国家相关部门尚未明确公布工业遗产的评选标准，但是从各地工业遗产登录标准来看，城市工业遗产主要要求突出以下四个点：①建筑格局完整或建筑技术先进，能较好反映时代特征和工业风貌特色；②在特定的时期内具有稀缺性、唯一性，在全国或地方具有较高影响力的工业企业；③在全国同行业内具有代表性或先进性，同一时期内开办最早，产量最多，质量最高，品牌影响最大，工艺先进，商标、商号全国著名的工业企业；④在工艺等非物质文化层面具有较高价值的工业遗存。根据这四点可以进行总结和提炼，形成对城市工业遗产基本条件的规定。

1. 特色价值度。指城市工业遗产的历史价值与风貌特色方面，主要涵盖了建筑形态、空间形态和历史文化等方面内容，是城市工业遗产的灵魂所在。城市工业遗产特色价值度应该满足如下要求：建筑遗产（或文物古迹）、工业构筑物以及传统工业文化比较集中，能较为完整地反映在某一段历史时期的工业特色、科技水平和地方风情，具有较高的历史、文化、艺术和科学价值，现存突出的优秀工业建筑，或者成片的传统工业建筑群、构筑物和遗址等，场所风貌保存完好。

2. 原貌保存度。指城市工业遗产地内的历史建筑群或者工业构筑物的完好程度。衡量城市工业遗产原貌保护度有如下几种情况：①工业遗产地内历史建筑群、工业构筑物及其建筑细部和环境原貌基

118

本上保存完好；②工业遗产地内历史建筑群、工业构筑物及其建筑细部和环境虽曾受到破坏，但已按原貌进行修复；③工业遗产地内历史建筑群、工业构筑物及其环境虽曾受到破坏，也未按原貌进行修复，但整体空间骨架尚在，部分建筑细部还保存比较完整。

3. 整体规模度。指城市工业遗产保存的工业历史建筑物和构筑物的整体规模大小。当然，由于企业的功能、产量的差异，遗产规模的大小必然是一个相对的。但只有现存的历史建筑物和构筑物规模达到一个比例（一般最小必须是所在街区的 1/2 以上）时，才能构成一种工业历史环境氛围，从中使人感受到历史时空的怀旧感。

4. 保护管理度。指登录了的工业遗产，在现在的保护管理过程中，已编制了科学的上位规划、保护规划和发展规划，设置了有效的保护与再利用的管理结构，配备了专业管理人员，设有专门的运转资金。

虽然评选条件和评价标准在宏观层面上内容已经较为齐全，能够较好地指导城市工业遗产的申报、评选工作，但是如果要实现从众多申报的遗产中进行筛选程序，对评选后的工业遗产进行动态监测管理，仅靠这些评选条件和标准还是不够的。借鉴国内外工业遗产评定标准和相关研究外，还需要从以下 3 个方面进一步补充完善。

1）增强定量化评价内容。除了在城市工业遗产中对建筑遗产规模提出数量限定要求外，还要增加对工业遗产地区内街巷广场（或货场）、居住人工情况、保护与再利用管理方面的定量评价指标，增强个案中的可比性。

2）补充非物质文化遗产的评价内容。非物质文化遗产评价难度较大，这就需要定性与定量相结合进行评价。在原有的标准中以及涉及了城市工业遗产职能作用、重大事件影响的方面，在此基础上还要考虑城市工业遗产作为工业文化的载体，对工业遗产的价值特色以及生命具有十分重要的作用；对手工艺遗产而言，其工艺遗传更是民间传统文化表达和传承的保证。

3）增加城市外部环境、空间形态、内部公共空间等方面的评价内容。城市环境是工业遗产的植根地和背景区域；空间形态是城市工业遗产留给人们的总体形象，反映着遗产的历史和痕迹，这些都是工业遗产评价不可或缺的地方。

（二）国内关于工业遗产评价的研究

以《威尼斯宪章》、UNESCO《保护世界文化和自然遗产公约》及其《实施世界遗产保护公约操作指南》等为核心的国际文献本身形成了一系列以人类文化遗产为对象的评价和分类标准。从国内的有关研究来看，文化遗产的评估主要以基于历史和其他方面研究的定性描述为主。定量评价研究在建筑遗产，特别是大遗址、古民居、历史街区、历史地段、城市特色景观等评价领域中有所发展，其目的主要是为了有关决策的科学化。目前，学术界对工业遗产的价值评价还没有统一的方法和标准，不少学者根据自己的理解和实践在总结建立工业遗产的评价方法，还主要是定性描述。刘伯英（2008）在《北京工业遗产评价办法初探》一文中提出了分层评价的方法，首先对各行业的工业企业进行整体评价，选出有遗产价值的企业；其次对工业企业所属的建筑、设施和设备进行综合遗产价值评价；最后进行综合比较，根据最后总分提出工业遗产的名录。朱强（2007）在《京杭大运河江南段工业遗产廊道构建》中，根据沿运工业遗产构成的整体性和层次特征，从工业区域—城镇—工业聚集区—工业企业—建构筑物五个不同层次对沿运工业遗产的价值进行评价，每个层次根据相应的价值标准制定评价体系。从底层逐层往上评价，每个层次是层层递进的关系，低层的评价结果构成上一层次评价的基础信息源。将建构筑物单体价值分为遗产点本征价值与其所在工业企业单位的价值两部分，并进行定量评价，在此基础上进行叠加分级。工业企业单位评价运用定量与定性相结合的方法，分为工业企业单位本身价值与现有保存状态两方面。历史工业聚集区与沿运城镇则主要运用定性评价方法。文章还根据各个指标因子在工业建筑和构筑物价值构成中的贡献进行赋值，其各项价值之间的权重则运用德尔菲法，根据专家打分确定。黄琪（2008）在《上海近代工业建筑保护和再利用》中首先是建立价值评估指标体系，将价值按空间层次划分为城市、厂区、建筑三个层面。又将工业建筑价值划分为历史、艺术、科学、环境、经济以及社会价值六项基本内容。在不同的空间层面上不同的价值指标进一步细分，建立指标体系，明确各指标间的轻重关系，即确定各项评价指标间的权重，指标权重关系的确定借鉴了系统工程学方法，根据评估指标以及各项评价指标间的权重关系进行定量操作。

以上评价方法，归纳起来有以下共同特点。

1. 分层次评价。研究都采取了对不同空间层次的工业遗产分别评价，基本上都包含城市、厂区和建筑这三个层级，根据不同的研究对象范围大小，层级划分级数不同，对不同层级的评价制定不同的评价指标体系。

2. 定量和定性相结合。上述研究都指出工业遗产的评价离不开定性和定量的评价方法的结合，不是定量评价方法就会更准确，因为价值评判都是主观认识的反映，定量方法是提供相对客观的参考。

3. 建立指标体系。分别对工业遗产的历史、艺术、科学技术、社会等方面的价值作进一步细化评价，有的增加了经济和环保方面的评价，对每项评价指标都赋予一定分值，对于分值大小和权重高低，每个评价方法都采取了不同的方式，有的平均对待，简单明了，有的运用了系统工程学的数学模型，操作十分复杂，合理性也有待检验。在指标体系中，主要是针对工业遗产代表性，忽略了对遗产真实性、完整性和濒危性的评价指标，这也是关系遗产价值的重要因素。

可以说，工业遗产的评价已经从单一的价值评价逐渐走向对价值特色和保护管理的综合评价，这也为本章的研究方法提供了很好的借鉴。

三　综合评价指标框架初步形成

根据评价指标影响因子确定出环境风貌因子、公共空间因子、历史建筑因子、科技文化因子、价值影响因子5个公因子，考虑到工业遗产已有的管理与保护与再利用措施等也是影响其今后改造方式和改造程度的衡量要素，在评价时也应考虑在内。因此，在原有保护评价影响因子上又增加了"区位价值""挂牌登录""保护整治与开发策略""运行保障机制"等内容，并且对评价因子重新梳理、整合。在此基础上，借鉴国内外工业遗产原有的评选标准和评价方法，形成了城市工业遗产综合评价指标框架（见图4-2）。

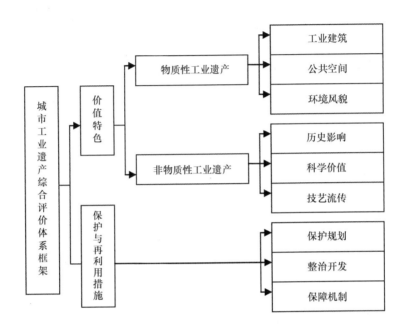

图4-2　城市工业遗产综合评价体系框架

从图4-2可以看出，指标体系建立在价值特色和保护与再利用措施的两大类基础上，又进一步将价值特色划分为物质性工业遗产和非物质性工业遗产，其中物质性工业遗产包括了工业建筑、公共空间、环境风貌，构成了"点—线—面"空间结构关系，这也与第三章空间资源结构体系相呼应。非物质性工业遗产包括了历史影响、科学价值、技艺流传三方面内容；保护措施则涵盖了保护与再利用规划、整治和开发利用的措施和相关的保障机制。按照体系框架，各项指标进行细化分解。考虑到工业遗产价值特色内涵及其相关资料数据的实际可获取性和可量比性，以及管理实施的可操作性，本书选择价值特色、保护措施两类六层24项具体指标，建立了城市工业遗产综合评价指标框架体系（见表4-4）。

表4-4　　　　　　　　　城市工业遗产综合评价指标框架体系

A层	B层	C层	D层	E层	F层
城市工业遗产综合评价	B1 城市工业遗产价值特色	C1 物质性城市工业遗产	D1 工业建筑和构筑物	E1 文物古迹价值	F1 文物古迹级别与数量
				E2 建筑与构筑物代表性	F2 工业历史建筑物（构筑物）典型性
					F3 工业历史建筑物（构筑物）规模度
				E3 建筑与构筑物完整性	F4 工业建筑与构筑物的质量
			D2 外部公共场所	E4 外部公共场所	F5 基础设施的完整性
					F6 公共活动空间规模
			D3 外部空间环境	E5 核心风貌保存	F7 风貌核心区的规模
					F8 风貌核心区的比例
				E6 现存绿化景观	F9 现存绿化景观规模
				E7 空间格局特色	F10 工业遗产地周边环境优美度
					F11 空间格局与功能特色
		C2 非物质性城市工业遗产	D4 历史影响	E8 历史影响	F12 特定时期影响力
					F13 产品品牌效益
					F14 名人或历史事件
			D5 区位价值	E9 区位价值	F15 城市交通通达度
					F16 公共交通便捷度
			D6 工艺流传	E10 工艺流传	F17 保护与再利用规划设计编制
	B2 保护与再利用措施	C3 保护与再利用措施	D7 挂牌登录保护	E11 挂牌登录保护	F18 历史遗产挂牌登录保护情况
			D8 整治与开发策略	E12 整治与开发策略	F19 保护与再利用规划编制
					F20 保护与再利用规划参与
					F21 整治与开发策略实施
			D9 运行保障机制	E13 运行保障机制	F22 管理办法
					F23 机构设置
					F24 运转资金

第三节 城市工业遗产综合评价指标权重确定

本书采用层次分析法（AHP）来确定城市工业遗产综合评价各指标的权重。

一 建立评价指标体系层次结构模型

首先，根据城市工业遗产综合评价指标体系，建立综合评价指标体系层次结构模型。具体包括如下六个层次结构（见图4-3）：

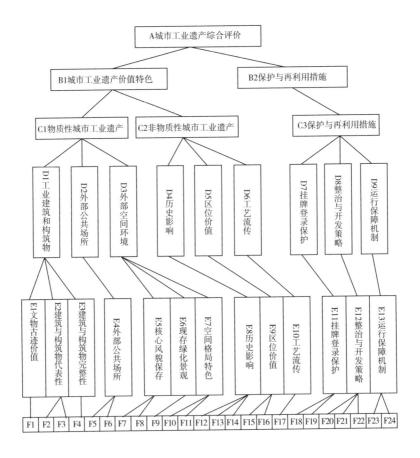

图 4-3 城市工业遗产综合评价指标体系层次结构模型

1. 第一层：城市工业遗产总的评价目标层

2. 第二层：B1 城市工业遗产价值特色，是对城市工业遗产资源的评估；B2 保护与再利用措施，是对城市规划保护与再利用的管理和实施。

3. 第三层：C1 物质性城市工业遗产；C2 非物质性城市工业遗产；C3 保护与再利用措施。

4. 第四层：D1 工业建筑和构筑物；D2 外部公共场所；D3 外部空间环境；D4 历史影响；D5 区位价值；D6 工艺流传；D7 挂牌登录保护；D8 整治与开发策略；D9 运行保障机制。

5. 第五层：E1 文物古迹价值；E2 建筑与构筑物代表性；E3 建筑与构筑物完整性；E4 外部公共场所；E5 核心风貌保存；E6 现存绿化景观；E7 空间格局特色；E8 历史影响；E9 区位价值；E10 工艺流传；E11 挂牌登录保护；E12 整治与开发策略；E13 运行保障机制。

6. 第六层：F1 文物古迹级别与数量；F2 工业历史建筑物（构筑物）典型性；F3 工业历史建筑物（构筑物）规模度；F4 工业建筑与构筑物的质量；F5 基础设施的完整性；F6 公共活动空间规模；F7 风貌核心区的规模；F8 风貌核心区的比例；F9 现存绿化景观规模；F10 工业遗产地周边环境优美度；F11 空间格局与功能特色；F12 特定时期影响力；F13 产品品牌效益；F14 名人或历史事件；F15 城市交通通达度；F16 公共交通便捷度；F17 工艺流传；F18 历史遗产挂牌登录保护情况；F19 保护与再利用规划编制；F20 保护与再利用规划参与；F21 整治与开发策略实施；F22 管理办法；F23 机构设置；F24 运转资金。

二　构建判断矩阵并计算权重

根据城市工业遗产综合评价指标体系层次结构模型，向有关城市建设、遗产保护领域的专家、学者发放了工业遗产综合评价调研问卷 50 份，经回收并审核，得到有效问卷 42 份。通过对两两元素的相对重要程度进行比较，构建权重判断矩阵，通过层次单排序、层次总排序及一致性检验等步骤，做出如下几个方面的计算。

（1）计算第二层 B1、B2 的相对权重，它们表示价值特色、保护和再利用措施对工业遗产保护程度的重要程度。

（2）计算第三层 C1、C2、C3 的相对权重，其中 C1、C2 的权重表示物质性工业遗产、非物质性工业遗产对城市工业遗产价值特色的相对权重，并用 B1、B2 的权重对 C1、C2、C3 的相对权重加权后计算第三层 C 类指标的组合权重，它们表示物质性工业遗产、非物质性工业遗产以及保护和再利用措施对综合评价的重要程度。

（3）计算第四层 D1、D2、D3、…、D9 的相对权重，并用 C1、C2、C3 的权重对 D1、D2、D3、…、D9 的相对权重加权后计算第四层 D 类指标的组合权重，它们表示工业建筑和构筑物、外部公共场所、外部空间环境、历史影响、区位价值等 9 项第四层 D 类指标对城市工业遗产综合评价的重要程度。

（4）计算第五层 E1、E2、E3、…、E13 的相对权重，并用 D1、D2、D3、…、D9 的权重对 E1、E2、E3、…、E13 的相对权重加权后计算第五层 E 类指标的组合权重，它们表示文物古迹价值、建筑与构筑物代表性、建筑与构筑物完整性、外部公共场所、核心风貌保存、现存绿化景观、空间格局特色等 13 项第五层 E 类指标对城市工业遗产综合评价的重要程度。

（5）计算第六层 F1、F2、F3、…、F24 的相对权重，并用 E1、E2、E3、…、E13 的权重对 F1、F2、F3、…、F24 的相对权重加权后计算第六层 F 类指标的组合权重，它们表示文物古迹级别与数量、代表性工业构筑物数量、工业建筑与构筑物的质量、基础设施的完整性、公共活动空间规模、空间格局与功能特色、保护与再利用规划编制、整治与开发策略实施、管理办法等 24 项第六层指标对城市工业遗产综合评价的重要程度。

以上计算结果如下：

1）A - B 判断矩阵及层级排序（既是单排序，又是总排序），见表 4 - 5。

表 4 - 5　　　城市工业遗产综合评价体系 A - B 层指标权重

A 综合评价	B1	B2	W	排序
B1 城市工业遗产价值特色	1	2.4122	0.7069	1
B2 保护与再利用措施	0.4146	1	0.2931	2

注：$\lambda = 2$，CI = RI = 0。

2）B1 - C 判断矩阵及层次单排序，见表 4 - 6。

表 4 - 6　　　城市工业遗产综合评价体系 B1 - C 层指标权重

B1 城市工业遗产价值特色	C1	C2	W
C1 物质性城市工业遗产	1	1.9141	0.6568
C2 非物质性城市工业遗产	0.5224	1	0.3432

注：$\lambda = 2$，CI = RI = 0。

3）B2 - C3：W = 1，$\lambda = 2$，CI = RI = 0。

4）C 层次总排序，见表 4 - 7。

表 4 - 7　　　城市工业遗产综合评价体系 C 层总排序

A 综合评价	B1	B2	W	排序
0.7069	0.2931			
C1 物质性城市工业遗产	0.6568	0.4643	1	
C2 非物质性城市工业遗产	0.3432		0.2426	3
C3 保护与再利用措施		1	0.2931	2

注：$\lambda = 2$，CI = RI = 0。

5）C1 - D 判断矩阵及层次单排序，见表 4 - 8。

表 4 - 8　　城市工业遗产综合评价体系 C1 - D 层指标权重

C1 物质性城市工业遗产	D1	D2	D3	W
D1 工业建筑和构筑物	1	1.3163	1.1212	0.3775
D2 外部公共场	0.7579	1	1.2863	0.3290
D3 外部空间环境	0.8919	0.7774	1	0.2935

注：$\lambda = 3.020$，$CI = 0.010$，$RI = 0.58$，$CR = 0.017 < 0.10$。

6）C2 - D 判断矩阵及层次单排序，见表 4 - 9。

表 4 - 9　　城市工业遗产综合评价体系 C2 - D 层指标权重

C2 非物质性城市工业遗产	D4	D5	D6	W
D4 历史影响	1	1.6722	2.4362	0.4919
D5 区位价值	0.5980	1	1.9756	0.3256
D6 工艺流传	0.4105	0.5062	1	0.1824

注：$\lambda = 3.010$，$CI = 0.052$，$RI = 0.58$，$CR = 0.009 < 0.10$。

7）C3 - D 判断矩阵及层次单排序，见表 4 - 10。

表 4 - 10　　城市工业遗产综合评价体系 C3 - D 层指标权重

C3 保护与再利用措施	D7	D8	D9	W
D7 挂牌登录保护	1	1.55	0.9608	0.3788
D8 整治与开发策略	0.6452	1	1.1667	0.3018
D9 运行保障机制	1.0408	0.8571	1	0.3194

注：$\lambda = 3.045$，$CI = 0.023$，$RI = 0.58$，$CR = 0.039 < 0.10$。

8）D 层次因子总排序，见表 4 - 11。

表 4 – 11　　　城市工业遗产综合评价体系 D 层总排序

A 综合评价	C1	C2	C3	W
	0.4643	0.2426	0.2931	
D1 工业建筑和构筑物	0.3775			0.1753
D2 外部公共场所	0.3290			0.1528
D3 外部空间环境	0.2935			0.1363
D4 历史影响		0.4919		0.1193
D5 区位价值		0.3256		0.0790
D6 工艺流传		0.1824		0.0443
D7 挂牌登录保护			0.3788	0.1110
D8 整治与开发策略			0.3018	0.0884
D9 运行保障机制			0.3194	0.0936

注：CI = 0.024，RI = 0.58，CR = 0.041 < 0.10。

9）D1 – E 判断矩阵及层次单排序，见表 4 – 12。

表 4 – 12　　城市工业遗产综合评价体系 D1 – E 层指标权重

D1 工业建筑和构筑物	E1	E2	E3	W
E1 文物古迹价值	1	1.7966	2.0661	0.4834
E2 建筑与构筑物代表性	0.5566	1	1.9308	0.3196
E3 建筑与构筑物完整性	0.4840	0.5179	1	0.1968

注：$\lambda = 3.030$，CI = 0.015，RI = 0.58，CR = 0.026 < 0.10。

10）D2 – D4：W = 1，$\lambda = 3$，CI = RI = 0。

11）D3 – E 判断矩阵及层次单排序，见表 4 – 13。

129

表 4 – 13　　城市工业遗产综合评价体系 D3 – E 层指标权重

D3 外部空间环境	E4	E5	E6	W
E5 核心风貌保存	1	3.1081	2.7600	0.5933
E6 现存绿化景观	0.3217	1	0.8115	0.1852
E7 空间格局特色	0.3623	1.2323	1	0.2215

注：λ = 3.001，CI = 0.001，RI = 0.58，CR = 0.001 < 0.10。

12）D4、D5、D6、D7、D8、D9 – E：W = 1，λ = 2，CI = RI = 0。

13）E 层次总排序，见表 4 – 14。

表 4 – 14　　城市工业遗产综合评价体系 E 层次总排序

	D1	D2	D3	D4	D5	D6	D7	D8	D9	W
	0.1753	0.1528	0.1363	0.1193	0.0790	0.0443	0.1110	0.0884	0.0936	
E1	0.4834									0.0847
E2	0.3198									0.0561
E3	0.1968									0.0345
E4		1								0.1528
E5			0.5933							0.0808
E6			0.1852							0.0252
E7			0.2215							0.0302
E8				1						0.1193
E9					1					0.0790
E10						1				0.0443
E11							1			0.1110
E12								1		0.0884
E13									1	0.0936

注：CI = 0.002，RI = 0.1807，CR = 0.015 < 0.10。

130

14) E1 - F1: W = 1, λ = 2, CI = RI = 0。

15) E2 - F 判断矩阵及层次单排序,见表 4 - 15。

表 4 - 15 **城市工业遗产综合评价体系 E2 - F 层指标权重**

E2 建筑与构筑物代表性	F2	F3	W
F2 工业历史建筑物(构筑物)典型性	1	1.7188	0.6322
F3 工业历史建筑物(构筑物)规模度	0.5818	1	0.3676

注:λ = 2,CI = RI = 0。

16) E3 - F4: W = 1, λ = 2, CI = RI = 0。

17) E4 - F 判断矩阵及层次单排序,见表 4 - 16。

表 4 - 16 **城市工业遗产综合评价体系 E4 - F 层指标权重**

E4 外部公共场所	F5	F6	W
F5 基础设施的完整性	1	0.7432	0.4263
F6 公共活动空间规模	1.3455	1	0.5737

注:λ = 2,CI = RI = 0。

18) E5 - F 判断矩阵及层次单排序,见表 4 - 17。

表 4 - 17 **城市工业遗产综合评价体系 E5 - F 层指标权重**

E5 核心风貌保存	F7	F8	W
F7 风貌核心区的规模	1	0.8646	0.4637
F8 风貌核心区的比例	1.1567	1	0.5363

注:λ = 2,CI = RI = 0。

19) E6 - F9: W = 1, λ = 2, CI = RI = 0。

20）E7 - F 判断矩阵及层次单排序，见表 4 - 18。

表 4 - 18　　城市工业遗产综合评价体系 E7 - F 层指标权重

E7 空间格局特色	F10	F11	W
F10 工业遗产地周边环境优美度	1	1.2922	0.5637
F11 空间格局与功能特色	0.7739	1	0.4363

注：$\lambda = 2$，CI = RI = 0。

21）E8 - F 判断矩阵及层次单排序，见表 4 - 19。

表 4 - 19　　城市工业遗产综合评价体系 E8 - F 层指标权重

E8 历史影响	F12	F13	F14	W
F12 特定时期影响力	1	0.7147	0.6522	0.2542
F13 产品品牌效益	1.3992	1	1.2433	0.3943
F14 名人或历史事件	1.5333	0.8043	1	0.3515

注：$\lambda = 3.010$，CI = 0.005，RI = 0.58，CR = 0.009 < 0.10。

22）E9 - F 判断矩阵及层次单排序，见表 4 - 20。

表 4 - 20　　城市工业遗产综合评价体系 E9 - F 层指标权重

E9 区位价值	F15	F16	W
F15 城市交通通达度	1	1.2097	0.5474
F16 公共交通便捷度	0.8267	1	0.4526

注：$\lambda = 2$，CI = RI = 0。

23）E10 - F17：W = 1，$\lambda = 2$，CI = RI = 0。

24）E11 - F18：W = 1，$\lambda = 2$，CI = RI = 0。

25）E12 - F 判断矩阵及层次单排序，见表 4 - 21。

表4-21　城市工业遗产综合评价体系E12-F层指标权重

E12 整治与开发策略	F19	F20	F21	W
F19 保护与再利用规划编制	1	1.3475	1.0838	0.3765
F20 保护与再利用规划参与	0.7421	1	1	0.3004
F21 整治与开发策略实施	0.9227	1	1	0.3231

注：λ=3.006，CI=0.003，RI=0.58，CR=0.005<0.10。

26）E13-F判断矩阵及层次单排序，见表4-22。

表4-22　城市工业遗产综合评价体系E13-F层指标权重

E13 运行保障机制	F22	F23	F24	W
F22 管理办法	1	0.9527	0.7857	0.3016
F23 机构设置	1.0496	1	0.9227	0.3286
F24 运转资金	1.2728	1.0838	1	0.3696

注：λ=3.001，CI=0.001，RI=0.58，CR=0.001<0.10。

27）F层次总排序，见表4-23。

表4-23　城市工业遗产综合评价体系F层总排序

	E1	E2	E3	E4	E5	E6	E7	E8	E9	E10	E11	E12	E13	W
	0.085	0.056	0.035	0.153	0.081	0.025	0.030	0.119	0.079	0.044	0.111	0.088	0.094	
F1	1													0.085
F2		0.632												0.035
F3		0.368												0.021
F4	·		1											0.035
F5				0.426										0.065

	E1	E2	E3	E4	E5	E6	E7	E8	E9	E10	E11	E12	E13	W
F6				0.574										0.088
F7					0.464									0.037
F8					0.536									0.043
F9						1								0.025
F10							0.564							0.017
F11							0.436							0.013
F12								0.254						0.039
F13								0.394						0.047
F14								0.352						0.042
F15									0.547					0.043
F16									0.453					0.036
F17										1				0.044
F18											1			0.111
F19												0.377		0.033
F20												0.300		0.027
F21												0.323		0.029
F22													0.302	0.028
F23													0.329	0.031
F24													0.370	0.035

注：CI = 0.001，RI = 0.1748，CR = 0.005 < 0.10。

三 综合评价指标权重分值确定

上述层次分析法进行的各层次单排序和总排序，可以得出各层次指标综合权重（简化到小数点后三位）（见表 4 - 24），作为后面工业遗产评价表中不同层次、不同指标的最终评价分值的量化依据。

表 4－24　　　　　　　　　城市工业遗产综合评价指标权重

A层	B层	C层	D层	E层	权重	F层	权重
城市工业遗产综合评价（权重：1）	B1 城市工业遗产价值特色（权重：0.707）	C1 物质性城市工业遗产（权重：0.465）	D1 工业建筑和构筑物（权重：0.176）	E1 文物古迹价值	0.085	F1 文物古迹级别与数量	0.085
				E2 建筑与构筑物代表性	0.056	F2 工业历史建筑物典型性	0.035
						F3 工业历史建筑物规模度	0.021
				E3 建筑与构筑物完整性	0.035	F4 工业建筑与构筑物的质量	0.035
			D2 外部公共场所（权重：0.153）	E4 外部公共场所	0.153	F5 基础设施的完整性	0.065
						F6 公共活动空间规模	0.088
			D3 外部空间环境（权重：0.136）	E5 核心风貌保存	0.081	F7 风貌核心区的规模	0.037
						F8 风貌核心区的比例	0.043
				E6 现存绿化景观	0.025	F9 现存绿化景观规模	0.025
				E7 空间格局特色	0.030	F10 工业遗产地周边环境优美度	0.017
						F11 空间格局与功能特色	0.013
		C2 非物质性城市工业遗产（权重：0.242）	D4 历史影响（权重：0.119）	E8 历史影响	0.119	F12 特定时期影响力	0.039
						F13 产品品牌效益	0.047
						F14 名人或历史事件	0.042
			D5 区位价值（权重：0.079）	E9 区位价值	0.079	F15 城市交通通达度	0.043
						F16 公共交通便捷度	0.036
			D6 工艺流传（权重：0.044）	E10 工艺流传	0.044	F17 工艺流传	0.044

A 层	B 层	C 层	D 层	E 层	权重	F 层	权重
城市工业遗产综合评价（权重：1）	B2 保护与再利用措施（权重：0.293）	C3 保护与再利用措施（权重：0.293）	D7 挂牌登录保护（权重：0.111）	E11 挂牌登录保护	0.111	F18 历史遗产挂牌登录保护情况	0.111
			D8 整治与开发策略（权重：0.088）	E12 整治与开发策略	0.088	F19 保护与再利用规划编制	0.033
						F20 保护与再利用规划参与	0.027
						F21 整治与开发策略实施	0.029
			D9 运行保障机制（权重：0.094）	E13 运行保障机制	0.094	F22 管理办法	0.028
						F23 机构设置	0.031
						F24 运转资金	0.035

四　各层级指标重要性分析

在此基础上，通过对表4-24中的数据进行分析，可以看出工业遗产综合评估中各级评价指标的重要性关系。

1. 通过第二层指标中的权重数据比较可以看出（见图4-4），工业遗产综合评价中价值特色和保护与再利用措施的权重值比值约为7∶3，前者权重极为突出，说明价值特色是城市工业遗产综合评价的主要因素，是城市工业遗产评价的基础。

2. 通过第二层指标中的权重数据比较可以看出（见图4-5），工业遗产综合评价的价值特色评价中，物质性工业遗产与非物质性工业遗产所占的权重之比约为2∶1，说明物质性工业遗产在综合评估中的相对影响较大。

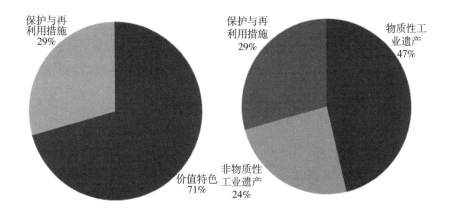

图4-4 工业遗产综合评估B层
因子权重分析

图4-5 工业遗产综合评估C层
因子权重分析

3. 通过权重数据比较（见图4-6），在D指标层中，各评价
影响因子的重要性依次为D1工业建筑和构筑物、D2外部公共场
所、D3外部空间环境、D4历史影响、D7挂牌登录保护、D9运行
保障机制、D8整治与开发策略、D5区位价值、D6工艺流传。

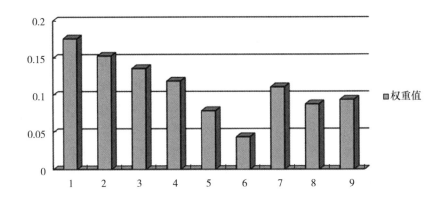

图例: 1. 工业建筑与构筑物; 2. 外部公共场所; 3. 外部空间环境; 4. 历史影响;
5. 区位价值; 6. 工艺流传; 7. 挂牌登录保护; 8. 整治与开发策略; 9. 运行保障机制

图4-6 工业遗产综合评估D层因子权重分析

4. 通过权重数据比较（见图 4 - 7），在 E 指标层中，最为突出的 5 个指标因素依次为：E4 外部公共场所、E8 历史影响、E11 挂牌登录保护、E13 运行保障机制、E12 整治与开发策略，以下依次为：E1 文物古迹价值、E5 核心风貌保存、E9 区位价值、E2 建筑与构筑物代表性、E10 工艺流传、E3 建筑与构筑物完整性、E7 空间格局特色、E6 现存绿化景观。

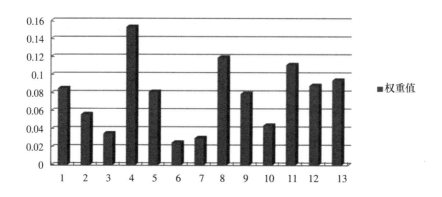

图例：1. 文物古迹价值；2. 建筑与构筑物代表性；3. 建筑与构筑物完整性；4. 外部公共场所；5. 核心风貌保存；6. 现存绿化景观；7. 空间格局特色；8. 历史影响；9. 区位价值；10. 工艺流传；11. 挂牌登录保护；12. 整治与开发策略；13. 运行保障机制

图 4 - 7 工业遗产综合评估 E 层因子权重分析

5. 通过权重数据比较（见图 4 - 8），在 F 指标层中，数值突出的指标因素依次为：F18 历史遗产挂牌登录保护情况、F6 公共活动空间规模、F1 文物古迹级别与数量、F5 基础设施的完整性；其他依次为：F13 产品品牌效益、F8 风貌核心区的比例、F17 保护与再利用规划设计编制、F15 城市交通通达度、F14 名人或历史事件、F12 特定时期影响力、F7 风貌核心区的规模、F16 公共交通便捷度、F4 工业建筑与构筑物的质量、F2 工业历史建筑物（构筑物）典型性、F24 运转资金、F19 保护与再利用规划编制、F23 机构设置、F21 整治与开发策略实施、F22 管理办法、F20 保护与再利用规划参与、F9 现存绿化景观规模、F3 工业历史建筑物（构筑物）规模度、F10 工业遗产地周边环境优美度、F11 空间格局与功能特色。

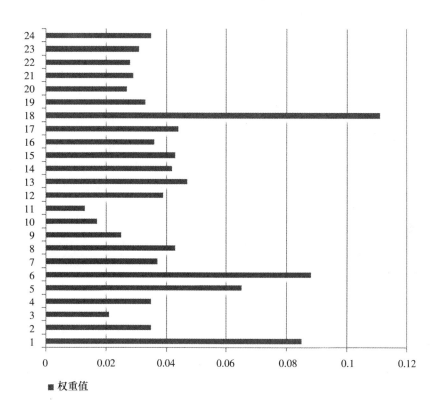

图例：1. 文物古迹级别与数量；2. 工业历史建筑物（构筑物）典型性；3. 工业历史建筑物（构筑物）规模度；4. 工业建筑与构筑物的质量；5. 基础设施的完整性；6. 公共活动空间规模；7. 风貌核心区的规模；8. 风貌核心区的比例；9. 现存绿化景观规模；10. 工业遗产地周边环境优美度；11. 空间格局与功能特色；12. 特定时期影响力；13. 产品品牌效益；14. 名人或历史事件；15. 城市交通通达度；16. 公共交通便捷度；17. 保护与再利用规划设计编制；18. 历史遗产挂牌登录保护情况；19. 保护与再利用规划编制；20. 保护与再利用规划参与；21. 整治与开发策略实施；22. 管理办法；23. 机构设置；24. 运转资金

图 4 - 8　工业遗产综合评估 F 层因子权重分析

第四节　城市工业遗产综合评价指标体系建立

一　综合评价体系建立

城市工业遗产综合评价体系涉及六个层面 24 项指标，每一项指标在实际评价中如何进行评分，这是进行综合评价的关键。在前面研究基础上，参照各地政府实行的工业遗产评价办法，为了让综合评估体系更便于实际操作和评价，本书对前面的指标框架体系进行了部分调整，主要体现在三方面：一是对评价的中间层次进行简化，由评价框架体系的六层简化为评价指标体系的三层，即保留了原框架体系的 A 层、D 层、F 层，使评价指标体系更便于操作实施；二是对评价分值进行了调整，为了便于评价打分，将各自的综合权重值分别乘以 100，并保留小数点后 1 位，即得到各自的评价分值，再根据实施管理的需要对各分值进行上下浮动和取整（见表 4 - 25）；三是制定每一项指标的具体评分标准。即权重值乘以 100 后，价值特色为 70.7，保护措施为 29.3；物质性工业遗产为 46.5，非物质性工业遗产为 24.2，调整后，综合评价的满分值为 100，保护措施为 30，价值特色为 70，其中物质性工业遗产为 46，非物质性工业遗产为 24，其他各层次指标评价分值均可按照此方法得出，而后赋予每一项指标具体的评分标准。

同时，在实际调研评价中，为了保证评价分值具有足够的信息数据作为支撑，本书还在评价指标体系基础上设计了相关的调研表，以保证每个指标所有得分值都拥有必要的客观依据，既增加了调研的科学性，又保证了客观性。

二　兰州城市工业遗产综合评估

为了让综合评估体系更便于实际操作和评价，参照各地政府实行的工业遗产评价办法，本书决定采用更直观、计算更简便的专家直接打分的方法（Delphi 法）。根据上述制定出的城市工业遗产综合评价指标体系,2013 年 5 月,作者邀请曾经参与兰州市第一批

表 4 - 25　　　　　　　　城市工业遗产综合评价指标

指标	指标分解	分值	评分标准
	一、价值特色	70	
1. 工业建筑和构筑物	（1）文物古迹级别与数量	8	有国家级文物，8分；有省级文物，5分；有市级文物，3分；无，0分
	（2）工业历史建筑物典型性	4	具有非常典型建筑，4分；具有一般典型建筑，2分；无，0分
	（3）工业历史建筑物规模度	4	具有工业代表性的构筑物多，4分；具有工业代表性的构筑物数量一般，2分；无，0分
	（4）工业建筑与构筑物的质量	4	现存工业建筑物构筑物质量好，4分；现存工业建筑物构筑物质量一般，2分；现存工业建筑物构筑物质量差，0分
2. 外部公共场所	（5）基础设施的完整性	7	基础设施完整，7分；基础设施部分残缺，4分；基础设施不配套，0分
	（6）公共活动空间规模	6	公共活动空间规模大，6分；公共活动空间规模小，3分；无公共活动空间，0分
3. 外部空间环境	（7）风貌核心区的规模	4	风貌核心区规模大，4分；风貌核心区规模小，2分；无风貌核心区，0分
	（8）风貌核心区的比例	3	风貌核心区的比例＞80%，3分；风貌核心区的比例＞40%，2分；风貌核心区的比例＜40%，0分
	（9）现存绿化景观规模	2	现存绿化景观规模大，2分；现存绿化景观规模小，1分；无，0分
	（10）工业遗产地周边环境优美度	2	工业遗产地周边环境优美，2分；工业遗产地周边环境一般，1分；工业遗产地周边环境差，0分
	（11）空间格局与功能特色	2	空间格局与功能特色鲜明，2分；空间格局与功能无特色，0分

续表

指标	指标分解	分值	评分标准
一、价值特色		70	
4. 历史影响	（12）特定时期影响力	3	企业在特定时期影响力大，3分；企业在特定时期影响力一般，1分；企业无影响，0分
	（13）产品品牌效益	5	工业企业产品在历史上品牌效益大，5分；工业企业产品在历史上品牌有一定效益，3分；工业企业产品在历史上品牌效益差，0分
	（14）名人或历史事件	4	名人或历史事件影响大，4分；名人或历史事件影响一般，2分；无名人或历史事件，0分
5. 区位价值	（15）城市交通通达度	4	城市级交通方便，4分；城市级交通一般方便，2分；城市级交通不方便，0分
	（16）公共交通便捷度	4	公共交通便捷，4分；公共交通一般，2分；无公共交通，0分
6. 工艺流传	（17）工艺流传	4	工艺流传广泛，4分；工艺流传尚有保存，2分；工艺失传，0分
二、保护措施		30	
1. 挂牌登录保护	（1）历史遗产挂牌登录保护情况	10	已对全部历史遗产挂牌登录保护，10分；已对少量重点建筑物、构筑物挂牌登录保护，6分；无挂牌但已上报申请挂牌，3分；无任何挂牌意向，0分

指标	指标分解	分值	评分标准
	二、保护措施	30	
2. 整治与开发策略	（2）保护与再利用规划编制	4	已编制保护与再利用规划，4分；无编制保护与再利用规划，0分
	（3）保护与再利用规划参与	2	社会对保护与再利用规划积极参与，2分；对保护与再利用规划与外界无沟通，0分
	（4）整治与开发策略实施	4	已经开展整治与开发策略，4分；已制定整治与开发策略，2分；无计划整治与开发，0分
3. 运行保障机制	（5）管理办法	3	管理办法全面细致，3分；有粗略的管理办法，1分；无管理办法，0分
	（6）机构设置	3	管理机构能真实开展工作，3分；管理机构有但执行不力，1分；无管理机构，0分
	（7）运转资金	4	运转资金筹措顺利，4分；运转资金有但缺口大，2分；无运转资金，0分
总计		100	

工业遗产现场调研和认定工作的 10 位专家学者，在西北民族大学成教楼会议室共同对 2008 年兰州市第一批公布的 33 个工业遗产点进行综合评价打分。本次选择的 10 位评估专家分别来自兰州市文物局、兰州市规划局、兰州市地方志办公室、省工业志编制办公室等建筑遗产保护的决策部门、设计和实施单位，以及地方历史文化理论研究部门。他们均为具备较高学术水平和熟悉评价工作的专业人员，并对兰州工业遗产有深入了解，有的还对兰州工业遗产做过普查和测绘。

在评估表格、权重分值和评估人员确定后，评估流程如下。

1. 召集评估人员，发放评估项目表、评估表和评估对象的有关资料。

2. 介绍该次评估的目的、对象、方法与要求，解答评估人员提出的相关问题。

3. 介绍有关评估对象的具体情况，组织评估人员试评其中一个项目，主持人针对试评中的问题解释说明。

4. 收集完评估表后，按项目登录每个评估人的评分，输入电脑计算，形成评估项目得分汇总表，经过求绝对平均数得到每一项的分值，最后求和得出各评估项目的综合价值得分（见表4 – 26，以甘肃制造局为例）。

表4 – 26　　　　　　　　甘肃制造局得分汇总

指标	指标分解	专家打分										平均值
		1	2	3	4	5	6	7	8	9	10	
工业建筑和构筑物	文物古迹级别与数量	12	12	14	12	14	10	12	12	14	12	12.4
	工业历史建筑物典型性											
	代表性工业构筑物数量											
	工业建筑与构筑物质量											
外部公共场所	基础设施的完整性	10	10	10	10	10	10	10	10	10	10	10.0
	公共活动空间规模											
外部空间环境	风貌核心区的规模	8	7	7	6	6	8	8	7	7	7	7.1
	风貌核心区的比例											
	现存绿化景观规模											
	遗产地周边环境优美度											
	空间格局与功能特色											
历史影响	特定时期影响力	12	12	12	12	12	12	12	12	12	12	12.0
	产品品牌效益											
	名人或历史事件											

续表

指标	指标分解	专家打分										平均值
		1	2	3	4	5	6	7	8	9	10	
区位价值	城市交通通达度	8	8	8	8	8	8	8	8	8	8	8.0
	公共交通便捷度											
工艺流传	工艺流传	4	4	4	4	4	4	4	4	4	4	4.0
挂牌登录保护	历史遗产挂牌登录保护情况	10	10	10	10	10	10	10	10	10	10	10.0
整治与开发策略	保护与再利用规划编制	8	8	8	6	8	8	8	8	6	8	7.6
	保护与再利用规划参与											
	整治与开发策略实施											
运行保障机制	管理办法	10	10	8	10	8	10	10	10	10	10	9.6
	机构设置											
	运转资金											
总得分												80.7

　　通过物质遗产和非物质遗产的工业建筑和构筑物、外部公共场所、外部空间环境、历史影响、区位价值、工艺流传六个方面，以及管理措施的挂牌登录保护、整治与开发策略、运行保障机制三个方面，依据甘肃制造局的专家评价打分方法，对兰州市第一批公布的33个工业遗产点进行逐项打分评价、统计分析，得出如下结果（见表4-27）。

　　依据目前兰州城市工业遗产的现状来对照表4-27打出的分值，参与评估的10位专家学者一致认为此分值排序与实际情况相符，专家打出的各项分值一致性很高，评估结果理想，此综合评价指标体系适合应用于兰州城市工业遗产的综合评估研究。

　　参考王西京在《西安工业建筑遗产保护与再利用研究》一书中对工业遗产评价及分类研究，结合兰州工业遗产实际情况及专家咨询，本书将兰州城市工业遗产价值等级分为Ⅰ类（综合分值＞75）、Ⅱ类（67＜综合分值≤75）、Ⅲ类（综合分值≤67）三个等

表 4 - 27　　　　兰州工业遗产价值综合评价体系实地评分

遗产名称	工业建筑和构筑物	外部公共场所	外部空间环境	历史影响	区位价值	工艺流传	挂牌登录保护	整治与开发策略	运行保障机制	总分
评价体系得分	20	13	13	12	8	4	10	10	10	100
甘肃制造局	12.4	10.0	7.1	12.0	8.0	4.0	10.0	8.0	9.6	80.7
兰州黄河铁桥	18.7	13.0	13.0	12.0	8.0	3.2	10.0	9.3	9.8	97.0
兰州国立兽医学院	10.4	13.0	10.2	11.8	8.0	4.0	3.0	6.0	10.2	76.6
兰阿煤矿	12.2	10.6	12.0	10.3	7.8	3.8	3.0	6.0	8.2	73.9
窑街煤矿	12.0	10.3	11.3	10.3	7.6	3.8	3.0	6.0	8.3	72.6
兰州炼油化工总厂	12.0	12.7	11.2	11.7	8.0	4.0	6.0	6.0	9.8	81.4
兰州化学工业公司	11.8	13.0	10.9	11.5	8.0	4.0	6.0	6.0	9.6	80.8
兰州自来水公司第一水厂	12.0	12.7	11.5	11.9	7.6	4.0	6.0	6.0	9.8	81.5
兰州石油化工机械厂	12.0	10.5	11.3	10.6	8.0	4.0	0.0	4.0	8.2	68.6
国营长风机器厂	10.8	13.0	11.1	11.6	7.8	3.0	3.0	5.6	3.8	69.7
国营万里机电总厂	10.2	10.2	10.8	10.7	8.0	3.6	0.0	4.0	8.1	65.6
兰州新兰仪表厂	10.0	10.6	11.2	10.9	8.0	3.8	3.0	4.0	6.2	67.7
兰州机床厂	11.2	10.3	10.4	8.2	7.6	3.8	3.0	2.0	7.0	63.5
甘肃化工机械厂	10.4	12.7	11.9	8.0	7.6	4.0	3.0	4.0	9.4	71.0
兰州新华印刷厂	11.1	10.9	10.6	8.3	8.0	4.0	3.0	4.0	8.2	68.1
西北铁合金厂	11.8	13.0	10.7	10.8	7.0	4.0	0.0	2.0	8.2	67.5
连城铝厂	12.0	13.0	11.2	10.9	6.2	4.0	0.0	2.0	8.6	67.9
兰州高压阀门厂	8.4	11.2	10.5	11.0	7.6	4.0	0.0	2.0	8.3	63.0
兰州轴承厂	10.2	10.0	12.8	10.8	7.4	4.0	3.0	4.0	8.0	70.2
永登水泥厂	8.6	11.2	12.1	10.9	5.8	3.2	3.0	4.2	4.2	63.2

续表

遗产名称	工业建筑和构筑物	外部公共场所	外部空间环境	历史影响	区位价值	工艺流传	挂牌登录保护	整治与开发策略	运行保障机制	总分
兰州第三毛纺厂	10.8	12.7	11.9	11.5	8.0	4.0	0.0	6.0	9.8	74.7
永登粮食机械厂	8.6	12.4	12.1	9.0	6.0	4.0	0.0	2.0	7.3	61.4
兰州炭素厂	10.0	12.4	11.8	8.5	7.6	4.0	0.0	2.0	9.2	65.5
兰州电力修造厂	10.2	12.1	11.6	7.7	7.4	4.0	0.0	2.0	7.2	62.2
兰州真空设备厂	10.2	10.6	12.1	10.9	7.8	4.0	0.0	2.0	9.7	67.3
西北合成药厂	8.0	10.3	10.9	10.9	7.0	3.0	3.0	2.0	7.0	62.1
兰州石油化工研究院	10.0	12.7	12.1	9.2	8.0	4.0	0.0	5.8	9.6	71.4
兰州沙井驿砖瓦厂	12.0	13.0	10.9	11.1	4.8	3.8	0.0	4.0	8.4	68.0
兰州佛慈制药厂	11.8	13.0	12.7	12.0	8.0	4.0	3.0	6.0	9.8	80.3
窑街陶瓷耐火材料厂	12.0	10.3	11.1	9.1	5.6	4.0	0.0	4.0	9.4	65.5
榆中水烟厂	11.6	10.0	13.0	12.0	4.4	4.0	3.0	4.0	9.5	71.5
青城肖家醋加工作坊	10.6	9.7	12.8	10.6	3.0	4.0	3.0	2.0	8.6	64.3
榆中磨坊	9.0	9.1	13.0	10.2	2.6	4.0	6.0	4.0	6.9	64.8

级。其中，Ⅰ类（有很高价值的工业遗产）应严格保护；但是考虑到个别工业遗产用地、建筑规模非常大，所以在不破坏工业遗产历史风貌的前提下，可以对遗产点内历史价值相对较低的部分进行适当的再利用。Ⅱ类（有较高价值的工业遗产）应选择重要历史建筑拟申报文物保护单位，其他建筑允许做较大的改变，寻找适合它们的新功能进行功能转化，对工业遗产进行再利用。Ⅲ类（一般工业遗产）处于边缘状态，对它的再利用模式必须基于工业历史街区和

城市片区中，如果它们能增加街区或片区的景观面貌，则应对其保留。因此，拆除建筑遗产地历史价值不高、影响不大的建筑，保留典型性、代表性的重要建筑（构筑物）；但是要注意不能全部拆除这类建筑，否则城市就会失去独特的风貌要素（见表4-28）。

表4-28　　　　　　兰州第一批工业遗产综合评价等级

类别	遗产点（得分）	数量
Ⅰ类	兰州黄河铁桥（97.0）兰州自来水公司第一水厂（81.5）兰州炼油化工总厂（81.4）甘肃制造局（80.7）兰州化学工业公司（80.4）兰州佛慈制药厂（80.3）兰州国立兽医学院（76.6）	7
Ⅱ类	兰州第三毛纺厂（74.7）兰阿煤矿（73.9）窑街煤矿（72.6）榆中水烟厂（71.5）兰州石油化工研究院（71.4）甘肃化工机械厂（71.0）兰州轴承厂（70.2）国营长风机器厂（69.7）兰州石油化工机械厂（68.6）兰州新华印刷厂（68.1）兰州沙井驿砖瓦厂（68.0）连城铝厂（67.9）西北铁合金厂（67.5）兰州新兰仪表厂（67.7）兰州真空设备厂（67.3）	15
Ⅲ类	国营万里机电总厂（65.6）兰州炭素厂（65.5）窑街陶瓷耐火材料厂（65.5）榆中磨坊（64.8）青城肖家醋加工作坊（64.3）兰州机床厂（63.5）永登水泥厂（63.2）兰州高压阀门厂（63.0）兰州电力修造厂（62.2）西北合成药厂（62.1）永登粮食机械厂（61.4）	11

第五章 兰州城市工业遗产空间分布 特征及对城市发展的影响

　　兰州作为我国的老工业基地，留存着丰富的工业文化遗产，既有生产场、工人住宅、交通系统等物质性文化遗产，也有工业档案、工业技艺、工业事件等非物质性文化遗产。随着经济建设的不断推进和城市建设的快速发展，一些具有重要历史、社会和文化价值的近现代工业遗产已经或正在被拆毁。为了更好地突出兰州的城市特色、唤起人们的时代记忆、提高城市内涵和品位，挖掘工业遗产价值并赋予其新的活力是合适的途径。而且，合理的保护和开发工业遗产，也有利于兰州城市生态走上良性循环的可持续发展道路。为此，在本书第三章、第四章对保护理论和评价体系的研究基础上，本章主要分析了兰州城市工业遗产的空间分布特征和对城市发展的影响，以期为后叙的城市工业保护与再利用模式实践奠定基础。

第一节 兰州工业发展脉络及工业遗产形成原因

一 （清末—1948）近代工业建设

　　由于兰州在政治、经济、军事和地理地置上的特殊地位，促使近代工业较早地萌芽和发展起来。鸦片战争后，外国资本主义经济的输入和封建统治阶级的压迫，使当时兰州的"手工业陷于停顿状态"，"原兰州姑绒、褐尖都是有名的衣着材料，驰名全国、行销各地，但自咸丰年间西洋布盛行，绒褐出售不易，店销一概停歇"

（刘青山、何成顶，1981）。"此后兰州所织绒褐，仅为粗褐、牛毛褐及毛牛袋而已，洋布行销，侵占了大量市场，使织褐工业一蹶不能再起。19世纪70年代起，洋务运动的首领之一左宗棠等人在兰州利用外资、设备、技术人员兴办近代工业工厂。如利用西北得天独厚的羊毛资源，在畅家巷前路、原后营基址上创建甘肃织呢总局，是当时全国规模较大、时间较早的毛纺织厂（刘青山、何成顶，1981）；此外还有官私合营开办的窑街官金厂、窑街铜厂。在工业近代化的推进下，兰州开始有了电、电报、电话，1907年还聘请外国商人用外国设备修建黄河铁桥。第一次世界大战期间，兰州工业为适应资本主义生产过程和市场初步发展的时期，积极发展地方工业和手工业，产业部门主要以轻工业为主，如兰州绸缎厂、兰州织布厂、兰州栽绒厂、光明火柴厂、洋蜡胰子厂、兰州玻璃厂、兰州水烟业作坊、兰州制革厂等企业。同时，还创办了少量的重工业企业，如三益成翻砂厂、兰州官铁厂、兰州电厂等。抗日战争爆发后，国民党的政治经济中心向西南、西北转移。兰州开办了一些官僚资本主义企业、私营企业，同时手工业也逐渐得到了恢复和发展。有宋子文系的兰州毛纺厂，孔祥熙系的甘肃省银行造纸厂等。为军工服务官办的甘肃机器厂、兰州机床厂、兰州电厂、军政治部甘肃省政府织呢局、雍兴公司面粉厂、西北面粉厂、华陇公司印刷厂、窑街煤矿等企业（见图5-1）。截至1949年，官办和官僚资本办的企业有34个，职工人数21184人，工业总产值为1562万元；私营工业326户，从业人员3086人，工业总产值468万元；手工业者有2150户，从业人员4440人，工业总产值465万元①。

综观近代工业沿革，可以将兰州近代工业概括为"官办多、私营少""轻工多、发展慢""生产时间短，歇业企业多"，② 相比同时全国地区基础薄弱。

---

① 文史资料和学习委员会编《甘肃文史资料选辑》，甘肃人民出版社1985年版，第146页。
② 同上书，第150页。

甘肃省政府织呢局工厂大院外景　　　　甘肃省政府织呢局生产车间内景

图 5 - 1　1880 年左宗棠主持的甘肃省政府制呢局是
兰州第一家中外合作工厂

资料来源：甘肃省档案馆。

二　(1949—1964) 中华人民共和国成立初期工业建设

中华人民共和国成立以后，经过三年的经济恢复，国民经济得到根本好转，工业生产已经超过历史最高水平，但是我国那时还是一个落后的农业国，我国的工业水平远远落后于发达国家，同时也落后于许多发展中国家。于是国家制定了第一个五年计划（1953—1957）旨在集中主要力量发展重工业，建立国家工业化和国防现代化的初步基础。为了优先发展重工业，国家一共确定了 156 项重点工程建设项目，最后投入施工的有 150 个项目，其中包括民用企业 106 个、国防企业 44 个。民用企业项目中，除 50 个布置在东北地区外，其余绝大多数布置在中西部地区，其中中部地区 29 个，西部地区 21 个。国防企业项目中，除有些造船厂必须安排在海边外，布置在中部地区和西部地区的多达 35 个（见图 5 - 2）。

在西部地区建设的 21 个民用企业项目中，甘肃投建了 7 个。其中，能源项目有兰州热电站，有色金属项目有白银有色金属公司，石油化工项目有兰州炼油厂、兰州合成橡胶厂、兰州氮肥厂，机械制造项目有兰州石油机械厂、兰州炼油化工机械厂。44 项军工企业中甘肃占了 3 项，即 242 厂（兰州飞控仪器总厂，后改为国营新兰仪表厂）、781 厂（国营长风机器厂）、805 厂（国营银光化学材料厂）。

图 5-2 苏联援建时期工业项目布局

资料来源：李百浩等：《中国现代新兴工业城市规划的历史研究》，《城市规划学刊》2006 年第 4 期，第 85 页。

加之与其配套的、限额以上的企业 6 个，即兰州自来水厂、永登水泥厂、国营 404 厂、国营 504 厂、酒泉火箭发射场、国营 135 厂（国营万里机电厂）。"一五"时期重点项目的建设，构筑了甘肃现代工业的基本框架，也使甘肃现代工业迅速崛起，化学工业、炼油工业、重型机械制造业、电力、建材、有色金属冶炼，以及国防工业方面的航空、航天、核工业等都建立起来了。"一五"期间，甘肃省累计完成固定资产投资 24.35 亿元，占全国同期固定资产投资的 3.97%，年平均增长 39.49%，高出全国平均数 2.79 个百分点。与此同时，甘肃省的所有制结构和产业结构发生了变化，中央所属企业的产值在全部工业产值中的比重逐年提高，由 26.56% 提高到 51.52%。地方工业也有了较快发展，产值达 3 亿元，比 1952 年的 1.8 亿元增长了 60%①。兰州由此进入有史以来发展速度最快、规模最大、成就最高的阶段，这一时期的工业建设对兰州城市发展产生了深远的影响。

根据统计资料显示，1955 年底，兰州城市人口为 40.1 万人；一年之后，兰州城市人口总数就达到了 57.78 万人。人口数量的增加，主要源于"支援大西北"建设的热血青年的到来。仅 1955 年至 1956 年，就有超过 10 万人来到兰州，这些支边人员为兰州的建设做出了巨大的贡献②。为了支持兰州建设，不仅从上海最繁华的南京路上搬来了信大祥绸布庄、王荣康西服店，还有泰昌百货店、意姆登洗染店、登记理发店（现人民美发厅）、佛慈制药厂、美高皮鞋厂等，还从商业系统抽调和配备了一批具有丰富经验的干部、技术人员支援兰州，又招收了一大批上海青年参加商业服务工作③。这些企业迁兰，对兰州的发展变化影响很大，在兰州起到了示范推动作用。

三 （1965—1978）三线建设期间工业建设

20 世纪 60 年代，出于对国内外形势的考虑，毛泽东提出了"反修防修""备战"的策略。在工业上的表现就是"调整一线，建设三线，改善工业布局，加强国防，进行备战"（薄一波，1997）。所谓一线主要是指东北和沿海地区，三线是指西北、西南地区，包括云、贵、川、陕、甘、宁、青、鄂、湘、豫、晋十一省。一线和三线之间的地区被称为二线（见图 5-3）。甘肃是国家三线建设的重要省份，兰州更是重中之重。选择在兰州建设和迁移企业，主要是出于以下几个考虑：①兰州是内陆省份甘肃的省会城

---

① 魏洁庆：《甘肃党史大事要览："一五"期间甘肃的重点项目建设》，《甘肃日报》2011 年 6 月 3 日第 5 版。
② 兰州市地方志编纂委员会：《兰州市志·人口》，兰州大学出版社 1991 年版，第 74 页。
③ 兰州市地方志编纂委员会：《兰州市志·城建综合志》，兰州大学出版社 1989 年版，第 124 页。

市，交通发达，是连接东西的通道，战略地位非常重要，兰州特殊的地理位置符合三线建设的战备考虑；②兰州市有着十分丰富的自然资源，分布广、储量大，有煤矿、水泥灰岩、石英岩、石英砂等自然资源，非常适合工业建厂；③由于前期经济的恢复和发展，特别是"一五"计划期间，经过兰州人民的共同努力，打下了比较雄厚的工业基础，兰炼、兰化等工厂在全国知名，工业经济已经初具规模。因此，国家将兰州作为三线建设的重要城市。上述几个主要原因决定了兰州的三线建设主要体现在两个方面，一是投资、新建了一批骨干企业，二是从一线、二线的某些城市内迁了一些企业。兰州三线建设的规划从 1964 年底开始，1965 年全面铺开，"三五"和"四五"计划时期得到大发展。

在三线建设指导方针的指引下，国家在兰州投资扩建和新建了一批大型骨干企业。"主要有兰州化学工业公司、兰州铝厂、兰州无线电厂、兰州炭素厂、连城铝厂、西北铁合金厂、兰州三毛厂等。这些企业是兰州工业的骨干和基础。1991 年工业总产值达到 31.35 亿元，占全市工业总产值的 22%。"① 三线建设期间，兰州邻近能源与资源地且其面向东部消费地的交通区位优势有利于降低生产成本特别是运输成本，在发展石油化工、有色和黑色金属冶炼等方面显示出比较优势，这就奠定了重工业为主的区域经济基础。三线建设为兰州的工业化提供了先进的技术条件，培育了兰州新的工业化生长空白点。三线建设带动了兰州地方企业的发展，使兰州的产业结构和工业布局向更为合理化的方向发展，使兰州形成了比较完整的以重工业发展为核心的工业体系，大大增强了兰州工业城市的实力。

即使在改革开放以后，经过充分的调整和改造，兰州的重工业依然发挥着不可替代的重大作用，对兰州乃至甘肃省的经济发展都很有意义。毫不夸张地说，如果没有三线建设，改革开放以后的西

---

① 甘肃省三线建设调整改造规划领导小组办公室：《甘肃三线建设》，兰州大学出版社 1993 年版，第 353 页。

部大开发战略将难有更大的拓展空间。

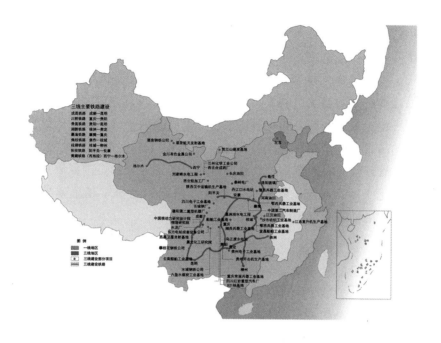

图 5 - 3　三线地区主要建设示意

资料来源：陈东林：《三线建设：离我们最近的工业遗产》，《中国国家地理杂志》
2006 年第 6 期，第 99 页。

四　（1979 年至今）改革开放后工业建设

改革开放后，兰州工业经济进入一个新的发展时期。但此时，
国家建设重点集中于东部地区，因而造成 20 世纪 60 年代沿海地区
企业内迁和"三线"建成的一批骨干企业，后续资金投入不足，没
有延长产业链，未能改变以粗加工为主体的工业行业现状，因而与
东部地区形成了一定的差距。而且，国家调整了过于偏重重工业的
发展政策，轻工业和农业得到了更为优先的发展。随着国有企业经
营权的扩大、各类集体企业雨后春笋般的快速建立、私营企业的发
展等，在兰州开始较大规模生产各类消费资料。

20 世纪 90 年代以来，兰州轻工业比重一直低于 20%（秦梓华，2007）。（见图5-4）国家宏观产业布局政策、西部开发政策和大型企业改制上市政策等政策因素和区外竞争决定了20世纪90年代以来兰州工业的发展态势。1993年，中石油计划将兰州建成千万吨级石油化工基地使得石油化工业占当地工业总产值的比重增长了18%。相对而言，国企主导的纺织业、普通机械制造业、交通运输机械制造业、电子及通信设备制造业、有色金属冶炼和压延加工业、家用电器等的产值比重较大幅度降低。日益激烈的外部竞争的结果导致国企效益差，老企业面临着社会负担重、设备老化、经营管理落后等国企病。此外，兰州绝大部分企业生产低附加值的标准化产品，重组成效不大，在残酷的市场竞争中越来越处于劣势，随之面临着倒闭破产。

产值比重（%）

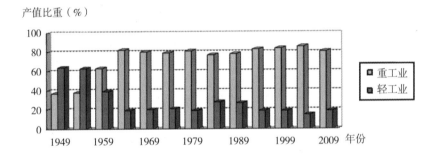

图5-4　三线建设拉升兰州重工业经济比例

资料来源：根据《兰州市社会经济统计资料汇编（1949—1998）》及《兰州年鉴2001—2010》数据绘制。

五　兰州城市工业遗产的形成原因

随着工业现代化和城市现代化的进程，经济和社会得到迅猛发展，从而导致兰州城市工业布局调整规划。兰州工业化时间虽短，却经历了复杂的发展过程。时至今日，城市建成区内的工业遗产地正面临或者已经处于"退二进三"的过程中，大量工厂停产搬迁，房地产开发随之跟进，众多曾经的工矿厂区就蜕变为现在的工业遗产。也就是说，今天看到的形式多样、历史文化内涵丰富的工业遗产，其产生的原因与兰州城市的发展血脉相连。如果进一步分析，兰州工业遗产的产生原因主要包括以下四个方面。

（一）城市产业结构的调整

兰州作为传统工业城市，随着经济建设的发展，产业结构由第一、第二产业向第三产业的转变是必然趋势。在这个过程中，国家对于产业结构的宏观调整促使第一产业与第二产业在社会经济发展中所占比例逐步下降，第三产业所占比例不断上升。工业发展由劳动密集型向资金密集型、技术密集型方向转化。对于低附加值的传统工业（尤其是重工业）以及产生大量废水、废气、废渣、粉尘、异味、噪声污染的要及时关停并转，在此过程中，又将调整出一批不合乎要求者。

以兰州西固区为例，西固工业城是国家"一五""二五"时期重点建设起来的以石油化工为主、以国有大中型企业为骨干的综合性工业生产基地。随着时代的发展，其暴露的弊端（诸如产业产品结构不合理、科技创新不足、协作配套能力不强等问题）日益明显，亟须进行产业升级，调整不合理的产业结构。近年来，国家和当地政府协力开始对西固区工业结构进行调整。随着 2012 年国务院对兰州国家级新区批复和建设，西固区开始将大批国有企业从老工业区搬迁至兰州国家新区，腾出城市中心地区，大力发展为工业配套服务的金融、商贸、信息、物流、中介等现代服务业，重构西固工业区产业发展空间，使大批工业遗产重新焕发活力。

（二）城市的规划建设

在城市建设过程中，考虑到经济发展的区位优势和规模发展的要求，会对城市布局进行功能性的调整。随着文化休闲区、金融区、商贸区等的出现，一些工业企业的空间布局会受到调整。此外，随着生活质量的提高，人与环境的和谐日益受到关注，那些不宜在城市中心区内存在的工业单位也将迁移至郊区。

兰州通用机械厂是中国特大型工业企业，地处兰州市七里河区。随着城市规模的扩大及发展环境的变化，为解决企业运营当中所面临的环境污染、耗水巨大、距原材料站场过远等问题，须对兰州通用机械厂高污染生产部分进行整体搬迁。这不仅对于兰州通用机械厂自身的可持续发展意义重大，而且对于兰州市环境改善、西北核心城市建设都具有推动作用。根据《兰州城市总体规划（2011—2020年）》对兰州通用机械厂工业区的定位和要求，为结合厂区搬迁改造和七里河城市综合服务中心、文化娱乐中心和重要旅游地区的功能定位，在土门墩建设综合文化娱乐区，以完善西津路轴线的文化职能，提升城市职能中心品质和辐射带动作用，大力发展以文化、信息、咨询、休闲娱乐、高端商业为主的现代服务业。以兰州通用机器厂搬迁为契机迅速启动土门墩地区的改造与更新，促进城市的可持续发展。

（三）能源与原材料的结构短缺

现代工业企业对比过去的个体手工业企业，最重要就是通过规模化来降低产品的成本。而要达到一定规模，则必须依靠坚实的能源和原材料。不少工业遗产的产生，就是因为在能源和原材料方面出现问题，它包括如下两种情况：一种情况是，工业生产离不开能源与原材料，人类对地球资源的过度开采，造成石油、煤炭、矿石、木材等能源与原材料的日益匮乏，在产业链的影响下，相关产业单位将面临一系列困难，而一些煤矿、矿山等将直接面对无煤可挖和无矿可采的窘境，只好关闭。另一种情况就是由于新型能源或原材料的出现，对依赖传统能源或原材料的工业企业产生冲击，其生产成本上升，从而在激烈的竞争下退出市场。

阿干煤矿是甘肃最早建成的国有煤炭企业之一，历史最高年产量达105万吨，经过40年的开采，1993年矿就报废了，全矿在最繁盛时有职工一万多人，20世纪七八十年代以后，煤矿产量逐年下降，曾在该矿担任副矿长的陈某这样说，现剩的阿井煤矿是阿干煤矿的子矿，1992年重新核定为年产30万吨，到1999年后，实际年可开采量只有28万吨，当时预测该煤矿只能采到2001年。如今，阿干镇上很少看到拉煤车，路上行人很少，这与20世纪80年代初期街道上不时有呼啸而过的拉煤车、熙熙攘攘的人群形成鲜明的对比（见图5-5）。

2012 年秋基本停产的阿井产区　　　2012 年冬衰败的阿干镇区街道

图 5 - 5　煤矿资源衰竭导致兰阿矿区的生产和生活衰败

（四）技术工艺的革新

对于不同社会发展阶段，其主要生产技术、工具与工艺水平都是从落后向进步发展的。以铁路领域来说，动力牵引技术经历了蒸汽机车、内燃机车、电力机车三个阶段，其每一步发展都淘汰了一批旧技术与旧设备。所有的工业技术都面临更新换代的挑战，随着新技术的飞速发展，无法跟上时代步伐的，只有被市场淘汰。例如，作为苏联同期援建的 156 项工程之一的兰州石油化工机器厂（简称"兰石厂"）也是国内石油钻采机械、炼油化工设备制造的排头企业，是国家确定的石油化工机械国产化生产基地。不但自行研制成功"大庆 I 型"3200 米钻机，填补了国内空白，还曾经研制了国内第一套 6000 米电驱动石油钻机、国内第一套 6000 米电驱动沙漠石油钻机等。20 世纪 80 年代前，兰石厂生产的石油钻机产量曾占全国总量的一半以上。该厂与兰炼、兰化一起曾一度成为兰州市的"名片"而享誉国内外。改革开放后，国内同行通过先进的管理积极引进外国先进技术，而兰石厂由于改制和技术革新缓慢，逐渐淡出竞争前列，进而走向式微。而今，原来的兰石厂已经破产，厂区内林立着许多悄无声息的巨大厂房，丝毫看不到往昔热闹的劳动场面（见图5 - 6）。

改制前兰石厂辉煌时期   2012 年兰石厂衰败的厂区

图 5 - 6　兰州石油化工机器厂技术革新缓慢导致衰败

资料来源：左，兰州日报社网站。

第二节　兰州城市工业遗产分类和空间分布特征

一　兰州城市工业遗产的留存现状

在上节讨论了兰州工业遗产产生的基础上，还需考察这些工业遗产的分布现状。2006 年兰州市颁布的《兰州市人民政府办公厅关于印发兰州市工业遗产专项调查工作方案的通知》，由市文化出版局、市文物局制订了《兰州市工业遗产专项调查工作方案》。根据这个执行方案，兰州市组织高等院校、规划设计院等科研单位，开始了摸底调研。调查结果显示，兰州工业遗产主要包括以下四方面。

1. 以晚清洋务运动为标志的兰州近代工业遗产以及之前的矿产开采业、加工冶炼场地、能源生产和传输及使用场所、交通设施、相关工业设备、工艺流程、数据记录、企业档案等物质和非物质遗产。如清末兰州制造局、兰州机器织呢局、阿干镇煤矿、窑街煤矿等。

2. 以军事工业、机械制造维修业、毛纺业等现代工业为主要内容的民国时期的工业遗产。如兰工坪工业研究所、碱沟沿西北兽医学院、20 世纪 40 年代的"工合组织"等。

3. 具有兰州地方特色的工业文化遗存，包括工厂车间、磨坊、仓库、店铺及工艺流程等，如兰州水烟加工作坊、羊皮筏子加工制造等。

4. 中华人民共和国成立以来的门类各样的工业遗产，特别是国家"一五"期间在兰州建设的工业项目，如以兰炼、兰化、兰石等为代表的工业遗存。

根据兰州市文物局公布第一批名录，兰州现存具有较高历史价值的代表性工业遗产有 33 个，时间跨度从明末到近现代，尤其在苏联援建和三线建设时期的为多。内容涉及机械、化工、矿产等。具体名单分列如下（见表 5-1）：

表 5-1　　　　　　　　兰州市第一批工业遗产名单

序号	遗产名称	始建年代	遗产现在地址	现状	运营状况
1	甘肃制造局	1872	七里河区土门墩南湾	厂址多次变更，目前正在搬迁中，厂区环境、建筑和设施完整	生产中
2	兰州黄河铁桥	1908	城关区滨河路中段北侧	建筑完整，保护和使用良好，现改为步行桥	使用中
3	兰州国立兽医学院	1946	七里河硷沟沿 335 号	现发展状况良好，教学楼等主体建筑均为新建，还留有住宅楼、锅炉房等旧建筑	使用中
4	兰阿煤矿	1938	七里河区阿干镇	目前煤矿 13 处，矿区有 6.47 平方公里的沉陷区，采矿设施完善	生产中
5	窑街煤矿	1941	红古区窑街镇	基础设施完善，矿区运行良好，配备生活区，环境优美	生产中

序号	遗产名称	始建年代	遗产现在地址	现状	运营状况
6	兰州炼油化工总厂	1952	西固区玉门街10号	已改制，场内建筑和设施保存完整，均投入使用中	生产中
7	兰州化学工业公司	1956	西固区玉门街10号	已改制，场内建筑和设施保存完整，均投入使用中	生产中
8	兰州自来水公司第一水厂	1955	西固区西柳沟段蛤蟆滩黄河南岸	运行良好，承担兰州市90%的生活和生产用水，保留大量早期供水设施	生产中
9	兰州石油化工机器厂	1953	七里河区西津西路194号	留有部分旧厂房，均在使用中，厂区多为新建筑	生产中
10	国营长风机器厂	1956	安宁区长风新村	现已破产，厂房基本保留，3处附属建筑损毁	破产
11	国营万里机电总厂	1956	安宁区万新路71号	正常运行，厂区完整，留存有大量老建筑	生产中
12	兰州新兰仪表厂	1958	安宁区西路668号	厂区完整，配套设施完善，主体建筑均为新建筑	生产中
13	兰州机床厂	1958	安宁区西路252号	厂区保留比较完整，以旧建筑为主，厂房均投入使用中	生产中
14	甘肃化工机械厂	1958	七里河区工林路547号	厂区较为破败，均为旧建筑，只有3座厂房还在投入使用	生产中

序号	遗产名称	始建年代	遗产现在地址	现状	运营状况
15	兰州新华印刷厂	1949	小西湖硷沟沿115号	厂房均被新建筑所替代，仅有个别老仓储建筑还在使用中	生产中
16	西北铁合金厂	1962	永登县连城镇	厂区完整，旧建筑基本都被保留下来，还新建有一些宿舍楼和办公楼	生产中
17	连城铝厂	1968	永登县河桥镇	厂区完整，基础设施完善，旧建筑多被保留下来，另建有新的办公楼和家属区等配属建筑	生产中
18	兰州高压阀门厂	1966	西固区合水路58号	厂区原有生产设备保留完整完善，均在使用中，另建有办公楼等新的配属建筑	生产中
19	兰州轴承厂	1965	七里河任家庄1121号	厂区均为原有旧建筑，环境略显破败	生产中
20	永登水泥厂	1957	永登县中堡镇	现已破产，原有的6条生产线等大型设备和部分厂房依然留存	破产
21	兰州第三毛纺厂	1972	西固区玉门街486号	厂区环境好，无原有建筑，均为新建	生产中
22	永登粮食机械厂	1966	永登县城关镇	厂区运行良好，旧建筑很少，仓库、厂房等主要建筑均为新建	生产中

序号	遗产名称	始建年代	遗产现在地址	现状	运营状况
23	兰州炭素厂	1965	红古区海石湾镇	厂区完整，环境优美，原有建筑保存良好，均在使用中	生产中
24	兰州电力修造厂	1958	七里河敦煌路光华街80号	厂区完整，建筑和设备基本都在，新建了部分厂房和宿舍楼等建筑	生产中
25	兰州真空设备厂	1965	七里河龚家坪北路29号	已成功改组，厂区完整，建筑均为新建	生产中
26	西北合成药厂	1965	西固区西固中路100号	已破产，绝大部分建筑已拆除，仅存1个旧厂房，现为仓库杂物间	破产
27	兰州石油化工研究院	1958	西固区合水北路1号	原有建筑已拆除，现均为新建，内部环境优美	使用中
28	兰州沙井驿砖瓦厂	1952	安宁区元台子446号	厂区完整，原有建筑全部留存，均在使用中	生产中
29	兰州佛慈制药厂	1956	城关区佛慈大街68号	厂区完整，环境优美，原有建筑基本拆除，主体建筑均为新建	生产中
30	窑街陶瓷耐火材料厂	1956	红古区窑街镇	现已破产，建筑均被拆除，目前只留有两条36米的辊道	破产
31	榆中水烟厂	1956	榆中金崖镇尚古城村	均为原有建筑，部分建筑已经破败，现有2个厂房依旧在使用中	生产中

序号	遗产名称	始建年代	遗产现在地址	现状	运营状况
32	青城肖家醋加工作坊	始建于清乾隆年间	青城镇城河村37号	均为原有建筑，保存完整，投入使用中	生产中
33	榆中磨坊	始创于明代	榆中县南部二阴山区	原为磨坊群，很多已经破败，现仅存三处，马坡乡上庄村丁永广水磨坊最为完整	停产

资料来源：根据兰州市文物局公布名单及相关资料补充绘制。

二　兰州城市工业遗产的类型

通过上述内容的分析，综合兰州城市工业遗产的时间、属性及现状等特点，可以从以下两个角度对其进行分类。

（一）按历史时间分类

按照兰州工业历史的发展脉络结合目前认定的兰州城市工业遗产来划分，兰州城市工业遗产大致分为古代、近代、新中国成立初期、三线建设时期四个阶段（见表5－2）。由统计数据可以清楚地看出兰州的33个城市工业遗产中有26个为新中国成立后建造的现代工业，其中新中国成立初期建造的有18家之多，数量较大。

表5－2　　　　　　　　兰州城市工业遗产时间分类

建造时间	名称	数量
古代（清末以前）	青城肖家醋加工作坊、榆中磨坊	2
近代（清末—1948）	甘肃制造局、兰州黄河铁桥、兰阿煤矿、窑街煤矿、兰州国立兽医学院	5

建造时间	名称	数量
中华人民共和国成立初期（1949—1964）	兰州炼油化工总厂、兰州化学工业公司、兰州自来水公司第一水厂、兰州石油化工机器厂、国营长风机器厂、国营万里机电总厂、兰州新兰仪表厂、兰州机床厂、甘肃化工机械厂、兰州新华印刷厂、西北铁合金厂、永登水泥厂、兰州电力修造厂、兰州石油化工研究院、兰州沙井驿砖瓦厂、兰州佛慈制药厂、窑街陶瓷耐火材料厂、榆中卷烟厂	18
三线建设时期（1965—1978）	连城铝厂、兰州高压阀门厂、兰州轴承厂、永登粮食机械厂、兰州炭素厂、兰州第三毛纺厂、兰州真空设备厂、西北合成药厂	8

（二）按工业类型分类

按照工业类型可将兰州城市工业遗产分为机械制造、桥梁制造、石油化工、建材制造、采矿、印刷、冶金、纺织、制药、传统手工业等11个类别（见表5-3）。根据资料统计可以看出，兰州城市工业遗产中重工业占有绝对优势，其中机械制造行业有12家，比重最大。

表5-3　　　　　兰州城市工业遗产工业属性分类

工业类别	名称	数量
机械制造	甘肃制造局、兰州石油化工机器厂、国营长风机器厂、国营万里机电总厂、兰州新兰仪表厂、兰州机床厂、甘肃化工机械厂、兰州高压阀门厂、兰州轴承厂、兰州电力修造厂、永登粮食机械厂、兰州真空设备厂	12
桥梁制造	兰州黄河铁桥	1
采矿	兰阿煤矿、窑街煤矿	2
印刷	兰州新华印刷厂	1

工业类别	名称	数量
石油化工	兰州炼油化工总厂、兰州化学工业公司、兰州石油化工研究院	3
冶金	西北铁合金厂、连城铝厂、兰州炭素厂	3
纺织	兰州第三毛纺厂	1
建材制造	兰州沙井驿砖瓦厂、窑街陶瓷耐火材料厂、永登水泥厂	3
制药	西北合成药厂、兰州佛慈制药厂	2
传统手工业	榆中水烟厂、青城肖家醋加工作坊、榆中磨坊	3
其他	兰州国立兽医学院、兰州自来水公司第一水厂	2

三　兰州城市工业遗产的空间分布特征

（一）兰州城市工业遗产的空间分布与兰州市规划片区功能定位相一致

兰州工业遗产现状空间分布范围较广，目前兰州市文物局公布的 33 处工业遗产涉及兰州市的两县五区（城关区、七里河区、西固区、安宁区、红古区、永登县和榆中县，皋兰县目前没有）（见表 5 - 4）。

表 5 - 4　　　　　兰州城市工业遗产区域分布

城市分区	数量	名称	类型	数量
城关区	3	甘肃制造局、兰州黄河铁桥、兰州佛慈制药厂	桥梁制造	1
			机械制造	1
			制药	1
七里河区	8	兰州国立兽医学院、兰阿煤矿、兰州石油化工机器厂、甘肃化工机械厂、兰州新华印刷厂、兰州轴承厂、兰州电力修造厂、兰州真空设备厂	机械制造	5
			科研院所	1
			印刷	1
			采矿	1

城市分区	数量	名称	类型	数量
西固区	7	兰州炼油化工总厂、兰州化学工业公司、兰州自来水公司第一水厂、兰州高压阀门厂、兰州第三毛纺厂、西北合成药厂、兰州石油化工研究院	石油化工	3
			机械制造	1
			纺织	1
			水厂	1
			制药	1
安宁区	5	国营长风厂、国营万里机电总厂、兰州新兰仪表厂、兰州机床厂、兰州沙井驿砖瓦厂	机械制造	4
			建材制造	1
红古区	3	窑街煤矿、窑街陶瓷耐火材料厂、兰州炭素厂	采矿	1
			冶金	1
			建材制造	1
永登县	4	西北铁合金厂、连城铝厂、永登水泥厂、永登粮食机械厂	冶金	2
			建材制造	1
			机械制造	1
榆中县	3	榆中水烟厂、榆中磨坊、青城肖家醋加工作坊	传统手工业	3

兰州"十一五"工业发展规划指出城关区作为兰州的主要城区以发展机械、轻工和电子为主；七里河区是以机器制造、轻工、铁路枢纽为主的工业区装备制造业基地；安宁区以发展机械、精密仪表工业为主，沙井驿打造为建材工业基地；西固区作为石油化工综合基地；红古区以煤炭、电解铝、炭素制品、建材、硅系列为主要产业；永登县为有色金属产业基地；榆中县以绿色农业为特色产业发展目标。通过各工业遗产的区位分析可以看出，城关区作为兰州市历史悠久的老城区域，主要遗留下来的是时间久远的近代工业遗产，这与洋务运动和西北动乱有紧密的关系。除了老城区，七里河区的工业遗产以机械装备制造为主体；西固区的石油化工类工业遗产占有明显优势；安宁区的工业遗产为机械制造和建材类；红谷区的工业遗产主要是采矿及配套产业类；永登县以冶金类工业遗产居多；榆中县是典型的传统手工业遗产。从以上各区各县分布的遗产

类型来看，兰州城市工业遗产的空间分布符合兰州工业发展和总体
工业布局特征。

**（二）采矿、冶炼、传统手工业等工业遗产散点分布在城市
郊区**

兰州郊区历来以发展农业为主，这些地方遗留下来的工业遗
产，大多是由地方资源禀赋所带来的，或者是矿产、水利等自然资
源，或者是地方特色农业产品。榆中县的磨坊、水烟厂等地方传统
工业形成于农耕时代，分布在兰州郊县广阔的农业地区，集中于水
陆交通便利的村镇。如清代榆中水烟在金崖镇、青城镇一带异常活
跃，主要是因为靠近黄河，依靠水运将水烟运输到鲁苏沪及东北各
省。中华人民共和国成立后，榆中苑川河流域、青城等地仍种植烟
草，生产水烟，并保留了独特的水烟丝制作工艺。而青城肖家醋加
工作坊据史料记载最早出现于清乾隆年间，经长时间自发形成陈醋
制作的特色手工业。红古区的窑街一带矿产资源非常丰富，境内煤
炭储量达 3.5 亿吨，并有丰富的石灰岩、页岩、祁连玉、大理石、
稀土、建筑用砂等矿产资源，故窑街煤矿、陶瓷耐火材料厂和兰州
炭素厂均得益于此资源优势（见图 5 - 7）。

（三）近代工业遗产多位于兰州中心城区内并围绕内城分布

兰州近代工业遗产的这种空间分布特征与洋务运动和西北动乱
有紧密的关系。因西北动乱而产生的近代工业遗产最典型的是甘肃
制造局。同治十一年（1872），为收复被侵占的新疆，左宗棠行营
进驻兰州，并将西安机器局全部迁移至兰州畅家巷（今兰州体育馆
西南一带），用于生产枪支弹药，后又迁至甘肃贡院（今兰大二院
处），更名为甘肃机器局。1878 年又在畅家巷创办中国第一所毛纺
厂——甘肃制呢总局。洋务运动开始以后，为了便利西北地区与内
地的联系和交流，甘肃积极引进国外先进技术，聘请德国商泰来洋
行设计修建了第一座黄河铁桥，并在当时的兰州外城西侧先后设立
了铅印书局、绸缎厂、玻璃厂、织布厂、栽绒厂、官铁厂、洋蜡胰
子厂和光明火柴厂等。这些工厂的创办丰富了城市功能，它们以点
状形式分散布局在城市外围（见图 5 - 8）。

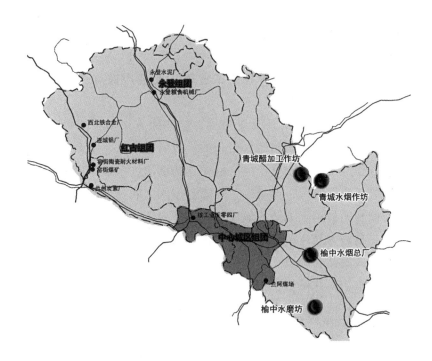

图 5-7　兰州传统手工业遗产分布在城市郊区

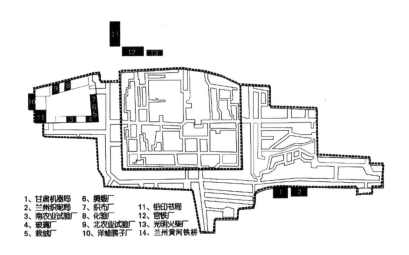

1、甘肃机器局　　6、绸缎厂　　　11、铅印书局
2、兰州织呢局　　7、织布厂　　　12、官铁厂
3、南农业试验　　8、化验厂　　　13、光明火柴厂
4、玻璃厂　　　　9、北农业试验　14、兰州黄河铁桥
5、裁绒厂　　　　10、洋蜡胰子厂

图 5-8　民国时期兰州工业空间分布

图片来源：根据民国时期城池图绘制

　　由于近代兰州城市比较小，而今已扩充膨胀数十倍，清代兰州的外城早已成为城市中心城区——城关区的一部分。因此，现在遗留下来的近代工业遗产多位于兰州市区的黄金地段，其中甘肃制造局和兰州黄河铁桥位于西关商业圈中，兰州国立兽医学院位于小西湖商业圈中（见图5-9）。

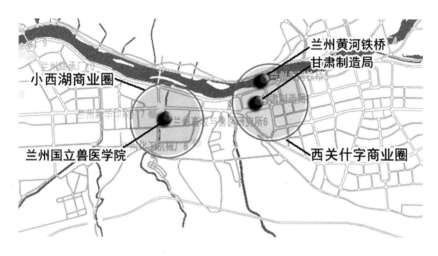

图5-9　城市外扩导致近代工业遗产多位于城中商业圈中

（四）现代工业遗产沿黄河两岸以兰州老城区为发端向西组团式分布

　　从空间分布可以看出，现代工业遗产主要分布在老城区的西关以外地区。兰州现代工业遗产来源于中华人民共和国成立后的"一五""二五"、三线时期建设，而且工业发展直接影响了兰州市城市空间的拓展。由于社会政治背景的影响，兰州分布了不少全国性工业布局的支柱企业，以兰州老城为起点向西部组团式扩散分布（见图5-10）。兰州西固区因接近黄河、邻近兰州市中心，便于原油运输和向东部输送加工产品，充足和合格的用地，拥有作为燃料和原料的煤炭资源等而成为兰化和兰炼的聚集区。在兰炼和兰化定址后，按照产业布局遵循生产地域综合体的原则，在七里河区配套建设了兰石机械厂，主要生产石油钻采设备和化工设备。但同时也散布了一批非地域因素或经济因素产生的工业企业,如当时兰州周边缺乏有色金属矿藏,却兴建了兰州铝厂、连城铝厂等一批有色金属公司。总体来看,工业发展带动了城市空间的扩展,加之兰州是两山夹一川的大型河谷城市,黄河成为城市发展主轴,兰州由此形成今天的带型工业城市形态。而现代工业遗产这种以老城区为发端、以轴带点组团分布的空间特征也正是城市空间发展的集中反映。

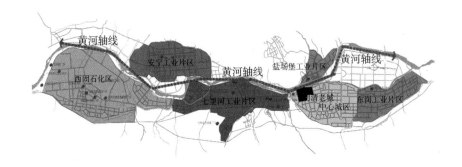

图5-10 中华人民共和国成立后兰州工业沿黄河轴线成带状布局

第三节 兰州城市工业遗产保护与再利用 对城市发展的影响

一 对城市文化品位提升的影响

城市是人类在历史文明发展进程中,在改造自然的基础上创造出的聚居地。在这一改造和创造过程中,任何文化景观的塑造过程,既离不开自然因素也必然会融入人的思想和行为,进而反映出人类自身知识以及思想的演进。城市是人类文化的载体,同时又是人类文化的产物,城市与文化之间具有如影随形的亲密关联。而人类文化则是城市得以发展的内在力量和品质,二者共同滋养和培育了城市文化。所以,在历史过程中成长起来并遗留至今的城市文化遗产,不仅是城市过去文化的结晶,而且是城市当前文化的重要组成部分。可以认为,城市本身亦可整体被视为一个综合的文化遗产体系，因此城市工业历史遗产的保护与再利用对城市文化品位的提升必然有重要的影响。

（一）城市工业遗产是城市历史的见证，对体现兰州城市特色起到重要作用

城市如人，有其诞生、发展的历史过程，而工业遗产记录了兰州作为工业城市的历史发展过程。它体现了兰州自近代以来不同时期特有的建设风貌，也遗留下了工业时代（甚至农耕时代）的人们在城市中的生活足迹。这些历史的风貌和足迹在工业城市兰州中无所不在，甚至是最为普普通通的。但正是"这无所不在"和"普普通通"的工业遗存，却以其独特性、不可复制和不可再生性，成为兰州城市独一无二的发展见证，成为这个城市及所在地区的重要象征和代名词。因而，遗留至今的形形色色的城市遗产，就成为认识兰州城市发展的重要文本，并清晰体现出兰州作为传统工业城市的特色。

（二）城市工业遗产是城市发展的重要资源，对提升兰州文化内涵起到重要作用

文化被誉为是经济发展的原动力，这一点已经成为许多大城市促进地方经济、社会均衡和谐发展的重要力量。亨廷顿在他的著作《文明的冲突》中提出，"世界上众多国家随着意识形态时代的终结，将被迫或主动地转向自己的历史和传统，寻求自己的文化特色，试图在文化上重新定位"。这就是说，未来的世界城市竞争将是以文化为主导的竞争，文化建设以及文化遗产保护目前甚至已被提高到国家文化安全的高度。原国家文物局单霁翔在报告中一再强调，城市发展中应树立"文化遗产不是城市发展的包袱，而是城市发展的财富、资本和动力"的观念，并将文化遗产保护融入城市设计之中。而作为城市发展独特见证的工业遗产资源，更是具有多方面的资源效应。例如，在城市形象宣传、历史文化教育、乡土情结的维系、文化身份的认同、生态环境建设、和谐人居环境的构建等多方面具有综合的价值。在追求城市建设内涵发展的今天，这一认识在当前的兰州城市发展中越来越得到重视。

（三）工业遗产是城市文化的杰出代表，在彰显兰州地域文化中起到重要作用

城市工业遗产是城市文化遗产的一部分，也是所在兰州城市文化的重要组成部分，是兰州地方和民族文化的杰出代表。从兰州城市发展的历史和现状来看，城市的分布格局、发展规模以及发展程度甚至发展命运，基本上都与兰州所在地域以及辐射范围的区位、资源、交通、生态等诸多因素相关。那些延续时间长、发展好而且能够比较完整地保留下来的工业遗产，往往曾经在兰州城市文化、经济等方面扮演过重要的角色，在工业遗产过程中却形成了千丝万缕的历史、地理和文化联系，代表着某种特定的文化和精神，并把绝大部分流传给城市中后代人们。在一代又一代的继承和发扬过程中，彰显出兰州的地域文化。

二　对城市创意产业发展的影响

随着全球产业结构的不断调整和升级，高污染、高耗能、劳动密集型的工业正在逐渐被低污染、低耗能、技术密集型的产业所代替，慢慢地退出历史舞台。同时，伴随着城市化脚步的加快，城市的不断扩张，产业布局的日渐完善，众多有着历史文化价值的工业建筑急速地从城市中消失。因而，工业遗产保护和利用成了城市发展过程中不可避免的紧迫问题。在工业遗产保护的背景下，创意产业的发展为工业遗产的保护和再利用开拓了新的渠道和空间。特别是文化创意产业园作为文化创意产业集聚的物理空间载体也在世界各地涌现出来，而其中由城市工业遗产改造的文化创意产业园占了相当大的比例。工业遗产是文化创意产业发展的载体，工业遗产作为创意产业实质上是对工业遗产保护性利用的一种重要方式，而且工业遗产保护与文化创意产业具有互动效应。

（一）以工业遗产为载体为发展创意产业创造了有利条件

首先，有利于降低经营成本。创意产业从业者大多年纪轻、经济实力弱，相对于高档写字楼，老工业厂房一般房租较低。老工业厂房又主要位于老城区，相关配套齐全、交通便利，因此经营成本相对较低。其次，有利于激发创意灵感。工业遗产的租户主要是各类研发设计、建筑设计和文化传媒类公司，这些企业往往规模较小，但是需要个性化的工作环境。Loft 式的工作场所有种沧桑感，空间大，容易产生灵感。最后，有利于形成产业集聚。集聚化是创意产业发展的一大特点。工业遗产由于具有相对集中的场地条件和类型多样的办公条件，因此，各种创意企业，各类教育、研究等相关机构较容易在空间上形成集聚，产生群体竞争的优势和集聚发展的规模。

（二）以工业遗产为载体发展创意产业有利于遗产的保护和再利用

首先，有利于树立工业遗产保护意识。工业遗产与创意产业的结合有利于凸显工业遗产作为文化资源的特质，强化人们的保护意识，从而珍惜和善待工业遗产。同时，工业遗产作为旧城区的保留建筑群，可以唤醒人们的怀旧情结，这种对人文、历史的召唤，有弥足珍贵的社会意义。其次，有利于正视工业遗产存在价值。工业遗产不是城市发展的历史包袱，而是宝贵财富。工业遗产作为城市历史文化遗产的一个重要组成部分，在"工业化时期"发挥了其应有的价值。在"后工业化时期"通过与创意产业持续性和适应性的合理利用来进一步证明它自身的存在价值。最后，有利于拓展工业遗产保护思路。工业遗产保护只有融入经济社会发展之中，融入城市建设之中，才能焕发生机和活力。在处理传统工业遗产风貌与现代设施的关系时，调动企业、社会和个人各方面力量加大资金投入，形成了一个工业遗产保护投资主体多元化的良好氛围。

兰州作为一座具有悠久工业发展历史的城市，拥有很多的老厂房、老仓库等工业建筑遗产。进入 20 世纪 90 年代，随着经济发展和产业结构的调整，在城市建设快速发展和市场经济的共同作用下，不少老企业"关、停、并、转"，主城区内工业企业的"退二进三"，兰州城市的工业地域结构也发生了较大的变化。原有的工业机器、生产设备、厂房建筑、工业技艺极具历史价值、文化内涵和社会意义，具有不可再生性，它们承载着兰州工业文明的发展历程，是城市记忆的缩影。工业建筑厂房开敞的空间、强大的可塑性、浓郁的历史文化性，更能激发创意人才的创造力，触发灵感，给予艺术家精神上的满足，适宜文化创意产业的发展。保护性再利用是赋予工业遗产新的生存环境的一种可行途径。利用工业遗产建筑所特有的历史底蕴、想象空间和文化内涵，使之成为激发创意灵感、吸引创意人才、集聚创意企业的创意产业园区。

三 对城市产业转型的影响

根据《2013 年兰州政府工作报告》，为了进一步优化产业结构，实现城市产业转型，兰州未来着重加快如下四个产业发展。

1. 新兴产业：着力推进创新型试点城市、兰白科技创新试验区建设，完善兰州国家生物产业基地实施方案，建设"生物产业基地小微企业创新创业园"，建成兰州重离子肿瘤治疗中心，开展新能源汽车推广示范工作，规划申报国家自主创新试验区。

2. 商贸物流：加快发展电子商务，积极引进阿里巴巴、京东商城等电商龙头企业，创建国家电子商务示范城市。综合实施西客站中央商务区开发，建成运营兰州粮油物流中心一期工程，抓好五矿物流园等大型物流园区项目，推进国际港务区建设，加快城区批发市场"出城入园"。

3. 文化旅游：推进黄河风情线综合景区建设，加快实施黄河楼、黄河母亲文化广场、华夏青瓷博物馆、什川古梨园、仁寿山景区、天斧沙宫等重点项目，办好第四届兰州国际马拉松赛、中国金鸡百花电影节、黄河文化旅游节。建成城市规划展览馆和马拉松体育公园。

4. 循环经济：打造石油化工和有色冶金两大循环经济产业园，加快培育 8 条循环经济产业链，实施 20 个循环经济项目，提升餐厨垃圾、废旧金属、废旧电子产品和旧建筑物拆除等四大领域循环利用水平，加快建设中铺子生活垃圾焚烧发电厂。

事实上，自 20 世纪 90 年代以来，随着兰州经济结构转型和产业结构的调整，大量位于城市中心区或中心区边缘的工业企业因产业布局和改制重组的需要逐步有计划地实施了外迁，留下一批高大宽敞、风格独特的工业遗存建筑群。在"退二进三"战略的指引下，对一些区位条件较好、产业结构层次较低的旧工业区进行"腾笼换鸟"。将无污染、耗能低、经济效益显著的旅游业、服务业、文化产业和房地产业等与极具历史价值、文化内涵、社会意义的工业遗产的保护与再利用相结合。

例如，兰州在产业结构转型初期就提出通过"出城入园"策略，政府几次发文把中石油兰州石化公司、兰石集团、兰州电机、佛慈制药、威特焊材等30户企业搬迁，其中，中石油兰州石化公司的搬迁改造一直是城市重中之重。而搬迁结束后形成的工业遗产，能在很大程度上为上述新兴产业、商贸物流、文化旅游和循环经济等提供舞台。这也就意味着，兰州的工业遗产保护有利于老工业城市的转型发展，通过持续性和适应性的合理利用证明了工业遗产的价值，进而使人们自觉地投入保护行列，并引导社会力量、社会资金进入工业遗产保护领域。在工业遗产再利用改造过程中，完善城市配套服务，促进产业集聚，以第三产业的经济带动旧城的经济发展，提高人们的生活品质，推动城市和谐发展。

四　对城市空间结构的影响

前文提到工业遗产开发和再利用对城市功能重构有着重要的促进作用，而城市功能重构必然要反映到城市空间层面上，所以工业遗产开发和再利用也会对城市空间结构有一定的影响。从城市建成区的空间范围来说，工业遗产保护与再利用对城市空间结构的作用有如下三点。

（一）盘活城市的空间资源，节约社会资本。 工业遗产的保护特别是再利用的措施并非要大兴土木营造全新的建筑，而是将原来废弃的旧厂房、旧仓库通过改造后二次活化。兰州城市中旧的、废置的厂房厂区数量巨大，而且随时间的推移还在不断增加。全部推倒重建必定耗资巨大，且空间资源浪费严重；而且兰州工业多为有污染的企业，工业生产过程对当地土壤、空气、水体都有不同程度的破坏。在保护与利用中通过合理的规划设计，利用原有的城市基础设施，为其注入新的元素，可以变废为宝，为闲置或利用率不高的资产注入新活力，极大地提高了环境质量，减少了能源损耗。

（二）推动城市的经济发展，实现区域土地升级。对工业遗产的再利用，不仅有利于资源节约、历史传承，也可为兰州城市的可持续发展注入新鲜动力。通过工业遗产产业用地的再利用，可以保持老工业地区的活力，给社区居民提供长期持续的就业机会和心理上的稳定感。工厂撤出后留下的工业遗产经过再利用，摆脱了附加值低的原工业定位，培育出可以带动兰州经济发展的附加值高、更有竞争力的新兴产业，实现城市产业的有序升级。

（三）促进城市的有机更新，优化城市环境。"城市有机更新"强调采用适当规模、合适尺度，依据改造的内容和要求，妥善处理目前与将来的关系。采取整体规划、分级保护的模式，把工业遗产保护与再利用和兰州城市建设开发进行有机结合。落实到建筑层面就是一方面要对工业遗产按照"修旧如旧"的原则进行改造，保护具有近现代工业特征的外部建筑元素，对内部按照功能要求适当改造；另一方面通过不断提高规划设计水平，将新建建筑与工业遗产在功能、形态等方面进行互补，最终使兰州城市的整体环境得到改善，从而达到有机更新目的。

第四节　兰州城市工业遗产的总体诊断

一　兰州城市工业遗产的特点

（一）从时间上看，兰州城市工业遗产多集中于中华人民共和国成立后的"一五"至三线建设阶段。"一五"期间，由于国家实行"一边倒"的国际政治方略，再加上兰州特殊的地理位置。国家非常注重对兰州建设的投资。苏联援建的 156 个重大重工业项目，其中有 7 个都在兰州。这一时期兰州重工业的发展，奠定了其作为重工业城市中心的地位。1964 年开始，国家将兰州作为三线建设的重要城市。兰州的三线建设投资新建了一批骨干企业，从一线、二线的某些城市内迁了一些企业。兰州三线建设的规划从 1964 年底开始，1965 年全面铺开，"三五"和"四五"计划时期得到大发展。在三线建设指导方针的指引下，国家在兰州投资扩建和新建了一批大型骨干企业，主要有兰州化学工业公司、兰州铝厂、兰州无线电厂、兰州炭素厂、连城铝厂、西北铁合金厂、兰州第三毛纺厂等。充分利用了兰州本来就有的工业基础，引进最新技术和高科技人才，从一线、二线地区调用了大批干部、技术人员甚至职工，建成的企业也具有较高的水平，至今这些企业是兰州工业的骨干和基础。随着"一五"至三线建设这阶段的企业升级，转变而来的工业遗产相对数量巨大，在兰州工业遗产总数上也占有较大的比例（见图 5 – 11）。

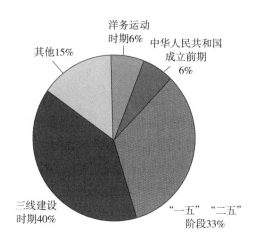

图 5 – 11　不同时期的工业遗产数量比较

（二）兰州城市工业遗产中重工业比重大，品质高，占大面积的城市建成区。优先发展重工业是苏联建成社会主义社会的宝贵经验，在"一边倒"国策的指引下，在"一五"计划中，其基本的指导方针是"优先发展重工业"。1953 年，周恩来在向全国政协常务委员会所作的"过渡时期的总路线"的报告中，对"一五"计划的基本任务作了这样的概述：首先集中主要力量发展重工业，建立国家工业化和国防现代化的基础；相应地培养技术人才，发展交通运输业、轻工业、农业和扩大商业。1955 年，李富春副总理代表国务院向第一届全国人大第二次会议所作的《关于发展国民经济的第一个五年计划的报告》中，对"一五"计划的任务进一步完善：集中主要力量进行以苏联帮助我国设计的一百五十六项建设单位为中心的、由以上的 649 个单位组成的工业建设，建立我国的社会主义工业化的初步基础。（薄一波，1997）毛泽东也在 1956 年 4 月发表的《论十大关系》一文中指出：重工业是我国建设的重点。在此大的时代背景下，国家加大重工业投资比重。1953 年至 1955 年农业、轻工业和重工业的投资占基本建设投资的比重平均为 6.24%、5.86% 和 31.97%；1956 年至 1957 年平均为 7.95%、6.86% 和 40.2%。重工业投资占工业总投资的比重由 1951 年、1952 年的 50% 左右上升到第一个五年计划时期的 85%。（董志凯、吴江，2004）甘肃作为国家"一五"计划的重点建设地区，进行了前所未有的大规模的工业建设。其中属于国家 156 项重点建设项目的有 8 项，有 6 项都在兰州。它们是兰州炼油厂、兰州热电站、兰州合成橡胶厂、兰州氮肥厂、兰州石油机械厂、兰州炼油化工机械厂。这有力地奠定了兰州重工业城市的地位。随着城市扩张，这些企业逐渐被城市建成区包围或蔓延连接起来。由于这些项目投资大，占地广，建筑质量为当时国内领先（见表 5 - 5），所以由这些企业转变而来的工业遗产同样具有重工业比重大、品质高，占大面积的城市建成区这些特点。

（三）兰州城市工业遗产的产业类型广，数量多，保护与再利用的综合价值高。 洋务运动时期的西北动乱、中华人民共和国成立初期的"一五""二五"建设以及三线建设对兰州工业建设影响尤为突出，今天的工业遗产也大多形成于这三个时期。受社会政治背景的影响，兰州存在一批超经济因素产生的工业企业，如兰州铝厂、连城铝厂等。中华人民共和国成立后的政治因素对兰州市整体的工业发展起着根本性的推动，甚至以工业建设为途径影响着兰州市城市形态的发展。可以说，兰州工业遗产是新中国时期城市发展史的缩影。由于兰州的工业发展与我国近现代的社会政治背景紧密相连，在漫长历史沉淀后，兰州工业遗产数量大、种类多。从时间分布上来说，涵括了地方传统工业与近现代工业，其中近现代工业比例尤高。工业遗产所涉及的重工业和轻工业有机械制造、石油化工、建材制造、矿冶制造、医药、纺织、印刷、烟草、水利、食品加工、桥梁制造等12个产业。其中重工业比重占绝对优势，其中机械制造、石油化工、建材制造、矿冶制造比重占到总值的70%，纺织和制药等轻工业及其他产业所占比重较轻。这也印证了前文所述（见图5-12）。从空间分布来说，近代工业遗产多分布于中心城区，装备制造石油化工的企业沿黄河东西走向分布，工矿及传统工业散布在城市外围，形成以轴带点的空间格局。从工业种类上来说，涉及轻工业与重工业，其中重工业比重大、地位高。中华人民共和国成立后全国工业布局中，兰州分布了数量较多的支柱企业，因此兰州工业遗产数量中，计划经济时代的工矿企业所占比例较高。

表5-5　　　　　　　兰州六项工程投资情况　　　　单位：万元

项目	计划安排投资	实际投资	"一五"期间投资
兰州氮肥厂	25180	23317	5066
兰州炼油厂	18223	19385	10705
兰州石油机械厂	15622	14381	2454
兰州合成橡胶厂	12340	11664	1000
兰州热电站	11000	10850	7190
兰州炼油化工机械厂	7281	7005	417
合计	89646	86602	26832

数据来源：根据董志凯，吴江著：《新中国工业的奠基石》，广东经济出版社2004年版

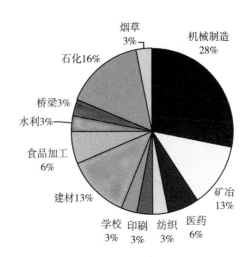

图 5 - 12 工业遗产的产业类型分析

二 兰州城市工业遗产价值判断

兰州近代工业薄弱，1949 年占中国工业总产值 2% 弱，尽管西北占土地面积的 1/3，1949 年前仅有兰州电厂、甘肃第一煤矿、甘肃机器厂、兰州汽车配件厂、兰州邮政汽车修理厂、西北毛纺厂、兰州面粉厂等 36 个企业（杨重琦，1991）。遗产数量少且大多已被破坏或不存在。而中华人民共和国成立后兰州作为新兴的工业中心，在"一五"期间，国家重点建设的 156 个项目，其中有 6 个落户在兰州。同时这一时期国家也在兰州安排了很多大型项目，兰炼、兰热、兰州氮肥厂、兰州合成橡胶厂、兰州石油机械厂、兰州炼油化工设备厂、085 厂等很有影响力的企业都是在这一时期建设的。同时兰州市的产业格局和城市布局也在这一时期初步形成，"西固石化城""七里河装备制造区"等说法就是在这一时期形成的。应该说，"一五"时期建设的这些企业，有不少都具有相对高的工业遗产价值。但是同样由于产业结构的转变等原因，这些企业有部分已经搬迁，同时还有部分破产的，也有一部分作为军工企业出于保密需要无法对外公开。因而对这些企业的工业遗产价值的认定尚需要进行进一步的普查工作认定。文中对兰州市工业遗产价值的判定主要是针对工业遗产价值比较明确的，经市文物局登记的几处工业遗产进行评判。评判依照本书确立的综合评估办法，大约从历史、社会、科技、艺术和经济等方面进行考量，从而明确工业遗产资源的保护与再利用的程度，使保护更具有目的性，再利用更具有可操作性。

（一）历史价值

从历史价值方面来看，兰州不少工业遗产是西北地区行业内的第一家企业，或者是当时全国规模最大的企业。如始建于1956年的兰州化学工业公司，是我国第一个大型石油化工基地，有"共和国石油工业长子"之称。下属化肥厂、合成橡胶厂、石油化工厂、第一循环水厂、原料动力厂等企业，厂区集中分布在兰新铁路以北、黄河以南，紧邻兰新铁路和312国道，设有铁路专用线和调车站，交通运输、水利电力、矿产资源等综合条件优越，留存有大量反映兰州石化工业发展历程的建厂初期的厂房、机器设备。又比如始建于1952年的兰州炼油化工总厂，拥有炼油厂、加剂厂、催化剂厂、油品储运厂等16个二级单位，主要生产润滑油、燃料油等360多种产品，是我国第一个现代化大型炼油厂。这些企业本身在兰州工业发展史上具有重要地位，是近现代工业发展的典型代表；甚至在全国或省科学技术发展中有里程碑作用，有极高的工业遗产考古学价值，在相当长时期内具有稀有性、唯一性和全国影响性等特点。

（二）社会价值

工业遗产同样具有重要的社会价值，兰州第三毛纺厂、国营长风机器厂、国营万里机电总厂和兰州佛慈制药厂等，是广大工人的精神家园，尤其是兰州炼油化工总厂、兰州化学工业公司、兰州石油化工机械厂、国营长风机器厂、国营万里机电总厂、兰州新兰仪表厂、兰州机床厂、兰州电力修造厂和兰州佛慈制药厂等新中国成立后第一批现代工厂，孕育了兰州第一代工人阶级，在市民的归属感上有着无法替代的作用。这些中华人民共和国成立后所建的工业企业，见证了中华人民共和国成立后几个重大历史时期的重要变革,同时在解决就业问题、职工子女教育问题等方面发挥了巨大作用,对工人以及周边居民的生活产生过重大的影响。在兰阿煤矿调研的过程中,发现很多工人生于兹、长于兹,对这片工业遗产地留下深刻的感情。由于阿干煤矿煤源稀少,一些煤矿便无煤可挖,许多矿工将面临失业,这个消息让不少兰州市民十分牵挂。在铁冶村70号,近80岁高龄的钱某说,他14岁就来到阿井矿上背煤,说起如今阿铁路石门沟至阿干镇一段要拆除铁路的事时,老人再也抑制不住自己的感情,不禁潸然泪下。曾在这里平整路基的刘某也说,"这段铁路与他们相伴了几十年,现在拆除后就像是一个老朋友离开了,心里真的很难受"。从这些事实可以看出,无论是近代工业遗产还是现代工业遗产,都是与之相关的工人群体的事业和人生的发祥地,具有不可替代的社会情感,具有重要的社会价值。

（三）科技价值

兰州工业遗产的科技价值主要表现在:建筑的材料、结构,工艺的独创性、先进性程度;对工业技术、建筑、城镇规划或景观设计影响的重要程度;工艺传统、工艺流程及人工技能的代表性意义等三个方面。兰州七里河区工林路的化工机械厂的龙门铣床,是20世纪20年代由德国莱比锡克尔总公司生产的、当时世界先进的产品之一。这台龙门铣床在"二战"期间曾经流落苏联,20世纪50年代又被送给了兰炼,后来被化工机械厂买回。铣床工作了90多年,如今还能够运转,具有很高的科学研究价值。又比如中华人民共和国成立后的第一个五年计划初期,国家确定把苏联援建的156项重点工程中的四项放在西固,拟将西固建成石油化工城。因此,作为156个项目的配套工程之一,兰州第一自来水厂于1956年3月工程开工,1959年10月全部工程竣工投产。水厂由苏联特殊构筑物设计院设计,并由苏联政府提供主要供水设备。工程开工后,大批工程技术人员从全国各地赶来,支援这一工程建设。该工程由取水站和净化站两个部分构成,由于设计规模之大和分质供水,故当时有"亚洲第一大水厂"之称,直至今天仍具有很强的科学研究价值。

（四）艺术价值

工业遗产的艺术价值体现在建构筑物的造型、风格流派、地域或时代的艺术特征的相关程度；建筑设计者的知名与否；以及在特定时期因工业生产所产生的审美价值大小，而这些主要是在单体的建构筑物上所反映出的物质形态艺术价值。例如，长风厂、万里厂、兰石厂、兰飞家属院等地都有苏式建筑，这些苏式建筑具有很高的艺术价值，是苏联对兰州城市的一种印记和城市凝固的音乐。另外，工业遗产的艺术价值也体现在其产品上。例如，兰州第三毛纺厂曾是我国最大的毛精纺企业，它的主要产品为精纺毛料、呢料和特种布料，具有很高的艺术价值。从上述两个方面可以看出，兰州城市工业遗产具有丰富而深厚的艺术价值。

（五）经济价值

兰州工业遗产普遍具有比较高的经济价值，由于大多数企业以石油化工、装备制造业为主，工业建筑的大跨度、大空间、高层高以及内部空间使用灵活等特点使得其再利用的潜力巨大。城市中工业遗产的经济价值表现在两个方面：一个是建构筑物的再利用价值，如现在兰州油泵油嘴厂内对旧建筑利用改造而成的兰州创意文化产业园；另一个是工业遗产所在地的区位价值，如兰州石油化工机械厂、兰州轴承厂和兰州电力修造厂等都在兰州西站城市商业中心区范围内；兰州畜牧与兽医研究所、兰州新华印刷厂和兰州化工机械厂等所在地区属于小西湖商业圈；甘肃制造局和兰州黄河铁桥更是在寸土寸金的西关什字商业区。区位的优势使兰州工业遗产具有相当高的土地经济价值。

三　兰州城市工业遗产保护与再利用面临的问题

（一）工业遗产保护制度尚未健全

兰州作为传统工业城市，工业建筑等留存数量巨大，但工业建筑遗产保护这两年才逐渐被提上日程，2008年刚完成兰州第一批工业遗产的普查认定工作，保护规划编制还未启动，兰州市工业建筑遗产列入总体规划保护之列的只有兰州黄河铁桥，受法律保护的工业建筑遗产项目仅占应纳入保护内容中的很少一部分。目前，兰州市文物局将工业遗产作为文物的一部分由文物科分管，而工业遗产与其他文物在认定、评估、保护和再利用等方面有很大的不同，因此急需一个独立部门对工业遗产进行统一管理。

（二）工业遗产的保护意识薄弱

中国的工业文明诞生的年代较晚，几乎到了 19 世纪中期才开始工业近代化步伐。而兰州是内陆城市，相对东部沿海城市，与西方近现代文明交流更是滞后。或是由于兰州近代工业历史短，影响相对没那么深刻，一直以来人们对这段历史认识不足，以致兰州近代工业文化遗产遗留非常少，仅有的五个还面临着城市更新的巨大挑战。当然，兰州的现代工业建设可谓影响深远，但是由于地方经济相对落后，在经济发展的重担下，遗产保护事业因周期长、效益慢而被放在次要位置，文化遗产保护意识也相对淡薄。很多工业遗产并不为人们所珍视，更多的企业把能拆的都拆了，谈不上保护。除此之外，由于科技发展日新月异，技术更新换代在各个行业中大量发生，对工业遗产造成了极大冲击，淘汰的工业技术、工艺、装备迅速消失在人们的视野中。

（三）工业遗产保护利用模式单一

中国的工业遗产保护虽然已经发端，但是却缺乏多样化的经营运作模式。不论是北京 798 艺术区、广东中山船厂，还是天津大沽船坞，在保护和再利用方式上仍然存在简单化的倾向。兰州作为内陆城市，在遗产保护与再利用模式探索上更是亦步亦趋地跟在"北上广"这类一线城市之后。在探索适宜地方特色工业遗产再利用模式上相对薄弱，以致现有工业遗产保护与再利用思路、方法雷同。个别工业遗产地开发仅仅围绕其开展的工业遗产旅游，只能发挥部分功能，目前还没有明确其管理主体，更没有形成有效的管理运营机制，不能形成足够意义的文化价值，更加谈不上任何经济效益。

（四）工业发展与工业遗产保护产生矛盾

兰州近现代工业企业大都占据了城市交通区位较为优越的区域，这种优越的区位条件是工业遗产区别于古代文化遗产的一个重要特征。但它所带来的工业遗产的保护与城市建设、发展之间的矛盾也成为城市工业遗产研究和保护的难点和重点。诚然，工业发展作为城市形成的重要条件，在城市的产生、发展过程中发挥着重要作用，近代工业遗址往往处于城市的繁华地带，占据着重要区域。城市要发展，很可能就要对这些地方进行拆建。如甘肃制造局、国立兽医研究所其遗址所在区域位于兰州商业圈内，是极佳的商业地产开发地块。如用于地产开发，可以获得巨大的经济效应，而如果选择工业遗产保护方案，则政府方面还要进行相应的保护性投入，所以城市工业遗产的保护自然举步维艰。

（五）保护工业遗产在技术上仍然面临着诸多困难

文化遗产的保护一直是一个世界性的难题，正如我国很多古代墓葬之所以到目前仍然未能发掘，很大程度上是因为文物保护技术不能满足要求。城市工业遗产的保护也面临着类似的困境，由于工业遗产的用地规模大、建筑体量大、构建相比民用建筑复杂，对这些遗产的保护在技术上就是一个难题。还有些工业遗产，本身不具备实体性质，要保护起来更加困难，如"软件不断更新和改善，老的版本就像旧抹布一样被抛弃。尽管物质的人工品在某种程度上被保存下来，软件或用来运转这些机器的程序命运却不相同。列表、纸带、打孔机、磁带和系统手册通常是最先抛弃的东西"。因此，上述工业遗产究竟以何种方式保存，保存下来以后是否能够找到合适的载体为后来者所知晓和应用，这将是未来遗产保护的一个哲学命题。

第六章　兰州城市工业遗产保护与再利用模式

辩证地理解"保护"与"再利用"的关系是研究兰州城市工业遗产保护与再利用模式的关键。"改变和保护其实并不是相悖的，因为毫无保留的改变实际是破坏，而丝毫不允许改变的保存则是顽固。"（诺伯舒兹）从技术手段角度出发，"保护"与"再利用"都作为工业遗产保护（此时保护分为保存、保护、复兴）的手段，但是二者并非是非此即彼的相互对立，而是彼此兼容的相互转化。通过城市工业遗产分级后的二者相互转化，既避免了工业遗产必须严格保存的固化模式，也防止了城市工业遗产均要改造的盲目激情，成为有效协调保护和发展之间矛盾的现实可行途径；从实践过程角度出发，"保护"与"再利用"又是相互依存的彼此继承，"保护"是"再利用"的基础，"再利用"是"保护"的发展。"保护"的是城市工业遗产的价值承载体及其之间的关系所传递的历史信息，"再利用"的是城市工业遗产的功能与空间，在"保护"的基础上探寻"再利用"的可能方向，力求两者互动关联性是城市工业遗产再生关键。

笔者认为城市工业遗产保护与再利用的实践研究需要在整体观的指导下，提出相应的保护与再利用系统策略。因此，在这一章中以兰州为案例研究对象，试图通过宏观、中观、微观三种视角来建立起一套城市工业遗产保护与再利用的系统模式，并选取城市层面、片区层面和街区层面三个尺度的遗产实践，来构建一套整体性的工业遗产保护与再利用模式。

第一节 兰州城市工业遗产保护与
再利用的模式分类

一 宏观模式：构建城市层面的工业文化脉络

（一）工业遗产保护与再利用的定位

构建城市层面的工业文化脉络，创建以工业为主要城市特色的工业历史文化名城。

（二）工业遗产保护与再利用的原则

1. 尊重城市历史环境的原则

历史环境是人类文明发展的见证，其构成要素包括自然环境、人工环境和人文环境。自然环境和人工环境为物质形态的文化遗产，包括人类建造活动的历史遗存及其产生和发展的自然环境条件；人文环境为非物质形态文化遗产，如语言、民间传统、民俗活动、手工艺等，反映了人类精神领域的创造性活动，它们与物质遗产相互依存与依托，共同反映着历史文化沉淀，形成了历史环境的不同特色和价值。

就自然环境、人工环境、人文环境三个方面的整体保护而言，自然环境保护相对难度较小一些，因为现在国家、政府、社会各界对环境保护的重视程度很高，环境保护部门执法较严，群众对环境质量反应敏感。人工环境保护相对较难，因为在民众眼里，人工环境本身就是人类作为的结果，对其继续有所作为是应该的，而这就很有可能对文化遗产造成破坏。人文环境保护在这三方面中难度最大，这是因为人文环境本身是一种氛围、风气，需要几十年甚至上百年、上千年的积累方能形成。人文特色本身看不见、摸不着，只有细心体验方能感觉到。从本质而言，它是一种场地精神，因此对其进行保护异常困难，人文环境需要通过自然环境、人工环境的保护及二者对当地居民的精神熏陶才能得以维持。

2. 利益平衡兼顾综合效益的原则

一个城市的空间环境和社会模式密不可分，城市的区域特点是由经济、社会、政治、历史积累体现。旧工业建筑遗产的保护与再利用首先要满足生活在周围空间环境的居民的需要，否则所谓的保护与再利用就是没有意义的空想、空谈。国外的很多旧工业建筑改造从长远来说都将复兴经济和实现社会目标作为项目的重要任务，兰州的旧工业建筑再利用需要考虑到旧工业区域衰败、失业率激增、生活水平落后等问题，因此对工业遗产的保护与再利用需考虑城市各方面的综合效益。正如联合国教科文组织亚太地区文化部顾问理查德·恩格哈迪（Richard Engelhardy）所说的："建筑保护的精髓不在于对建筑结构的保护，而是要凸显建筑的社会功能和内涵。"

如何发挥政府、市场、传媒和建筑师的作用至关重要。利益的平衡指的是如何协调不同利益集团看问题的不同方式。政府决策于如何促进城市的经济发展，有助于获得更高的税收，增加更多的就业岗位，提高城市的整体形象；公众的目光则投向能否提高自身的生活质量，是否能享受到成果；对于开发商来说，项目是否盈利决定了投资与否，还有社会的反响以获得长期业务的广告优势。这三者地位有所偏差，应对处于被动、劣势的居民有所倾斜，适当增加居民对项目表达决策的意见。

3. 生态可持续发展的原则

自然环境是孕育城市发展和历史文化的土壤，是历史的真实见证。它赋予那些破败陈旧的工业遗存以生命力，没有环境的紧密结合文化遗产则无法生存。因此，生态的可持续发展对人类与自然的和谐，传统文化的继承与发扬，市民的健康与文化生活起着积极和有效的作用，是研究工业遗产不可忽视的要素之一。兰州工业发展主要以能源重工业为主，包括化工、电力、矿产等，存在严重的生态污染。兰州以石油化工集团为首的企业规模很大，随着兰州城市的不断扩张，工厂对城市的污染日益加剧。新出台的《兰州市城市总体规划（2011—2020）》中提出将西固区中石化集团等一批污染严重的企业整体搬迁至兰州新区，对这些工业遗存进行合理的开发，将西固改造为工业博览旅游和文化创意中心、石化产业研发设计中心等。在对这些工业遗存进行保护与再利用的长期过程中，应兼顾到环境的恢复，进行全方位治理，需对或多或少的环境残留污染物进行处理，改善周围居民的生活环境条件，把生态原则放在首位。

（三）工业遗产保护与再利用措施

1. 完善保护机制，积极开展兰州工业遗产普查，大力挖掘城市工业遗产资源。

对于兰州城市工业遗产保护与开发，首先应当明确保护与开发的目的，明确以政府为主导，以公众利益为引导的保护机制，同时为企业进入工业遗产保护与开发做好铺垫工作，积极引导社会资本进入工业遗产再利用开发。在完善保护机制的前提下，尽快做好城市工业遗产普查工作，同时做好宣传，使得现存工业遗产能尽可能多地完整保存下来，成为城市经济发展的重要资源。就其现状，兰州市工业遗产主要从 5 个重点范围开展普查：①以晚清洋务运动为标志的兰州近代工业遗产以及之前的矿产开采业、加工冶炼场地、能源生产和传输及使用场所，交通设施、相关工业设备、工艺流程、数据记录、企业档案等物质和非物质遗产的保存状况，如清末兰州制造局、兰州机器织呢局、阿干镇煤矿、窑街煤矿等。②以军事工业、机械制造维修业、毛纺业等现代工业为主要内容的民国时期的工业遗产。如兰工坪的工业研究所、硷沟沿的西北兽医学院、40 年代的“工合组织”等。③中华人民共和国成立以来的门类多样的工业遗产，特别是国家“一五”“二五”、三线建设期间在兰州建设的工业项目，如兰炼、兰化、兰石等。④具有兰州地方特色的工业文化遗存，包括工厂车间、磨坊、仓库、店铺及工艺流程等，如兰州水烟加工作坊、榆中醋加工作坊、羊皮筏子加工制作等。⑤地方支柱性企业遗存。

2. 综合评价确定城市工业遗产的功能定位，实现城市工业遗产再利用的空间整合。

将城市工业遗产的再生作为一个动态过程，合理地再利用功能定位，使其成为城市中有机组成细胞的基础。与城市其他有机细胞的功能及空间发生能量交换，与城市空间互动，进行有效的空间整合。市公共空间系统网络是由城市绿地水系系统、城市文化遗产系统、文娱体育系统、商业游憩系统、游憩廊道系统等具有不同游憩价值的子系统叠加而形成的系统。城市工业遗产是城市文化遗产这个子系统的一部分，根据准确的价值总和与合理的再利用功能定位，将其融入相应的城市公共空间系统，与城市其他空间发生有机联系，良好互动，从而实现与城市其他空间的有机整合。

城市工业遗产再利用的过程中，历史、文化、社会、技术、美学价值的评价是经济价值评价的基础，分析城市工业遗产历史、文化、社会、技术、美学价值与再利用的功能兼容性以确定再利用等级以及哪些功能不该被列入再利用方向（如价值级别高的城市工业遗产不应用作商业性房地产开发等），在此基础上评估城市工业遗产的基地现状等经济价值，即在城市工业遗产价值承载体的分级保护控制要求下，判定城市工业遗产再利用的潜力，为可能"混合功用"的城市工业遗产保护与再利用提供基础，这些均是本体评价在城市工业遗产功能定位中所起的重要作用。

3. 积极挖掘工业遗产的文化价值，打造城市工业遗产资源体系。

遗产的文化价值可以说是遗产个性的体现，城市是一个多元化文化的共同体，其中蕴含着多样化的人类文化，而工业遗产所蕴含的工业文明是人类发展史上的重要篇章。挖掘兰州城市中工业遗产的文化价值，发扬其文化特色是遗产保护与再利用中的重要方面，同时也是对其持续性保护和开发利用的关键所在。从西北地区的历史发展来看，兰州的文化识别大致可分为：黄河文化、丝路文化、多民族文化、城市建筑文化、渡口文化和山水文化。而作为西北工业重镇，工业遗产是兰州城市建筑文化中的重要组成部分，对整个兰州城市空间格局也产生着重要的影响。因此，在兰州城市工业遗产保护和再利用的同时，应当注重对其文化价值的发掘，建立起城市工业遗产资源体系。通过对兰州城市文化的深入梳理，兰州市基本划分为白塔山历史风貌保护区、九州台历史文化保护区、五泉山历史风貌保护区、金天观传统文化保护区、铁路局历史建筑保护区、民族大学历史建筑保护区、南河新村近代民居保护区、近代工业建筑保护区、石化城工业文明保护区和石化城苏联式民居保护区等10个历史文化街区。① （见图6-1）其中铁路局历史建筑保护区、近代工业建筑保护区、石化城工业文明保护区和石化城苏联式民居保护区4个保护区正是从宏观层面对兰州不同特色的工业遗产文化资源的整合与集中体现，由此也可看出，工业遗产资源在兰州文化遗产中占有很大比重。

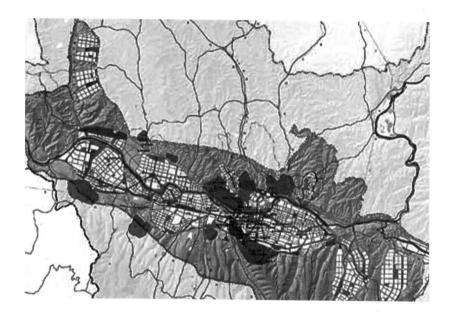

图6-1 兰州文化遗产保护区分布

资料来源：兰州市第四版城市总体规划（2011—2020年）。

4. 关联兰州工业遗产要素，构建城市工业文化空间体系。

兰州城市工业遗产资源的整体保护与利用建立在对兰州工业发展历史信息的收集、历史文化的整体把握上；通过了解遗产的生存

---

① 《兰州市城市总体规划（2011—2020）》。

现状，对遗产本体及场地环境特征进行充分认识。在刚性和弹性相结合的评价体系框架下，从遗产的本体价值与再利用价值出发，对兰州城市工业遗产的保护利用等级进行合理划分，形成阶梯状的保护与利用体系。并对兰州工业遗产整体空间分布进行全面分析，并了解工业遗产的个体在城市空间的分布、建筑空间类型、产业类型、建筑风貌等多项指标。进而对兰州工业遗产要素点之间的关系进行如下方法的关联。

1）工业历史与工业遗产空间关联

兰州作为一个城市整体，空间格局显示一定的稳定性，格局的形成与变化是一个缓慢的、深层次的过程，在短时间区段很难发现它的变化。往往只能置身于历史时间的视野中，才可能看清历史现象的变化，分辨城市不同时代的空间特征。对兰州城市工业遗产的分析应从时间和空间两方面入手，分别从历史脉络和空间格局进行分析，也就是历时性、共时性的关联分析。从遗产保护领域来说，历时性就是历史时间的纵向顺承，研究城市工业遗产的文化历程、空间演变以及它们之间的关系；共时性就是进行横向对比，研究工业遗产本体、周边自然环境和城市建设环境以及与城市文化空间结构之间的关系。在空间上明确划分各个片区，形成若干相对独立又相互联系的保护单元；在功能上，明确各片区的文化特色定位，提出合理的保护与利用策略。

2）兰州工业城市与历史遗产点关联

城市孕育工业的发展，工业遗产的"再生"也应融合于城市发展的空间与功能中。城市工业遗产保护与再利用要具备整体与局部的关联研究，遵循整体的局部能更加准确地表达整体。在现代城市空间发展的背景下，对局部的设计应关注其在整体中的地位与价值，关注局部与其他部分之间的关系。工业遗产作为兰州城市的局部，应力求达到兰州城市工业遗产本体与兰州城市遗产群体之间的双向互动、兰州城市工业与区域工业之间的宏观思索，形成完整的工业遗产保护体系。

3）兰州工业文化与物质性遗产关联

物质是文化的外在表征，文化是物质的核心灵魂。在构建城市工业遗产资源体系时，既要注重工业遗产本体的空间特征，明确该工业遗产（建筑或场地）的空间属性，明确它适合的功能空间使用，同时，更要挖掘工业遗产的整体文化价值、个体审美价值，突出该工业遗产文化属性，由此来确定其适合的文化空间。通过文化和物质的关联，实现文化和空间的融合，使之发挥最大的社会效益。

　　基于城市工业遗产的差异性与复杂性，同过上述三个类型的要素关联，形成了三个保护等级（宏观——城市遗产整体、中观——城市遗产片区、微观——城市遗产个体）、两个保护类型（物质空间、文化脉络）和三种保护表现形式（点、线、面）的工业遗产资源体系，为准确把握城市空间文化结构奠定了基础（见图6-2）。

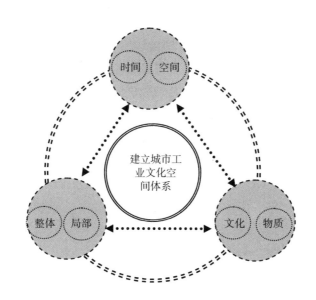

图6-2　城市工业遗产资源文化脉络空间模型

资料来源：作者绘制。

　　5. 确定城市工业遗产的功能定位，实现城市工业遗产再利用的空间整合。

　　将城市工业遗产的再生作为一个动态过程，合理地再利用功能定位，使其成为城市中有机组成细胞的基础。与城市其他有机细胞的功能及空间发生能量交换，与城市空间互动，进行有效的空间整合。城市公共空间系统网络是由城市绿地水系系统、城市文化遗产系统、文娱体育系统、商业游憩系统、游憩廊道系统等具有不同游憩价值的子系统叠加而形成的系统。城市工业遗产是城市文化遗产这个子系统的一部分，根据准确的价值总和与合理的再利用功能定位，将其融入相应的城市公共空间系统，与城市其他空间发生有机联系，良好互动，从而实现与城市其他空间的有机整合。

6. 采取双向互动的规划方式，专家把关和公众参与是功能定位的关键。

城市工业遗产的再生是一个动态过程，通过再利用的功能定位，使其成为城市中的有机组成部分。城市工业遗产再利用的功能定位过程需要具有整体观，对其进行功能转换的分析过程即是宏观考量和微观探索相互渗透和双向互动的过程，在此过程中"自上而下"与"自下而上"的双向互动是城市工业遗产再利用的关键（见图 6 - 3）。通过"自上而下"与"自下而上"双向互动的城市规划方法对城市工业遗产再利用的功能定位进行研究，使城市工业遗产再利用与城市功能发生有机互动，使之真正成为城市中再生的城市细胞。

目前，公众作为"自下而上"的关键，却并未真正介入有关的城市开发的规划当中，城市工业遗产作为一个崭新的课题，在公众参与方面有待于进一步拓展。城市工业遗产的保护与再利用为未来的城市增添了新的功能空间，规划师和政府官员是城市功能的决策者，公众是这些城市功能的使用者。公众作为城市功能细胞之间发生联系的媒介，理应有着自己的话语权。公众参与应是城市工业遗产保护与再利用的重要组成部分，特别在城市工业遗产再利用的功能定位方面应该起着更为重要的作用。

在城市工业遗产的功能定位中，公众并非泛指的概念，而是针对城市工业遗产的影响程度不同而分为三类：（1）原厂工人；（2）周边居民；（3）潜在的未来使用者——市民。通过意愿调查、公共代表在制定政策中的陈述、机动小组、公众听证会等形式倾听不同角度的声音，了解公众期望城市工业遗产转化成什么功能，对地区未来的期望，希望政府承担的角色等。不同类公众出发点不同，意愿也不同，甚至是相互冲突的。面对来自不同参与者的多重目标，需要专业人员采用联系的、全面的观点分析与评价，达成目标的协调。在此过程中根据不同的情况确定其优先级，做出一定的取舍，据此做出决策，作为进一步设计的依据。

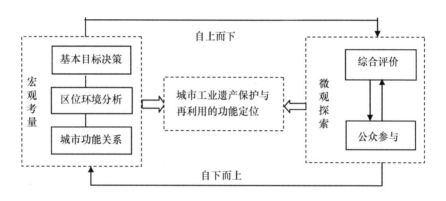

图 6－3 城市工业遗产保护与再利用的功能定位

二 中观模式：营造片区层面的工业文化特色
（一）工业历史片区的界定

工业历史片区是指城市中工业特别集中，工业风貌特征特别突出，工业遗存较为丰富、比较集中并形成一定规模的，能较完整地展现出某行业的工业生产、生活特征和工业片区的风貌特色、历史价值、技术价值和社会价值等重要的传统工业历史区域。工业历史片区是整体保护有价值的工厂区域的格局、风貌、工业尺度和相关环境。

工业历史片区既可是几个工厂集中成片的区域，也可以是一个大规模工厂中历史元素丰富成片的地段。从兰州工业遗产分布密度和形成规模看，窑街煤矿片区、兰阿煤矿片区、第一自来水厂片区、石油化工厂片区、长风机器厂和万里机器厂片区、西北铁合金厂和连城铝厂片区、榆中传统手工业片区可划为工业历史片区。

（二）保护与再利用措施

1. 响应城市功能转型，平衡片区空间重构与工业遗产保护的关系。

城市空间结构在物质形态上表现为各级城市的中心区、商业区、居住区、工业区的分布及相应交通系统的组织布局。城市空间结构影响着城市内部各要素的集散、配置效应，以及城市对外部要素产生的吸引力与辐射力。当城市处于相对稳定的发展阶段时，城市功能不断充实和完善；当城市处于转型的发展阶段时，城市功能则不断置换和转型，城市原有的空间结构与新的城市功能会发生矛盾，城市空间结构需要进行调整以适应新的城市功能的需求。兰州作为典型的重工业传统城市，在新的发展机遇前亦面临城市功能转型的迫切需求。兰州许多重要的工业片区其本质是城市工业产业部门在空间上的投影。如七里河的土门墩片区是机械加工产业的"功能—空间"实体、西站片区是毛纺产业的"功能—空间"实体。当原有兰州城市功能发生变化，产业形态从传统制造业向创新型经济产业逐渐转变，必然会引起城市空间结构的调整和重构，而且重构的效应直接落实在这些城市片区中。例如，西站片区未来的发展方向是集商业与居住为一体的城市中心区，坐落于其中的毛纺工业经过搬迁后势必会遗留大量的厂区、厂房等工业遗存。这些工业遗产就应以片区毛纺产业的生产组织、交通组织和内部功能分区向生活休闲转变来作为保护与再利用的指导思想，成为实现片区功能重构的举措之一，进而顺利引导西站片区的发展由生产性空间主导向生活性空间主导转变。

2. 遵循片区空间发展规律，寻找工业遗产同城市更新之间的契合点。

尽管城市更新使得城市中的大量新建筑代替了旧建筑，从表面上来看，城市的面貌在更新，但是城市更新同时也带来了城市空间的缺失。兰州城市整体形象的塑造和城市面貌的更新并非仅仅取决于几幢建筑的更新，而更应当体现在片区更新过程中对城市发展历史过程的保存，取决于片区中的整体面貌和建筑之间的相互关系、并由此形成的外部环境和空间场所。诚然现代化的城市内部存在着许多复杂的社会问题和矛盾，城市用地紧张已经成为通病，但是这并不意味着在城市更新中同样可以一味地推倒重建来形成理想中的空间结构。通过研究寻找兰州城市更新与工业遗产，尤其是与历史工业片区之间的联系，通过合理设计处理两者之间的关系，这样才是城市更新的真正科学有效的途径。当然，还应积极寻找兰州城市空间发展的历史规律，在更新的过程中顺应规律的发展，这样才能保证城市空间发展的和谐。因此，在工业遗产的保护与开发中，应当积极寻找两者间的契合点，这样才能更好地做进一步的保护和发展。

兰州市西固区的石化工业文化的延续是在片区工业遗产的保护与开发方面的成功代表。2005 年兰州市以石化工业的旧厂区、厂房、大型设备等工业遗产为核心，在保护的基础上对老工业基地进行全面改造升级，深入挖掘石油化工文化遗产资源体系，打造为石化文化下的西固石化城。为保持石油化工资源文化体系的延续，西固区逐步形成了以中国石油兰州石化公司等驻区大中型企业为代表，以石油化工、装备制造、电力能源等为支柱的工业体系。到了2012 年，根据兰州新区发展建设的规划要求，兰州石油化工集团搬迁至新区石油基地，石化公司搬迁后将遗留下数量巨大的厂区、厂房及大型设备，这些遗留物将遍布整个西固片区，全部推倒重来显然不可取，第四版兰州市城市总体规划中提出对这些工业遗存进行合理的开发，将西固片区的功能定位为工业博览旅游和文化创意中心、石化产业研发设计中心等。从西固石化城发展到工业文化博览园区，这些有价值的工业遗存在不同时期的不同再利用措施对西固片区的更新发展及其功能定位起到了关键性的作用，对这些石油化工工业遗产文化价值的挖掘同时也是对其进行保护和改造的创意源泉。

3. 围绕工业遗产资源，协调城市发展与文化遗产保护与再利用的关系。

不断延续的工业活动迫使旧的工业形式与不断向前发展的生产方式相适应，新技术、新工艺的不断开发应用和产品迅速地更新换代也使工业遗产资源更为脆弱，极易于受到损害。"文化本身是不断形成的、发展的、动态的，永远在延续、创新的过程之中"（孙家正，2007），工业遗产亦复如此。如对于机械制造工业来说，在20世纪60年代更新的过程是明显的，到20世纪末人们只能在个别企业看到世纪之初的机器仍在进行生产或闲置在车间的某一角落，那么在今后一二十年，这些最后的痕迹将从工业生产领域中完全消失。因此，在城市更新和产业发展过程中，如何对待工业遗产资源已经成为文化遗产保护领域的重要课题。正如国际古迹遗址理事会秘书长 D. 班巴鲁先生所指出的，"对于这些巨大的或高度专业化的结构的保护，或对污染遗址的保护，是很难的技术挑战，它要求实际经验和知识的集中共享"。

当前兰州城市工业遗产保护和开发尚处在起步阶段，但是实践证明，成功的工业遗产保护和开发案例必须事先进行统一的规划安排。统一规划的作用主要体现在两个方面，一是统一的规划能够对兰州市目前正在遭到破坏的工业遗产尽量保证其完整性，以便后续安排利用；二是统一规划能够保证兰州工业遗产在开发利用方面的合理性，避免在后期工业遗产同土地商业开发产生矛盾时因缺乏规划而导致工业遗产开发项目难以为继。而在统一规划的前提下，对兰州工业遗产的保护和再利用必须协调同步进行。

4. 全面评估工业历史片区的工业遗产，制订和实施保护计划。

在对工业历史片区进行保护与改造过程中，全面准确认识工业历史片区的价值是区域性保护和发展的基础。工业历史片区价值的形成与其所在区域的自然环境、历史建筑、街道格局、居民的生活习惯、政府的城市建设政策导向以及所发生过的历史事件密切相关，这需要综合分析以上各种因素对其进行综合评估。一般说来，工业历史风貌区需要注重以下三个方面：一是工业街区的空间形态特色，它包括街区空间分布形态的具体表现形式、形成历史年代的久远程度、建构的科学和艺术水平的高低等因素；二是工业厂区是否与周边自然环境实现了充分融合；三是工业历史风貌区内是否发生过重大历史事件或形成了独特的风俗习惯（刘敏、李先奎，2003）。

一个工业历史片区需要经过几个历史阶段才能发展形成。在具体评估其价值时，需要全面搜集该工业片区的各个阶段相关证据，包括历史图片、文字记载、口述历史等。通过这些证据与现状作对比，分析兰州历史工业片区的演变过程，找出维持工业历史片区的相对稳定的主导因素，而这些主导因素也就是需要保护的重点所在。

5. 坚持以人为本，努力改善工业历史风貌区的居民生活质量。

工业历史片区保护与文物单位保护的方法大有不同。工业历史片区保护的是一群人正在生活的城市区域，实际上保护的是一种与所在工业环境密切相关的独特社区生产生活方式。这种保护既是对人的保护，也是对物的保护，是一种整体性保护。这种历史片区的保护与更新的效果很大程度上取决于社区居民的参与程度。因为专业保护人员在短时间内很难准确、全面地了解掌握历史街区的具体情况，而长期生活在这里的居民对历史街区有着最直接的生活体验。让社区居民参与到工业历史风貌区的保护决策中来，一方面可以促使保护计划更具有灵活性和操作性，另一方面公共咨询与社区协商机制可以激发社区居民的保护文化遗产的积极性（见表6-1）。

表6-1　　　　　　　工业历史片区工业遗产再利用的
功能定位中的居民参与程度

评价过程		参与者		
		居民	规划师	政府官员
宏观考量	基本目标决策	A	B	A
	区位环境分析		A	B
	片区功能关系	A	A	B
	历史事件驱动			A
微观分析	本体评价	A	A	B
	构思方案		A	
	方案选择	A	B	A

注：在功能定位中，公众参与的主要阶段：A：主要角色；B：次要角色

目前保护与更新基本上是一种政府行为。在社区居民尚未真正参与的情况下，政府一定需要谨慎从事。城市规划部门需要同时着眼于两方面，保护规划着眼于过去的、历史的范围，发展规划着眼于未来的发展计划；文物保护部门也应该同时着眼于两方面，在保护文化遗产的同时，也要积极想办法解决居民的居住和生活问题。

三 微观模式：塑造街区层面的工业空间特征

（一）范围界定

分布在城市街区中，行业特征明显，具有重要历史价值、技术价值、社会价值和美学价值等的工业遗产点。这类工厂或工业遗迹占地面积较小，基本位于一个街区空间内，主要保护的是遗产点的工厂格局、街区风貌、历史建筑和景观要素。

就兰州市第一批公布的工业遗产，从分布密度和形成规模来看，适宜于此街区保护模式的工业遗产有：兰州黄河铁桥、兰州佛慈制药厂、新华印刷厂、新兰仪表厂、兰州机床厂、兰州真空设备厂、兰州石油化工研究所、兰州高压阀门厂、兰州轴承厂、兰州机床厂、兰州兽医学院、长风机器厂、兰州第三毛纺厂、万里机器厂、永登粮食机械厂等。

（二）工业遗产保护与再利用的原则

在保护与再利用的过程中，通过城市工业遗产的综合评价和保护分级，作为城市工业遗产再利用的功能定位、空间整合的基础参考与科学依据。将城市工业遗产划分为不同等级，明确城市工业遗产保护的优先级别，使用于保护的有限资源得到合理分配；明确再利用的改造程度，使保护与再利用相互兼容。

（三）工业遗产保护与再利用的措施

1. 围绕工业遗产文化主题，塑造具有活力的工业街区特色空间。

特色空间是城市局部地段和街区所具有的、能够体现自然和人文精神，具有独特历史和建筑文化，并与自然和谐相处的物质空间，人们对其会形成视觉乃至于心理感受，是为城市建筑上所谓的场所（空间）。其空间上具有一定的边界，是小范围、小尺度的城市局部三维空间。随着城市的发展建设，城市规模不断扩大，进行各类生产生活的地段街区在离心、向心等作用机制下，不断地分化、聚散、拼合、外延和内生，如此过程构成了众多的场所（空间）。在此过程中，空间之间逐渐形成序列或交错分布，并显现固化，塑造形成了城市所独具的，与其他城市有着显著不同色彩、物质风貌和空间韵律等的构成，以及融合于上述构成的独特的气味、语言、民俗的整体环境空间（朱菁、艾继国，2004）。城市整体环境空间不仅是物质的，也是具有人文精神空间的载体。人文空间的积淀附着于物质环境之上，物质环境是文化的载体，物质环境反映城市特色和风貌。工业遗产是工业文明最集中的体现，它无形地记录着人类社会的伟大变革与进步，更延续了一座座城市的历史。面对这些被视为"废弃物"的工业遗产，使人强烈感受到厚重的历史、人文、经济、科技的多重珍贵价值，这就意味着与之相关的城市物理空间具有了工业历史特色。同时，工业历史街区是一个不断发展、更新的有机整体，现代化建设是建立在历史发展基础之上的。从某种意义上说，一个街区的文化特色是不同历史时期，不同管理者、设计者、规划者水平和素质的体现。另外，不同时期建筑设计的水平及其作品都对空间形象产生了深远影响。今天对工业遗产做的保护和再利用，最后也是街区拼贴历史中的一部分。

2. 遵循街区整体保护原则，在保护的基础上合理开发再利用。

首先，工业遗产单体保护与街区整体保护相协调。在老街区更新规划中要注意历史文脉的保护与传承，在对工业遗产进行保护利用的同时要注意对其所处的街区的整体保护与特色统一。整体保护中的特色保护，注重针对工业历史建筑的地标作用的保护，以及城市片区的认同感的保护。总的说来，是保存一个城市的记忆，尤其是针对兰州这个因工业而发展的城市，工业的发展历史就是这个城市的发展脉络，保护工业遗产就是保护这座城市的记忆。没有记忆的城市是没有思想的，没有历史文化的城市就如同失去了记忆，无法定位未来的发展方向。以兰州黄河铁桥为例，保护好铁桥工业遗产本体建筑的同

203

时，积极配合城市滨河路黄河文化特色建设，以独特的工业文化吸引各地的游客，成为兰州市的标志，成为兰州历史文化的代表。

其次，应该在保护的基础上进行多样性利用。对旧工业建筑的再利用必须建立在国家政府对建筑保护范围的扩展和相关的立法规定基础上。通过人们重新对这些旧工业建筑潜在的价值进行思考，把可以体现当地地域文脉特色或反映建筑技术进步的建筑看作城市文化得以不断延续的源泉加以保护，同时对那些由于现代需求和使用功能的改变而一度废弃、闲置的工业建筑进行积极的改造再利用，实现资金的大量节约、城市景观的有效整治和环境的可持续发展，并以此来带动城市街区活力的复兴。当然，由于工业遗产的多样性特征很鲜明，年代、功能、所在地、保存状况都不尽相同。这种多样性特征就决定了工业遗产的再利用也必须是多样的。多样性原则具体体现在再利用方式的多样性、参与者的多样性、技术手段的多样性以及投资渠道的多样性，同时允许利益分配的多样性。

3. 适度调整工业遗产功能，延续街区的工业文化特征。

建筑因人的使用而存在，没有人用的建筑失去了其存在的基本价值，最终会沦为废墟。要使历史建筑继续生存下去，继续成为城市不可或缺的一部分，最积极的办法就是改善或改变它的使用功能，通过再利用挖掘出更多的文化历史价值，使它在当代社会重新焕发生命力，而绝非仅仅依靠长期维修来维持其外表的光鲜。正如村松贞次郎所认为的，"近代建筑的保存和再利用，不仅仅是使旧的东西留存下来，更重要的是要注入新的生命，使之具有活力，从而让其周围的都市环境复苏"。鉴于我国近代工业历史发展的特殊性，对近代工业建筑的保护一定要引进新的功能，赋予新的生命力，否则就显得简陋。上海近代工业建筑保护与再利用的核心是寻找合适的功能，经过功能的调整与转换，原有工业建筑的历史价值与空间价值共同得到发挥并延续下来。

引入新功能的适宜度，以符合所在地区规划的功能要求，以及能够被建筑原有场所空间所包容为标准。利用的程度要与整体的城市经济、文化水平发展相联系：引入新功能时，既要在建筑外观风貌上强化工业建筑的历史风貌，又要在其内部新的空间使用中适时地保留工业建筑的历史构架。否则，缺少任何一个方面，都会使近代工业建筑的再利用失去历史文化保护方面的意义，无法真正使历史文脉得以延续。

4. 注重经济、社会、环境综合效益，实现工业遗产的可持续发展。

在城市工业遗产保护和再利用开发过程中，仅仅有着保护的意识是远远不够的，国内外大量的实例都表明，对工业遗产的保护与开发的首要和最终目标是促进工业遗产所在区域的经济社会环境的全面发展，促进街区、社区的复兴。从长远的角度来看，不考虑地区整体效益的保护开发注定是失败的。因此，在兰州城市工业遗产街区保护与开发中，保护和再利用的目的要始终明确，必须考虑对片区和城市经济的促进作用、对片区自然环境和社会环境的改善作用，从而使工业遗产的街区保护开发成为区域复兴的契机。在这个过程中，首先应当把握好城市的需求，针对城市需求从行为、心理和社会文化等方面考虑对工业遗产的保护与开发形式，从而使其能够达到促进区域经济社会和环境的全面发展。只有街区经济、社会、环境全面发展之后，社区人民的生活质量得到极大改善，对工业遗产保护与再开发所产生的各种矛盾和社会问题才能得到解决，才能进一步地促进整体工业遗产的保护和开发。

第二节　模式实践 I：城市层面的保护与再利用——以兰州主城区为例

一　城市层面保护与再利用背景

（一）基本情况

兰州市主城区工业遗产的形因、类型、空间分布以及价值评估，在第四章、第五章均有较为详细的阐述，在此不再赘述。

（二）面临的问题

1. 产业结构调整，导致城市工业遗产及遗产地衰落。

正如第五章第一节所述，兰州自改革开放以来随商品经济的发展与社会主义市场经济的逐渐形成，城市经济发展速度大大加快，信息产业也有了长足发展。兰州作为西部内陆城市，与东南沿海发达城市以及国际经济接轨步伐加快，城市产业结构也必将顺应世界趋势，逐步建立起功能齐全、服务一流、高效畅通的第三产业体系，促使原有城市产业结构的"二、三、一"模式逐渐朝"三、二、一"模式转向。城市的产业结构正从以第二产业为重心向以第三产业为重心转移。城市产业结构出现"退二进三"的调整，传统工业制造业逐渐向城市园区或者周边中小城镇转移，城市传统工业区出现了结构性的衰退，产生了大量闲置的工业用地、车间厂房和生产设施、地段有待进行用地置换，注入新的活力。尽管兰州目前还不具备第三产业占绝对优势的经济背景，但发展第三产业，尤其在中心老城地区实施"退二进三""优二兴三"已成为经济发展的客观规律和城市现代化的必然要求，这也是传统工业地段走向衰败的重要原因。例如，兰州当前把建设新区和白银工业集中区作拓展发展空间、优化产业布局、促进转型升级的突破口，构建兰白经济区一体化发展格局。其目的在于提升中心城市发展位势，通过承接兰州主城区产业迁建和东部沿海地区产业转移，发展先进制造、精细化工、新材料、生物医药等战略性新兴产业，培育一批高水平的科技型企业，从而实现中心城区的可持续发展（石玉亭，2013）。

2. 土地价值攀升，导致城市工业遗产保护遭受房地产开发威胁。

从物质环境角度分析，城市不同地段具有不同的区位特征。影响区位条件的因素包括交通运输、信息交流、能源输入等基础设施的条件；也包括自然地形、地貌、地质条件、植被等自然条件；以及现有建成环境如周围建筑和其他设施对其建设的制约条件等。从城市的整体来看，市中心和市区边缘是良好的区位，前者是基础设施最好，后者是制约条件最少。土地区位是决定土地级差地租的主要因素，也是城市土地价格的决定性因素。在很大程度上支撑着城市各项用地在空间上的安排和土地利用效率与开发强度。城市中不同的产业对区位有不同要求。一般情况下，商业、办公、金融等利润率较高的第三产业，要求占据区位条件好的市区中心位置。而工业用地由于对区位依赖性小，利润率低，在市场经济条件下，不可能长期占据市区中心位置。就第三产业来说，其利润与所处区位关系很大，若位于市中心，往往会带来较多的超额利润。这种由区位优势带来的超额利润，客观上将转化为级差地租。因此，能够支付中心区土地高领地租的只有具有土地高收益率的第三产业才可以胜任，低效益的工业必然会挤出市中心地区。而在现实中，一旦由于工厂自身原因造成外迁滞后，其厂房等潜在的工业遗产会由于用地紧张而受到自己的破坏。比如，原来位于酒泉路的兰州卷烟厂，由于厂址没有及时搬迁，员工人数扩张后，企业拆除历史价值很高的老仓库盖住宅来解决住房问题。另一种情况就是，遗产地没有及时搬迁，最后被周边的城市高层建筑包围、蚕食，哪怕最后得到文物法保护，也变成了"盆景"。

3. 保护意识薄弱，导致城市工业遗产在旧城更新中遭到破坏。

20 世纪 90 年代以来，兰州城市化步伐日益加快，城市规模不断扩大，城建进展不断加速，许多具有工业文化价值的工厂、烟囱、塔吊等工业建筑和工业设施在此期间遭到拆除而不复存在。由于对文化遗产理解和认识得不够全面，人们习惯于把久远的物件当作文物和遗产，对它们悉心保护，而把眼前刚被淘汰、被废弃的当作废旧物、垃圾和障碍物，急于将它们毁弃。正像我们曾经不文明地对待古城古街一样，工业时代留在中华大地上的遗产正在迅速消亡。较之几千年的中国农业文明和丰厚的古代遗产来说，工业遗产只有近百年或几十年的历史，但它们同样是社会发展不可或缺的物证，其所承载的关于中国社会发展的信息、曾经影响的人口、经济和社会，甚至比其他历史时期的文化遗产要大得多。

即使现在遗产保护逐渐成为社会关注的热点，但是，老城区内的大部分城市工业遗产为了适应未来城市的功能发展需要而必须

"混合功用"，场地分割，然而对于原有场地景观意象的认知理念非整体性，保护措施的固化非弹性，导致了众多城市工业遗产再利用只是在保护少数几个有价值的节点或是建筑的基础上推倒重来，忽视了城市工业遗产的原真性与完整性；而"混合功用"的城市工业遗产在不同的业主与功能模式下，缺乏有效而统一的保护理念，缺少可操作的弹性保护措施，造成了城市工业遗产内部风貌的各自表达，丧失了城市工业遗产曾经所赋予人们的场所感和认同感，使城市工业遗产的曾经身份难以辨明。

4. 缺乏系统认识，导致保护方法偏重个体而忽略整体。

当前，兰州工业遗产保护思路很大程度上受国内外发达城市的影响，很多保护方法甚至是照抄经济发达地区的成功案例。但是，时下我国的城市工业遗产的保护与再利用实践中，存在着偏重个体精彩，从而导致城市工业遗产整体价值损失。很多案例对于价值承载体的研究多是在个体层面上单独讨论，因此，其改造发展的思路也集中在如建筑如何改造、设施如何利用、内部空间如何分割。这样的办法忽视了价值承载体之间的内在关系，诸如建构筑物与场地原有的公共空间的关系，遗产地原有功能区的生产关系等。由于对城市工业遗产缺乏整体的、系统的认知，过多地关注个体，造成了城市工业遗产在个体精心保护下的整体价值的损失。

二 保护与再利用的思路与策略

基于上述对背景和问题两方面的梳理，针对兰州城市层面的工业遗产的保护与再利用，本书提出了如下思路与策略。

（一）明确保护与再利用的指导思想

立足挖掘和整理兰州市工业遗产现状资源，全面、系统、科学地保护工业遗产的历史文化遗存。丰富兰州城市的历史文化内涵，研究工业遗产保护与再利用的相关政策，使兰州市工业遗产得到持续发展与保护，并为兰州和谐创业提供有机的空间载体。

（二）确立保护与再利用的基本策略

1. 历史信息原真性与风貌完整性策略

考虑到历史遗产不可再生的特性，跟所有的历史文化遗产一样，工业遗产受到破坏以后的补救都是再造的"假古董"。所以，在开发与利用过程中，必须慎重地考虑作为承载历史信息的客观载体的原真性和完整性①。换言之，工业遗产的保护有赖于景观、功能与工艺流程完整性的维护，任何对工业遗产的开发活动都必须最大限度地保证这一点。如果机器设备或者部件被拆除，或者是构成遗址整体的辅助元素遭受破坏，那么工业遗产的价值和真实性将大打折扣。保存历史遗存的原物，保护历史信息的真实载体，原址、原貌保护是首选措施。只有当社会经济发展有压倒性需要的时候，才考虑拆迁和异地保护。不鼓励重建或者恢复到过去的某种状态，除非其对整个遗址的完整性有利。

2. 历史文化遗产优先保护策略

无论是新生的工业遗产或遗产地，还是年代久远的其他历史文化遗产，保护永远是开发利用的基础。因此，在工业遗产的保护和再利用过程中，必须严格按照历史文化遗产保护优先的原则，处理好遗产保护与周边开发建设的关系，严格按照保护规划的要求开展保护工作。当工业遗产的保护范围与道路红线、绿线等规划控制线出现矛盾时，要根据保护优先的原则和实际情况，明确道路红线、绿线应服从紫线的要求做出调整。在具体的道路等实施过程中，可对规划道路红线宽度或道路断面形式进行适当的调整，以更好地保

---

① 原真性（Authenticity）。原意表示真的而非假的，原本的而非复制的，忠实的而非虚伪的。后来逐渐被运用到遗产保护之中，在《威尼斯宪章》中对其作了严格的要求，并且成为世界文化遗产的登录标准。但是由于世界各地文化背景、历史兴衰以及对保护的观念的不同，世界各地对遗产保护"原真性"概念存在很大争议，1994年，日本在古都奈良召开了国际性"关于原真性的奈良会议"，并讨论、形成了《关于原真性的奈良文件》（*The Nara Document on Authenticity*）。《奈良文件》指出原真性不应理解为文化遗产的价值本身，而是对于文化遗产价值的理解及其信息来源是否确凿有效。它强调了历史文化多样性和文化遗产的多样性。在特定的社会和文化下，有形或无形的遗产所构成的其固有的表现形式和手法。

护工业遗产。合理的开发干预过程必须可逆且尽量减小影响,任何不可避免的改变都应该记录下来,被拆卸的重要元素必须给予记录并妥善保管。

3. 保护与利用相结合,可持续发展策略

对工业建筑的再利用要有利于可持续发展,工业遗产能够在衰退地区的经济振兴中发挥重要作用,通过产业用地的再利用,保持地区活力。除非该遗产地具有特殊的、突出的历史意义,一般情况下允许对工业遗产地进行合理的再利用,以保证其持续得以保存。

(三) 实施分级、分类的保护与再利用策略

前文所说,兰州城市工业遗产的数量庞大、性质复杂、分布面广,因此,必须通过遗产价值评价的方法,寻找城市中"有意义"的工业遗产,与城市建设进行空间整合,形成工业遗产文化空间网络。首先强调,工业遗产应该得到有效保护,防止对具有保护意义的工业遗产采取简单的拆、改措施。但是同时也要避免"泛遗产"保护,是作为文物保护对象还是成为再利用资源,不能同一而论,应该从国家、区域、城市层面的文化价值进行判断。其次,工业遗产的保护与再利用应该针对文化价值的不同而采取不同的方式:对国家政策、城市发展起到重大意义的,可以被列为文物保护对象进行严格保护;次重要的也可以作为文化设施,在保护的基础上进行适度利用;一般性工业遗产可以在不破坏遗产风貌的基础上进行商业性开发再利用。

工业遗产的保护是建立在对工业发展过程、场地环境特征充分认识的基础上的,通过刚性和弹性相结合的评价体系,对工业遗产保护的优先级别和可以重新利用的空间进行合理的界定,从而形成梯队状的保护与再利用结合的体系,不同级别的工业遗产,差异主要体现在其保护的严格程度和再利用的兼容性方面。

(四) 实施工业文化分类的保护与再利用策略

工业遗产牵涉内容繁多的文化历史信息,兰州工业的发展史与中国近现代工业史、经济史等众多文化交织,时代的变迁推动兰州

工业的萌芽、曲折发展直至快速发展的演变历程。许多著名历史人物、有影响的历史事件在这个时代与地域背景下发生，与兰州工业产生紧密相连的关系。通过对工业文化脉络的梳理，整体工业发展各种类型的文化系列，并且通过对"文化—空间"的整合，形成城市工业文化分类保护体系。

（五）实施工业文化的城市网络空间关联策略

事实上，兰州工业遗产保护并非有意忽视整体，而是无整体性保护与再利用的依据。就兰州工业遗产现状来说，不是不应该进行商业开发，而是没有明确哪些工业遗产可以进行开发，哪些工业遗产必须作为公众资源。同样，在保护过程中的场所精神的丧失也是因为没有整体关联，场所本身就是碎片化的，不利于场所文化的延续。因此，只有以工业遗产的文化属性为基础，从城市整体层面对工业遗产的文化发展脉络进行分析，挖掘工业遗产之间的文化联系，构建工业遗产"资源体系"，才能有效地指导工业遗产的保护与再利用。实施整体、系统地对遗产资源进行保护与再利用，重点突出工业遗产在城市的可持续发展中不可替代的地位，并将工业遗产保护与再利用融入城市建设，实现遗产保护与建设相融合、保护与开发的相平衡。通过对工业遗产空间的分类，整合形成城市工业遗产多层次的保护与利用空间网络体系。

三　保护与再利用的方法与措施

（一）兰州主城区工业遗产保护与再利用的目标定位

1. 工业遗产的整合

整合现有工业遗产，形成联动发展，根据不同特点和区位，形成各有特色的工业遗产保护体系。

2. 遗产保护与城市发展相结合

近代工业的发展与衰落和城市发展变化的过程息息相关，因此工业遗产的保护必须融入城市发展之中，才会取得更为积极的结果。结合兰州旧城更新，工业区的环境整治、黄河风情线工程等城市发展，来带动、促进工业遗产的保护。

3. 保护与再利用的协调发展

对于工业建筑遗存的保护不能仅仅流于静止的、消极的、"博物馆冻结式"的保护方法。对旧建筑原封不动的保存，只能使其变成一具"木乃伊"；对其注入新的活力，赋予其新的生命，让它成为城市新的兴奋点，从而带动其周围环境的复苏，这种改造性保护是一种积极的保护，能带来保护和利用的良性循环，促进保护的积极推进。

4. 遗产的保护利用与休闲旅游的结合

兰州既是西北著名风景旅游城市，也是甘肃省的生活品质之城。把工业遗产的保护与旅游休闲相结合能更好地创造更有利于历史文化遗产生存的环境，带来经济价值、文化价值、环境价值的进一步提升，将使工业遗产获得持续保护与再利用的动力。通过打造具有特色的工业旅游项目来吸引游人，宣传科普知识、改变原有功能，创造有活力、有特征的商贸休闲区或公园，成为地区经济的发展动力和休闲之地。

（二）兰州工业遗产整体保护方法

结合标志物、通道、边界、区域、节点"五要素"保护原理及兰州工业遗产分布现状的整理，规划提出工业遗产保护点、工业遗产保护片和工业遗产保护廊道的整体保护框架。

1. 工业遗产保护点（标志物）

具有保护价值的工业遗产保护点。即已列入保护的 33 处工业遗产（见图 6 - 4）。

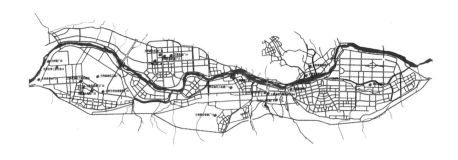

图 6 - 4　兰州市区内工业遗产分布

2. 工业遗产保护片（区域）

相同产业门类的工业遗产保护点分布集中，具有区域特色，形成工业遗产保护片。即五个工业遗产片，其中包括中心城区工业遗产片（涵盖装备制造、石油化工等，是复合型遗产片区）、永登工业遗产片（涵盖加工和建材等）、红古工业遗产片（涵盖冶金、材料等）、榆中南部工业遗产片（包括工矿、加工）和榆中北部工业遗产片（手工业为主）（见图6-5）。

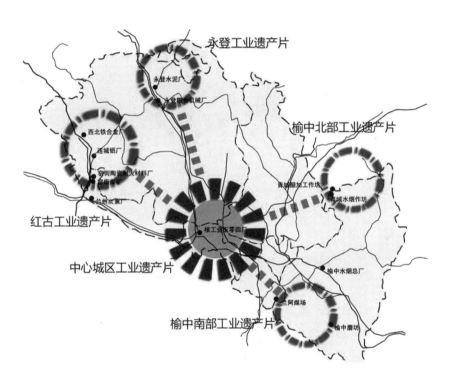

图6-5 兰州市域工业遗产片区分布

3. 工业遗产保护廊道（通道）

几个工业遗产保护片沿着某一历史轨迹呈线状分布，文化资源丰富，并且独具特色，形成工业遗产保护廊道。即黄河谷地工业遗产保护廊道（包括支流大通河、庄浪河）。该区域内物质与非物质文化联系千年古丝绸之路文化与黄土高原聚落文化，历史底蕴丰富，独具地方特色（见图6-6）。

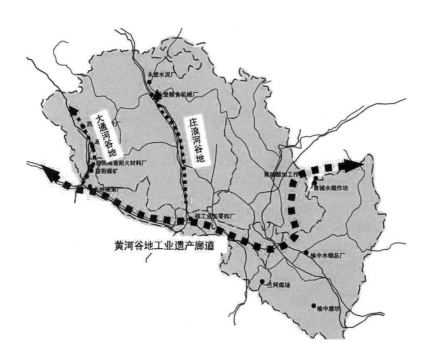

图6-6 兰州市黄河谷地工业遗产廊道

（三）工业遗产资源分级保护措施

结合兰州历史文化名城保护和城市总体规划，以第四章的综合评价体系为依据对工业遗产进行评估和制定保护级别。

1. 一级工业遗产：文物保护单位、文物保护点

文物作为记载历史信息的实物，具有极高的考古意义和历史文化、科学价值，必须真实地保存历史的印迹。文物古迹包括类别众多、零星分布的革命遗址、纪念建筑物、古文化遗址、古墓葬、古建筑、石窟、寺、石刻以及古代或近现代杰出人物的纪念地。还包括古木、古桥等历史构筑物等。文物古迹根据其历史、艺术、科学价值分为四级。即全国重点文物保护单位、省级重点文物保护单

位、市级文物保护单位和文物保护点。工业遗产的保护与再利用方式严格参照相应的文物保护规划和法律法规执行（见图6-7）。

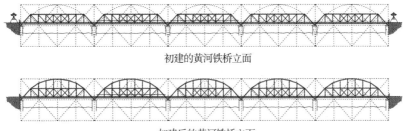

初建的黄河铁桥立面

加建后的黄河铁桥立面

图6-7 工业遗产黄河铁桥国家级文物保护单位立面图

2. 二级工业遗产：历史建筑

兰州市目前公布的历史建筑是指建成50年以上，具有历史、科学、艺术价值，体现城市传统风貌和地方特色，或具有重要的纪念意义、教育意义，且尚未被公布为文物保护单位或文物保护点的建筑物。建成不满50年的建筑，具有特别的历史、科学、艺术价值或具有非常重要纪念意义、教育意义的，经批准也可被公布为历史建筑。工业遗产的保护与利用方式遵照历史建筑保护要求执行，在保护好该遗产的前提下，可以适当地进行功能置换。

3. 三级工业遗产：一般遗产建筑

满足工业遗产评定标准，但是暂时达不到历史建筑甚至文物保护单位、文物保护点保护级别。工业遗产应结合遗产实际情况，保护其主体结构、特征及所蕴含的非物质文化遗存，在保护好的前提下保护性的再利用。本次将主城区的28处工业遗产暂定为三类工业遗产，虽然推荐名单中部分遗产已经达到历史建筑评定标准，但是由于还没有列入历史建筑保护名录，建议等其列入历史建筑保护名录后，将其保护级别升为二级工业遗产。同样，对于二级工业遗产的历史建筑，一旦提升为文物保护单位或文物保护点，其保护级别也相应地提升为一级工业遗产。

（四）工业非物质文化遗产保护措施

对于现在还流传并发挥功效的非物质工业遗产的保护，必须继续加以保护，建立非物质"生态博物馆"再现；如果是现在没有可以依附载体的工业遗产，建议可采取以下几种方式对其进行保护措施。

1. 立标识碑

一些在我国、我市工业发展史上有一定地位的老工业企业，因搬迁、停产或改建等原因，老建筑荡然无存，只有遗址而无遗物的，建议在遗址适当位置设立标识碑，以便后人知晓（见图6－8）。

图6－8 黄河铁桥立标识牌

注：铁柱为最初兰州中山桥（镇远桥）上所用。

2. 建立博物馆

一些老企业的老设备，厂史、档案等非物质文化遗存可随厂迁移，依附有形建筑载体集中保护，如机械工业博物馆、石油化工博物馆、水烟博物馆等，可作为非物质文化遗存的载体列入遗产保护名单，加以保护。

3. 档案数字化

建立家庭档案、企业档案（包括数据记录、原料配方）、工业社区档案以及关于工业社会的研究性资料档案等，并转成数字化形式加以保存和再利用。

第三节 模式实践 II：片区层面的保护与再利用——以兰阿矿区为例

一 片区层面保护与再利用背景

（一）基本情况

阿干镇，早在明洪武年间（1368—1398）就开始开采煤炭，随即制陶、冶铁、铁器加工业相继发展，成为远近驰名的集镇。兰阿煤矿所在的阿干镇位于兰州市区东南部，东、南与榆中县兰山乡、银山乡接壤，西邻魏岭乡，北界八里镇，为石质山地。地势南高北低，海拔在 1990—3124 米，相对高差 1134 米，年降水量380—420毫米，全年无霜期 120 多天。总户数 8551 户，人口 29156 人，非农业人口 19067 人，农业人口 10089 人。民族有汉族和回族。其中，煤矿工业厂址所在的镇中心区距市区 21 公里，系一独立于市区的工矿区，辖马泉沟、琅峪、山寨、深沟掌、马场、大水子、阿干、坪岭、大沟 9 个行政村，5 个社区居委会。工矿区内有阿干煤矿等工矿企业、商贸、市场、行政事业单位等，面积 8.8 平方公里，占镇域总面积的 10.2%，绿地面积 44.78 平方公里，占总面积的 52.4%。

阿干地区是一个煤炭资源型城镇，是兰州市工业用煤和民用燃料的主要生产基地之一。大规模机械化开采从 20 世纪 50 年代末期开始，探明储量为 5760 多万吨，十多年来开采原煤 4278 万吨，其中原阿干煤矿、兰州军区煤矿开采 3018 万吨，20 世纪 80 年代兴起的乡镇煤矿开采 1260 万吨。累计为国家上缴利税 2.5 亿元，上缴城市维护费 1290 万元。至 20 世纪末，煤炭资源已严重枯竭，作为支持本地区经济与社会发展的阿干煤矿已于 2000 年 10 月依法宣告破产。破产后又进行了重组现改为兰阿煤矿，根据地质调查资料，阿干镇煤炭资源现有地质储量 464 万吨，开采量为 348 万吨。按照兰阿煤矿的年开采量 30 万吨/年计算，现有储量仅能维持 10 年；再加之各级政府整顿和强化矿山企业安全生产，中央实行了"关井压产"政策，全镇原有的 153 个乡镇煤矿，逐渐下降到 14 个，而且还处于残采阶段。另外，7 家地面企业也已处于停产半停产状态。从整体来看，阿干镇的工业基础地位已十分脆弱。煤矿的破产和减少引发一系列社会问题，严重影响了阿干煤矿地区的稳定和小康社会目标的实现（见图 6 - 9）。

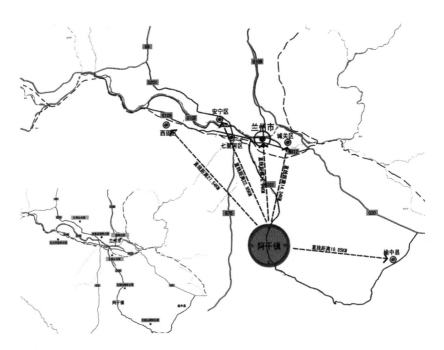

图 6 - 9　兰阿煤矿所在地（阿干镇）区位条件分析

（二）面临问题

1. 工业职能单一、产业技术落后

兰阿煤矿位于阿干镇的镇区，属于典型传统工矿区。工矿区在改革开放前一般都是社会主义工业化的样板，随着时代的发展，普遍存在职能单一、产业结构不合理等问题。旧工矿区内的大小企业之间不但没有形成完整的产业链，而且存在区域内的恶性竞争以及体制经营管理方面的漏洞，导致不同程度的衰败。随着煤矿资源的衰减和产业结构的调整，工矿区企业的衰败导致大量的工业用地、厂房、设施闲置，工厂运转不景气也导致人口流失。受工厂生产下降的影响，整个镇区内与煤矿工业生产相关的地段如货运站、火车站、仓库、汽修厂、公路设施等也出现了不同程度的衰败。工矿区内的土地和地面仍然有利用价值的附着物一起处于长时间无人问津的状态，这与现阶段兰州城市空间大幅度扩张所带来的城市用地紧张形成了鲜明的矛盾。

2. 土地效益低下

随着兰州城市的发展，城市用地不断扩张，原来位于兰州市远郊区的兰阿矿区，现在已越来越接近城市边缘。随着城市的进一步扩张，它已渐渐与城市连为一体。按照地价地租理论，不同区位的土地具有不同的价值。一般而言，越靠近市中心，土地的价值越高，表现在同样用地面积的地租和土地收益率随着距离城市中心的远近而呈正相关变化。兰阿老工矿区的交通区位的变化，进一步提升了土地的价值。以兰州城市发展的目光来看，兰阿矿区占据着城市的潜力地段，有限的土地资源没有得到充分的利用，土地利用的效益低下。

3. 环境污染严重

大多数工业企业属于传统工业类型，生产的同时产生大量的废水、废气、粉尘，造成极大的环境污染。首先，煤炭开采导致土地资源破坏及生态环境恶化。由于露天开采剥离排土，开采地表沉陷、裂缝，都将破坏土地资源和植物资源，改变地貌并引发景观生态的变化。采煤塌陷还会引起山地、丘陵发生山体滑落或泥石流，并危及地面建筑物、水体及交通线路安全。其次，煤炭开采破坏地下水资源，加剧缺水地区的供水紧张。另外，大量地下水资源因煤系地层破坏而渗漏矿井并被排出，这些矿井水被净化利用的不足20%，对矿区周边环境形成新的污染。再者，煤炭开采导致废气排放，危害大气环境。因煤炭开采形成的废气主要指矿井瓦斯和地面矸石山自燃施放的气体。矿井瓦斯中的主要成分甲烷是一种重要的温室气体，其温室效应为 CO_2 的 21 倍。而且，为满足社会对洁净煤的需求，原煤被入洗的同时，也排放出大量的煤泥水，污染土壤、植被及河流水系。可以说，兰阿煤矿污染也是造成兰州环境污染的原因之一，生产过程中向外排放大量有毒有害气体、烟尘、污水，对城市发展构成威胁。

4. 社会不稳定因素增加

随着时代的进步，兰阿煤矿的设备、工艺逐渐老化，企业体制越来越不适应市场的要求。煤资源枯竭，经营不景气，导致减员增效、下岗分流政策的实施。许多为国家和集体奋斗了大半辈子的矿区工人突然之间失去了工作岗位，产生了社会定位的困惑，而社会保障不健全也成为下岗职工担心的因素。例如，阿干煤矿棚户区共有住户 3775 户，危旧房屋总面积近 19 万平方米，大部分修建于 20 世纪五六十年代，已破败不堪。阿干煤矿棚户区改造工程已被纳入国家中西部地区中央下放煤矿棚户区改造项目和兰州《市属企业危房改造工程总体规划》中的 100 项重大建设项目，但是由于缺少配套资金，该项目迟迟不能落实，甚至影响社会安定。

5. 阻碍城市相关片区发展

我国城市传统工业企业多是按照计划经济体制下企业办社会的模式进行建设，形成了中国特有的相对封闭的"大院文化"。尤其是厂矿类企业更是各自为政，造成城市在一定区域范围内公共服务设施不配套，规模和档次低下，重复建设严重，使用效率不高。企业办社会的模式同样给企业造成了很大的社会包袱，社会劳动分工不清，造成企业运营成本大大增加。由于工业地段内的工业企业消耗大量的煤、水、电、气等能源，给城市市政设施造成严重的负担，而环保投入不足，对环境缺乏积极的维护和开发，落后于城市其他地区的发展。可以说，衰败的兰阿老矿厂区已经成为兰州城市空间拓展的瓶颈。

（三）发展的潜力和优势

1. 丰富的历史文化遗产

相传在古丝绸之路时代，有人途经阿干镇沙子沟，在半山处休息时，用几块黑石头垒个土灶拾柴生火取暖，烧着烧着，这几块石头也着了起来。自此，发现了阿干镇的煤炭，人们把发现煤炭的地方叫作炭花坪。于是民间流传着"先有炭花坪，后有兰州城"的谚语来证明阿干镇的工业文明史先于兰州。事实上，作为甘肃省煤炭工业的重镇，根据历史记载，在明朝洪武年间，甘肃的阿干镇、窑街、安口等地，就开始小规模挖采煤炭。1949年，阿干镇就成为甘肃省第一煤矿厂，当时生产原煤17700吨，正式步入甘肃省煤炭工业的前列。阿干镇煤矿自开采之日至21世纪，是兰州民用燃料和工业用煤的主要生产基地之一，中华人民共和国成立后，国家投资建设阿干镇煤矿，设计年采煤75万吨，原煤平均年产达56万吨，为省级大型煤炭企业。正是因为煤炭业的发达，阿干镇曾有着一段非常辉煌的历史。20世纪五六十年代是阿干镇最繁华的时候，当时当地居住人口达到了10万多人，银行、税务机关等各种配套设施非常完善。每当夜间，灯火辉煌，丝毫不亚于大都市的繁华。毋庸置疑，这段历史必然为工业遗产地留下来丰富的煤矿生产、生活的物质遗产，以及与之相关的深厚的非物质的遗产。

除了丰富的工业遗产外，悠久的历史也为阿干镇积累、沉淀了丰富的特色的文物古迹资源。据史料记载，早在明洪武年间阿干镇就开始开采煤炭，与此相关的制陶、冶铁、铁器加工业发展迅速，商贸发达，远近闻名。随着丝绸之路昌盛，东西经济文化的交流，军征、戍边、战乱、宦游、商旅，使一些外地人流落境内，使阿干镇的人口也有了较大的发展。贸易兴起，经营日用品、特产杂货、铁器用具和饮食服务等，形成了一条蜿蜒数里的"S"形街道，阿干镇才真正地逐渐形成。如今，阿干镇境内有许多文物古迹和古战场遗址，最著名的有镇区内的三国街亭古战场遗址、女娲庙、女娲洞遗迹、龙泉、陇城古城遗址、西番寺、明清古建筑一条街；镇域中有窑沟坪的秦汉墓，这里出土有国家一级文物秦权（秦代的秤砣，即秦代称重量的器物），张沟村的关帝庙，常营村的常营堡，传说女娲的埋葬地凤茔，八卦坡，野战坡等遗迹。

2. 便利的交通条件

兰阿煤矿工业遗产地位于七里河区南部,东邻榆中兰山乡,西接里河区魏岭乡,南与榆中银山乡毗邻,北与七里河区八里镇相连。离兰州市中心区 20 公里,属于典型的近郊区工业遗产地。镇域土地面积 85.5 平方公里。交通四通八达,公路、铁路运输十分便利,省道 101 线纵贯全镇穿越而过,西接兰郎公路,北通 312 国道,东接国道 309 线,公路运输比较方便,铁路专用线与陇海、兰青、兰新、包兰铁路接通,对外交通较为便利。随着兰州城市的扩张,兰阿工业遗产地逐渐与兰州城市建成区连成一体。

3. 基本完善的公共基础设施

城镇基础设施建设有一定基础,供水、供电、邮电通信设施较为完善,但排水设施缺乏,污水随意排放,镇区环境卫生状况有待进一步提高和改善。据 2011 年统计结果,全镇共有学校 14 所,其中独立初中 2 所,小学 15 所,幼儿园 1 所。全区所属各校共有教学班 80 个,教职工 251 人,在校学生 2092 人,适龄儿童入学率达到 100%,但存在管理滞后、办学条件差、师资力量严重不足等问题。区内现在有阿干医院和一所乡级卫生院,5 个社区卫生服务站,12 村级卫生所。全镇共有床位 234 个,基本能满足全镇居民的医疗服务要求。

4. 良好的自然环境

阿干镇区气候温和,光照资源充足。该地全年主导风向偏北风,平均风速为 3.8 米/秒;年日照平均时数 2659.4 小时,年平均气温 8.2℃;气候相对全年无霜期平均为 169 天。阿干镇内环境优美,植被原始,景色怡人,物产丰富,尽管阿干地区煤炭开采已有 600 年的历史,生态资源保护相对其他矿区而言还算完好。根据环保部门多年来的监测,空气质量每天均达到优良,整个阿干镇可以说是一座"天然大氧吧"。

二　保护与再利用的思路与策略

基于上述对背景和问题两方面的梳理，针对兰州城市层面的工业遗产的保护与再利用现状，对兰阿煤矿片区的保护与再利用提出了如下思路与策略。

（一）明确保护与再利用的指导思想

充分利用现有的生态资源和土地资源的比较优势，考虑到现有居住人群和未来城市发展方向，响应号召城乡统筹一体化发展，与兰州老城区形成互补关系。积极发展微小企业、休闲、娱乐一条龙产业，依托现有的工业资源与设施，建成以"工业文化"为主，"生态度假"为辅的兰州南部特色卫星城镇。

（二）提出兰阿工业片区的振兴策略

1. 采取多种经济手段，加快经济复兴

经济复兴对工业遗产区保护与再利用来说既是目的，也是内容。计划经济时代的工业遗产，在市场经济的今天，以市场为中心进行开发是其有效手段。以市场为中心的开发包括吸引和刺激投资、增加就业机会、改善城市环境等主要目标。因此，工业遗产区经济复兴是一个动态持续的过程，其中区域协调发展机构在其中起到重要而积极的作用。经济复兴要拓宽开发资金来源，通过不同的渠道筹集相关资金。鼓励国家、地方政府和私人机构、自愿团体、社区之间的合作，并利用良好的典型形成宣传效应。这种模式常常注重土地使用的经济效益，以工业遗产区土地开发带动整个地区的经济发展。通常以信息、商业金融、服务业、社区、高科技等作为开发的主导方向。政府通过对关键的环境项目的投资，基础设施建设，利用财政、税收等经济杠杆来调动市场的积极性，迅速改变原有地区衰退的经济面貌，吸引后续的市场投资。在运作的过程中注意不断开拓市场，积极研究各种营销策略，实现滚动开发。在工业遗产区经济复兴中，调整产业结构，促进产业升级，是增强城市经济实力的有效手段。借鉴鲁尔区的经验，兰阿工矿区的保护与发展必须经过技术改造，改造后的传统工业生产效率将得到提高，而生产现代化、产品质量高的相关企业也得以继续发展，为兰阿老矿区的生产带来活力。

2. 借助旧工业区的更新，促进社区发展

以社区发展为导向的旧工业区更新，通过改善环境、完善基础设施，兴建新的住宅来促进社区发展。同时社区的建设可以带动服务业的发展，创造一定的就业岗位，缓解旧工业地区的城市就业压力，并与为失业者提供职业培训的措施相结合。它的最高目标是，在初级就业市场上要为失业者大量集中的社会阶层提供帮助。因此通过对旧工业区的改造，不但要为居民提供新的居住形式和生活方式，而且也要为被失业困扰的人们创造一个通向就业市场的门路。同时，在兰阿工业遗产片区再发展过程中应注重以下两点：一是提供新型的住宅和基础设施来满足新生活方式的需要；二是要形成新的就业形式。通过自我救助和自我就业，为社会底层的居民在社会结构领域的变化中寻求新的职业和就业的可能性。

3. 挖掘片区的文化资源，以文化带动发展

当前，社会各界注意到文化对于老工业区发展的巨大潜力，各地政府竞相制定相关的文化发展战略，并且加大了政府对于文化建设的投资。解决旧工业区问题的途径开始与文化和艺术结合起来。一系列旨在推动经济多样化、提升文化旅游和解决当地居民就业的城市文化政策应运而生。文化政策的经济作用主要体现在运用文化资源促进城市发展，通过文化和艺术带动城市衰败地区的复兴，为废弃地区注入活力。在提升旧区的活力与品质，为地区发展赢得经济来源等方面，文化的重要性一方面表现在对现有片区遗产结合文化产业及相关文化商业发展的利用，另一方面则表现在引入新的文化地标，以文化带动地区发展，具体的做法包括：通过文化设施的建设推动城市更新和通过文化旅游加速城市复兴。通过文化设施的建设为城市文化活动的举办创造条件，从而提升城市文化品位，扩大城市的影响力，另外，还包括娱乐设施、教育设施和开放空间的建设等。

4. 制定环境保护措施，加快环境治理

传统产业的发展是建立在对自然资源的掠夺、占有和消耗的基

础之上，在生产的同时对环境造成了不可逆转的破坏。自 20 世纪
90 年代始，出现了尝试用景观设计的手法，结合生态学原理进行
生态恢复景观重建的实例。例如，在我国的武汉水运发达，长期以
来沿江边形成密布工业、仓储、堆场、码头的滩地。在武汉国土资
源与规划局的主持下，通过编制、实施长江两岸整治带动历史街区
更新和改造，在原来废弃污染的用地进行地表生态治理，处理可能
带有污染的垃圾、沙砾、土壤和植物之后，进行景观规划和园林设
计，改善生态环境，最后把工业遗产地转化为公共开放性的生态游
憩绿色滨江长廊（见图 6 - 10）。借鉴武汉的经验，考虑到兰阿矿
区的现实，认为在保护与再利用的过程中必须着重强调环境质量，
通过改变软环境来提高工作和居住环境品质。

改造前的长江滩地，码头带动工业密集　　通过环境整治，长江滩地形成滨江生态休闲带

图 6 - 10　长江两岸整治带动历史街区更新和改造

资料来源：武汉规划局关于老工业城市的专题报告。

5. 依靠重大事件带动，提高地方知名度

近年来，通过大型活动的举办来推动旧工业区更新也是非常
有效的手段之一，这些大型活动的举办对于城市而言意味着城市
面貌的改善，旅游经济的发展，城市知名度与地位的提高，吸引
更多的投资与人才。如英国城市格拉斯哥、荷兰城市鹿特丹、爱
尔兰首府都柏林等都通过举办文化城市的活动促进了城市的更新
发展，成功地从衰败的工业城市转变为吸引旅游者前往的文化城

市。又如2010年上海世博会，园区规划不仅考虑了世博会在浦江两岸的整体功能布局，更是把工业遗产保护作为重中之重，有关工作涵盖了建设论证、投资经济分析、功能研究和后续利用等各个层面，同时对滨江历史厂区的拆、改、留问题进行了研究，通过对历史厂区的改造利用，满足世博会的功能需求与空间塑造，使这一区域的空间特质与文化底蕴得以延续和发扬（见图6-11）。可见，重大事件的带动，有如老旧工业区的推动剂，并且其深层的社会、经济效应和文化的影响力在很长的时间逐渐释放和体现。

世博会工业遗产地改造平面示意　　　　世博会工业遗产地改造效果图

图6-11　上海世博会带动工业遗产地的保护和再利用

资料来源：武汉规划局关于老工业城市的专题报告。

三　保护与再利用的方法与措施

（一）兰阿片区保护与再利用的目标定位

遵照兰州市整体规划和相关政策的指导，在加快产业结构调整和城市化的进程的前提下，着重生态环境的恢复建设，完善公共设施、基础设施，创造方便的居住环境。在保护和再利用的同时，节约资源，合理开发土地；充分尊重当地的自然环境条件，以人为本，创造人性化生活空间和优美的居住景观；合理利用自身的有利资源，分析潜在的不利条件，打造不同等级的舒适空间，满足不同消费群体的需求，以求达到综合开发效益（见图6-12）。

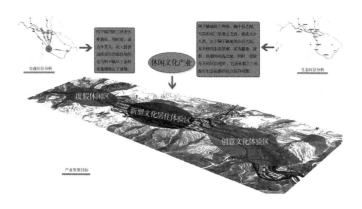

图 6 - 12 兰阿煤矿遗产地保护与再利用规划的目标定位

案例以阿干镇区（范围涵盖兰阿主要矿井、工厂和生活区）为设计范围，包括铁冶沟、大水沟、大水子、石门沟、高林沟、刘家沟、水磨沟等重点地段。通过目标定位进行分析（见表6-2），对兰阿煤矿片区提出如下建议。

表 6 - 2　　　兰阿工业遗产片区目标定位的 SWOT 分析

分析项	具体内容
开发优势分析（S）	紧邻兰州市城区，有较好的区位优势；对外交通设施较为完善，对外交通便捷；地处山谷之间，气候温和，具有良好的自然生态景观，适宜休闲度假；用地相对完整，地块狭长，地势相对平坦，具有良好的开发条件；地处兰州市区与榆中县中部，具有良好的生态区位优势，有助于新型产业的开发
开发劣势分析（W）	地块内基础设施较为缺乏，部分设施简陋不够完善；土地浪费严重，山体遭到破坏，给地块生态恢复造成了一定的影响；交通结构单一，条件较差，不能满足开发用地需求；景观结构不完善，缺乏合理的保护与管理；区域内原有河道的水质污染严重，沿河环境受损严重；阿干镇及周边区域经济的发展相对滞后

分析项	具体内容
开发机遇分析（O）	加快七里河城乡一体化进程将为该片区的开发提供较大市场空间；统一规划，规模开发，配套建设将为该片区的产品开发提供较大的提升空间；政府宏观政策的合理引导将对片区保护与再利用提供较好政策支持；周边若干重大基础设施工程的规划和建设，将为片区长期稳定的发展提供保障
挑战威胁分析（T）	较大的开发规模也会带来一定的市场压力；国家的土地政策，特别是对城市开发用地审批的影响；日益加剧的市场竞争，特别是房地产市场的潜在威胁因素；必须考虑长期建设的政策和金融风险

1）以人与自然和谐为价值取向；以实现高效和谐持续发展为目标。

2）在现状综合分析的基础上，对片区范围内总体布局和内部功能组织进行合理调整，实施可持续发展战略；妥善处理整体与局部的关系，以及保护、改造与新建之间的关系，形成一个统一、协调、高效的有机整体。

3）加强保护范围内基础设施建设和生态环境建设，创造良好的人居环境。

4）坚持合理、节约、有效用地的原则，通过统一规划，使片区范围内的建设与土地利用总体规划相互协调，确保工矿遗产片区整体的合理发展和协调运转，实现经济、社会的可持续发展。

5）利用阿干镇建筑服务业发达，农副产品丰富，物资流通频繁的特点，积极发展建筑服务业、农副产品集散及加工业，促进城镇产业经济发展。

6）依托良好的区位条件和自然环境，开发文化休闲产业，片区范围内布置相关的功能用地，引导相关的建筑设计。

7）坚持富有弹性、适度超前性原则，各项指标的确定既要立足当前，又要面向未来，片区保护与再利用中要适度预留发展的余地，使兰阿老工业区成为一个可持续发展的环境。

（二）保护与再利用的方法

1. 空间结构方面

空间结构形成"一心、一廊、三轴、三片区"的格局。一心：以原有阿干镇区为商贸综合服务中心区；一廊：围绕铁路沿线而主打设计的景观长廊，通过提升其整体形象，带动整个规划范围内的绿化结构系统，进一步营造了阿干镇的形象与品质。三轴：结合省道101线，营造成阿干镇横向商业发展轴，是连通兰州市区与榆中县经济发展轴线，为阿干镇提供了更多发展的契机。同时，在纵向有两条次要发展轴线，贯穿了大水沟、铁冶沟、烂泥沟、沙子沟等方向的经济联系。三片区：度假休闲区、新型文化居住体验区、创意文化体验区三个片区（见图6-13）。

图6-13 兰阿煤矿遗产地保护与再利用空间结构分析

2. 用地布局方面

1）居住用地：改变现状居住建筑零乱，环境较差，浪费用地的局面，旧区在梳理现状的基础上，进行填空补实发展；将整个地块划分为三个组团，即度假休闲区、新型文化居住体验区、创意文化体验区。依托省道101线，打造一个集生活、休闲、娱乐、旅游、文体为一体的较为完善的生态度假特色小镇，同时也承载着兰州市区与榆中县两座中心城镇的旅游发展的接待功能。根据城镇发展的规模与居民的生活习惯，以及外来人口的数量、需求等因素，通过对现有住宅用地进行整治、改造与保留，合理地分配土地资源，使资源利用最大化，既可以满足城镇居民生活的需求，同时遵循原有建筑肌理，使整个镇区具有归属感、历史感。新建住宅每户建筑面积控制在100—120 ㎡以内，在满足日照、通风、消防等技术要求的前提下，有效提高土地的利用率。

2）公共建筑用地：城镇公共服务配套设施应采用原有的布置方式，对其空间形体与环境加以整治与改造，同时为了方便居民的使用，结合阿干镇政府与阿干医院，建立镇区政务—社区一体化综合服务中心。①在度假休闲区，保留原有的大水子小学，新建大水子幼儿园，为组团的孩子们上学提供便利；②结合省道101线，于阿干小学西侧，设置文体娱乐场所，结合现有的文化场所，加以改造，且新建一些体育场馆与体育活动场地，方便居民日常的体能锻炼与文化体验；③在原有的阿干幼儿园基础上，进行修复完善；④结合省道101线，于阿干镇政府、民意小区、兰州市第六十八中学等地设置六处公交车站点，增加城镇的可通达性，同时也更好地方便居民的生活与出行，给外来打工的人员与打算生活在阿干镇的人们提供更多的选择，使之便利；⑤依托水域，在兰阿矿井东侧，新建一座滨水演绎中心，供更多的才艺之士来此表演，同时也为广大居民提供生活娱乐的机会（见图6－14）。

3. 交通结构方面

整个路网以现有的省道101线为依托，以已建成的主干道为基础，由于现状道路网单一，交通状况闭塞，因此，在片区东侧沿山体新建一条环城镇公路，缓解原有省道101的交通压力，同时，结合现在地形和未来的功能结构，形成网络状路网结构。优先考虑干路与省道101的交通联系，并按照相关规范要求，全面规划道路结构域路网系统，设计2条主干道，并辅以多条次干道与支路，对阿干镇路网结构进行调整完善，从而提高内部的交通通达性。在完善道路系统结构时，主要解决现状道路通达性差、断头、曲折等问题。道路系统采用主要道路—次要道路—支路的分级系统，其中主要道路保留原有省道 101 道路宽度，其车行宽度为 7 米，次要道路的车行宽度 5 米，支路宽 4 米。结合阿干镇政府、民意小区、青年之乡、滨水剧场等五处地块，设置 5 处停车场，以方便居民的日常使用（见图 6 - 15）。

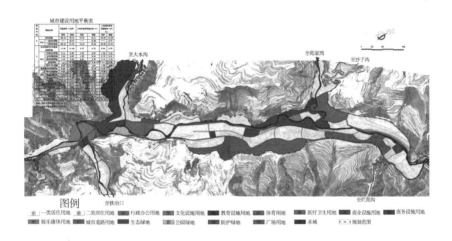

图 6 - 14　兰阿煤矿遗产土地利用规划

图 6 - 15　兰阿煤矿遗产地交通结构规划

4. 绿地景观方面

阿干镇四周群山环抱，地处山谷之间，有雷坛河贯穿整个城

镇。"山、水、田、村"构成了重要的四大风貌元素。因此,在现
状环境景观解读、宜人环境思考的基础上,结合用地功能布局、道
路交通规划等,形成以城镇风情带、中心绿地、附属绿地、各类开
敞空间绿地相结合的绿地景观系统。

景观结构:景观结构可概括为"一轴、一廊、五节点"空间结
构。"一轴"是指对省道 101 旧线做景观化改造,打造城镇门户带
和商业服务带,形成横穿城镇的景观主轴线;"一廊"是指依托现
有铁路沿线,顺势地形,延续城镇原有的纵向发展机制,打通沿线
各景观节点、休闲节点之间自然联系,形成一条南北向景观廊道;
"五节点"是指相对均衡布局于整个城镇的五个生态公园(或滨水
公园),形成以民意休闲公园与视觉冲击公园为两个核心、其余三
个公园为补充的景观节点(见图 6-16)。

图 6-16 兰阿煤矿遗产地绿地景观规划

1) 附属绿地:居住绿地,是指城镇建设区应严格按规范配
建绿化设施,包括组团绿地、宅旁绿地、配套公建绿地、小区道
路绿地等,满足居民日常休憩及健身需求;公共设施绿地,是指
在阿干镇政府、阿干医院、活动中心等公共设施用地内部布置一
定面积的绿地,起到美化环境,丰富绿化空间的效果;河道景观
绿地,是指在城镇雷坛河两侧进行河道整治,局部河道地区进行
景观设计,同时在靠近小区的河道附近设置亲水平台,供居民休
息娱乐使用。

2）防护绿地：在省道 101 旧线与新线两侧设置 3—5 米宽的防护绿地，与城镇干道两侧绿化带共同组成绿网。

3）渗透绿化：阿干镇依山傍水，有良好的生态景观，对城镇景观系统加以衬托与深化。

第四节　模式实践 III：街区层面的保护与再利用——以佛慈制药厂为例

一　街区层面保护与再利用背景

（一）基本情况

兰州佛慈制药厂 1929 年创建于上海，有着 80 多年的生产经营历史。1929 年，创始人玉慧观先生在上海闸北区同济路 164 号创立"佛慈大药厂股份有限公司"。药厂取"我佛慈悲，药物普救众生"之意，厂名命名为"佛慈"，产品取佛光普照之意，命名为"佛光"商标。1931 年，产品开始销往东南亚、日本一带，产品"选材地道、工艺精良、疗效确切、服用方便"，"发行以来，用者称誉，风行遐迩，供不应求"①。2006 年被国家商务部首批认定为中华老字号企业。

1956 年，国家为了支援大西北建设，充分利用甘肃当归优势及丰富的药材资源，经国家化工部同意，佛慈厂从上海迁入兰州，同时调遣 39 名工人随企业迁入。1956 年 9 月，佛慈在兰州正式投产，企业改名为"兰州佛慈制药厂"，商标沿用"佛光"。企业隶属兰州市工业局，出口业务继续由上海市土畜产进出口公司经营，出口产品仍然沿用上海佛慈大药厂厂名。1958 年，职工人数增至 180 人，产品增加到近百个品种。1962 年，兰州市城关区健民制药厂并入佛慈。1966 年，"兰州佛慈制药厂"被易名为"东风制药厂"，"佛光"商标被破除，改为"岷山"商标。1970 年，佛慈制药厂从酒泉路 157 号搬迁到黄河北盐场路 44 号。在随后几十年的努力建设下，企业不断发展壮大，运营良好。但是目前厂区的用地

---

①　根据兰州佛慈制药厂的公开简介，具体见：http：//www.fczy.com。

规模、地理位置、城市配套等难以满足企业自身的发展；此外，在兰州市"工厂出城入园"的政策引导下，佛慈制药厂正逐步实施搬迁工作，在原址上将留下一处现代工业遗产（见图6-17）。

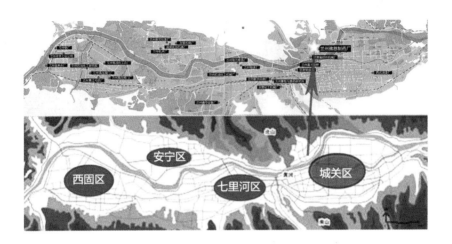

图6-17　佛慈制药厂工业遗产区位分析

（二）面临的问题

1. 现状用地布局不规范，居住用地和办公用地混杂，且办公用地穿插布置在工业区内部，带来很多不便。

2. 现状道路等级体系不明确，工业区内部无明确的道路流线系统，北侧居住区内部主要道路宽度达不到消防车通行宽度要求，且无明显的道路结构。

3. 现状建筑质量普遍较差，部分建筑只是空壳，无明确的用途。居住建筑层数以六层居多，工业厂房以五层为主。

4. 缺乏公园绿地、基础设施、公共设施等。厂区内有大量硬质水泥铺地，除少量行道树以外，没有成片系统的厂区绿地。

5. 厂区西面与南面都分布有公交站点，且109国道也与厂区相距不远，交通较为便捷（见图6-18）。

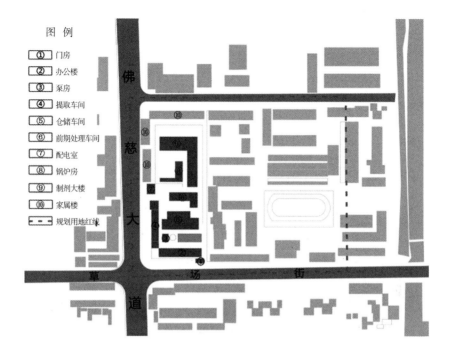

图例
① 门房
② 办公楼
③ 泵房
④ 提取车间
⑤ 仓储车间
⑥ 前期处理车间
⑦ 配电室
⑧ 锅炉房
⑨ 制剂大楼
⑩ 家属楼
⎯⎯ 规划用地红线

图6-18　佛慈制药厂供应遗产现状分析

（三）发展潜力及优势

为了推进兰州新区开发建设，兰州市政府将确定第一批市区的企业执行"出城入园"计划，佛慈制药厂作为计划当中的一部分也被要求整体搬迁至兰州新区。按照计划，佛慈制药厂于2013年开始启动搬迁工作，3年完成规划、设计、建设、搬迁工作。公司实施搬迁改造后，现盐场堡工业遗产地将土地性质变为商住用地，实施土地招商，将所得收益的85%列支公司，用于兰州新区厂址的建设。在这一政策背景下，佛慈制药厂的工业遗产保护与再利用具有如下几个优势。

1. 经济资源潜力：佛慈制药厂工业遗产地具有良好的土地因素，地理位置优越，交通便捷，商业价值高，土地增值的潜力明显。而且老厂用地也已成熟，水暖电基础完善，只需要扩容，所以前期投入成本低。通过改造和重新利用其旧产业建筑和废弃地，再开发能激活佛慈制药厂遗产地的经济增长强力，带动周边地区乃至整个盐场堡片区的经济繁荣。

2. 城市环境潜力：盐场堡地区一直以来失业率居高不下，生态环境污染严重，生活品质低劣，社会矛盾和生态危机亟待解决。通过佛慈制药厂工业遗产的保护改造，改善生态环境和城市景观，能解决就业率以及生态环境等现实问题，体现对社会、对人的关怀，起到平衡遗产地所在片区社会和生态系统的作用。

3. 历史文化潜力：城市产业遗产地的历史文化价值与精神审美意义，尤其是佛慈制药厂，在兰州民众中具有很好的企业文化形象。挖掘药厂工业遗产的历史文化价值，保存和凸显其场所精神。

4. 社会认知潜力：随着这几年兰州的发展，社会对遗产的认知价值观发生了改变。发掘佛慈制药厂遗产地的内在价值得到社会的肯定和认同。寻找社会文化价值和经济价值最佳的契合点，实现社会文化价值的物化。

5. 内在发展潜力：随着兰州国家级新区的建设，这个内陆城市迈开了与先进发达地区的接触步伐，这就意味着城市将面临着激烈竞争，因此，必然会出现扩充服务功能，转变生活方式和发展模式等一系列的新需求。通过佛慈制药厂工业遗产的保护与再利用，可以提升周边地区的吸引力，塑造个性化的城市形象，建立高效、持续、有竞争力的城市发展模式。

二　保护与再利用的思路与策略

基于兰州佛慈制药厂的背景和问题两方面的梳理，针对兰州城市层面的工业遗产的保护与再利用现状，本书提出如下思路与策略。

（一）保护与再利用的指导思想

从城市角度来看，工业遗产街区是以工业历史为内涵，工业历史建筑和构筑物为特色的老街区。对其改造与再利用是一个综合的辩证过程，一方面要利用工业遗产文化资源赋予老社区活力，找出经济复兴的驱动力；另一方面要从物质空间形态考虑可持续的再利用。因此，在佛慈制药厂工业遗产街区中，保护和再利用思路从如下两方面去考虑。

1. 经济上的活力复兴

在对佛慈制药厂老工业街区物质形态被动的、静态的保护的基础上对其内部进行功能置换或补充，建立新的产业结构、经济循环体系、独立运营并支持自身的更新，实现社会结构形态、人文环境以及人与自然的有机延续与更新。

2. 物质空间的有机更新

针对佛慈制药厂街区的自然与人文环境及布局形态特征，以城市整体空间结构与形态为依据，按照街区内在的演变规律，顺应城市和街道肌理，在可持续发展的基础上，探求更新改造的模式，同时对原有街区组织结构和组合模式进行保护和再生。

（二）保护与再利用的策略

1. 在佛慈制药厂街区更新改造中要处理好更新、保护、利用三者之间的关系，在做好保护工作的前提下，形成保护和利用互相促进、协调发展的机制。充分利用较完好的古旧的生产和生活建筑及设施，增加城市的品位，产生良好的景观效果、特色效果和历史文化效果。尽量使形式和功能和谐统一，或者在保护外部形态的前提下变换使用功能，给工业遗产地注入新的活力。

2. 挖掘和开发遗产的非物质文化，彰显工业遗产的特色，对制药厂街区的特色元素进行分析、总结，在此基础上提高、升华、创新，并提高利用的层次。注重保护和传承其历史文化与现实深层内核，使其对人们的思想和行为起到潜移默化的作用。

3. 在佛慈制药厂街区的更新开发实施中，强调持续规划、滚动开发、循序渐进，在着眼于近期发展建设的同时，对远期目标仅提供一些具有弹性的控制指标，并在保护规划方案实施过程中不断加以修正与补充。城市的文脉和特色不是一成不变的，应不断注入新的内容。注重空间的有机改造和整合，注重现代技术材料的运用和现代生活要求的有机融合等，使街区格局适度优化，把历史的、传统的与当代的、时尚的特点有机地融合在一起，让永恒价值融入时代价值。

三 保护与再利用的方法与措施

（一）目标定位

佛慈制药厂应以黄河景观为依托，以兰州整体工业搬迁为契机，通过推进功能疏解与环境综合整治，融入城关、安宁—七里河和西固三大城市核心组团的现代服务核心功能。实现兰州佛慈制药厂工业遗产地的功能转型，以药文化为纽带的复合功能开发作为目标。

根据上述目标定位和现状的分析（见表6－3），佛慈制药厂工业遗产保护与再利用在空间上可细化落实如下几个目标。

1. 接轨上位规划，融入城市环境。以兰州城市总体规划、综合交通规划及土地利用总体规划为主要依据，坚持可持续发展，统一规划，分期实施，科学、合理、切实、有效地建设现代城市新区，促进社会、经济、环境的协调发展。

2. 把握设计标准，展示城市形象。工业遗产的保护与改造不是一个造型设计的过程，它是在"城市上面建设城市"，所以设计的要求和思路应符合兰州市的建筑设计标准。同时经过改造以后必须满足城市发展的新要求、高标准和崭新的环境风貌，这样才能起到促进经济发展、提高城市化水平的作用。

3. 因地制宜，突出城市特色。要根据盐场堡地区资源优势和发展条件，从实际出发，基于现状基础性资料作深入分析，形成文化特色鲜明的新街区。

4. 合理安排布局，优化节约用地。合理确定土地开发强度，努力提高土地使用价值，有效配置城市空间资源，充分优化用地结构。珍惜和合理利用土地，优化现有建筑、广场、道路等布置，提高土地利用效率。

5. 有序弹性发展，提高实施能力。街区层面涉及景观、建筑、道路、铺装等微观层面内容，因此要求具有较高的实施性。在设计方案确定后，还要注意地块划分、道路布局、设施配套等方面应留有一定的弹性空间，方便以后的城市建设、使用，保持一定的弹性，使对佛慈制药厂的保护与再利用真正做到科学性与可操作性的结合。

6. 坚持保护生态环境的原则。佛慈制药厂遗产地所在的盐场堡地区，由于长期开放强度过大，造成环境恶化。利用这次改造机会，加强绿地环境建设，使经济效益、社会效益和生态效益有机统一，起到控制环境污染、美化城市景观的效果。

表6-3　　佛慈制药厂工业遗产目标定位的SWOT分析

分析项	具体内容
开发优势分析（S）	位于兰州北滨河中心位置，交通便捷，周围商业气氛浓郁。自身发展实力雄厚，基地保存了原有的肌理和老工业风貌，生态环境尚好
开发劣势分析（W）	老工业区在周边商业的冲击下已衰败。工厂及周边居民历史保护意识淡薄，部分建筑损坏严重，工业建筑已失去风采
开发机遇分析（O）	具有良好的区位环境，自身产业顺应社会的发展需求，具有良好的发展前景，整合更新后，具有更好的生活氛围及文化气息
挑战威胁分析（T）	原有制药厂搬迁，导致工业建筑的破坏严重，生活氛围逐渐丧失。遗留的历史建筑与现代混乱错杂，导致基地空间品质低。如何整合历史环境、提升空间格调、合理开发再利用是面临的问题

（二）用地空间的整合

按照城市总体规划及佛慈制药厂旧址所处地理位置和发展潜力，确定功能与规模定位的同时，配置相应的设施与空间，并根据城市建设发展的实际作必要的深化和调整；注重与周边片区建设的协调统一，包括用地功能布局、道路交通联系以及景观风貌建设等方面，使其成为城市的有机组成部分。充分分析和利用现状自然环境要素，通过对点、线、面景观要素及道路、边界、区域、节点、标志环境形态美学意象进行明确的划分和组织。整个用地划分为五个部分，各自有独立的功能承担。分别为博物馆用地，生态养生用地，宾馆用地，健身休闲用地及佛慈旧址纪念馆用地。各组团用地拥有独立的活动广场用地，通过绿化及道路用地进行功能连接，使之成为一个相互独立却又紧密连接的整体。

目前，用地外围正在形成具有吸引力的公共场所，因此，一个有着良好关联性的公共空间系统是改造的重点。遗产地应该成为市民们乐于前往的地方，沿佛慈大道和草场街形成许多商业设施，同时也是联系规划用地与城市商业区及其他区域的主要通道。基于对城市发展趋势的理解，进一步强化用地外围地段的公共性功能，在确保工业遗产的文化价值的前提下提高用地的整体效率（见图6–19）。

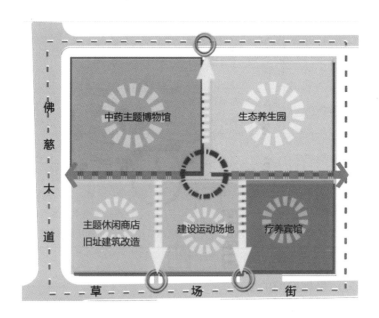

图6–19　佛慈制药厂工业遗产街区用地空间整合

（三）生态景观的再生

用地周边城市道路两侧绿化良好。佛慈大道和草场街都已形成带状绿化系统。遗产地内保留着一些高大树木，绿化环境较好，各类乔木、灌木与传统民居形成了良好的衬托关系。总体来看，整个街区用地内的绿化呈现较为均匀的分布状态。从保护和营造城市生态环境的高度出发，尊重自然环境，在充分利用现有资源的基础上，合理分配城市空间，整合用地结构，确定开发建设模式并组织绿地系统，逐渐将工业遗产区建设成为与自然生态环境共生的山水型现代城市街区，实现社会和谐、经济高效、生态良性循环的可持续发展要求。每一组团片区都有独立的绿地活动空间，保证整个街区的绿化景观效果。具体措施包括：①景观轴塑造，是指沿街区主干道设计主要景观轴线，突出街区景观的轴线设计；②景观节点培育，是指以街区公共空间节点为主要景观节点；③景观视线通廊保护，是指景观轴线两侧的建筑进行限高设计，从而形成人文和自然不同主题的三条景观视线通廊（见图6-20）。

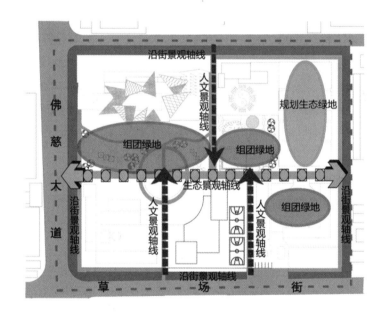

图6-20　佛慈制药厂遗产街区生态景观规划

（四）建筑的保护与再利用设计

1.根据现状确定整治策略：街区内的建筑在设计上较多地采用了新技术、新结构、新材料、新工艺，加上其本身非常注重经济性和技术性的相互约束、实用价值和审美价值的相互权衡，所以，街区内不少建筑是具有结构美、材料美，功能与形式相和谐的现代建筑。但是现状条件的不同，在实际操作过程中应根据现状调研情况，按照改造思路对所有的建筑进行开发使用的评定，确定建筑的整治策略（见图 6 – 21）。

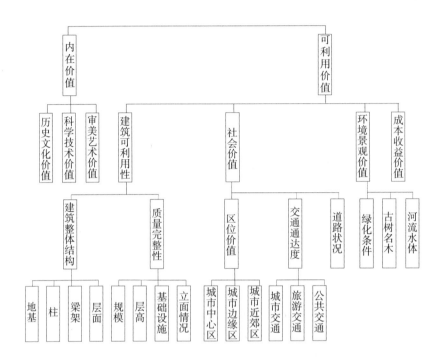

图 6 – 21　佛慈制药厂遗产街区建筑整治策略判断

2. 根据整治策略确定改造方案：围绕工业文化主题，结合现实情况，参照历史街区的保护与整治方法，对案例中的建筑进行编号，然后确定与之对应的整治方法。具体措施如下。

1）保护：指按照文物保护的要求对保护对象实施原地原貌保护，不得改变其现有物质环境。适用范围——各级文物保护单位和文物点。操作要求——保留原有建筑的现状，改善、维护其周边环境。佛慈制药厂遗产街区内尚未有法定文物点，但是通过评估，将制剂大楼资料提交文物部门，拟申报为市级文保单位。

2）改善：建筑格局、风貌和主体结构保存尚好的工业建筑，其中许多建筑质量已经相当破旧，基础设施陈旧，空间格局被改造，难以适应功能改变后的需要。这些建筑组合构成街区工业历史环境的基质，在保持原有格局、结构和风貌的基础上予以修复，按照现代功能需求增加水电及卫生等设施，加固结构，满足再利用后的基本要求。

3）改造：作为一种保护与再利用方法，"改造"具有较为广泛的用途。在本规划中，其一是指对工业遗产区内无保留价值的危旧建筑和对传统风貌破坏较大的建筑予以拆除并重建，以适应新的用途；其二是指对难以改善的传统建筑在保持传统格局的前提下采取必要的整修方法，以满足现代生活需要。一些地块功能发生变化，必然要出现一些新的建筑。如考虑划定街区西北角杂乱的临时搭建建筑群为重点改造用地，作为中药主题博物馆的建设用地（见图 6 - 22）。

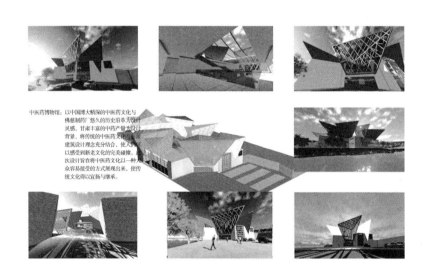

图 6 - 22　佛慈制药厂遗产街区中药主题博物馆设计

4）保留：指对质量良好的现有（新建）建筑的一种处理方法，适用于街区北侧的多层居住建筑。

5）整饬：指对质量较好、难以拆除的新建建筑的一种处理方式。适用范围——建筑质量较好，但风貌与传统风格有较大距离的新建建筑，主要进行立面整治和改造，并适当降低体量过大建筑的高度，如用地范围内东侧的多层建筑。

6）拆除：对在工业遗产区内与传统风貌不符且破坏历史环境和空间形态的建筑的一种处理方式。应拆除街区中破坏传统院落原有格局的建筑或其他与历史风貌不符的建筑物和构筑物。拆除后的空地可建设成街区绿地景观，以提升公共活动品质。

第七章　结论与展望

　　工业遗产曾经是城市的重要组成部分，是一定时期城市发展的典型代表。在中国城市高速发展、空间不断扩张的今天，工业建筑及其土地资源已经成为旧城更新改造的主要对象，工业遗产在城市转型中面临着巨大的挑战。然而，工业遗产的概念界定和分类标准尚未明确，保护意义和价值尚未形成社会性的普遍共识，以往的相关研究多停留于比较分散的个案，且深度和广度与我国现实需求尚存一定距离。作为西北重工业基地，兰州是研究工业建筑最具典型意义的城市之一。目前兰州旧城更新已经将旧工业建筑作为改造对象，如何在巨大的城市空间发展需求和土地供给日益短缺的压力之下，准确评估工业遗产以及合理地保护利用工业遗产，对兰州乃至其他城市的更新和可持续发展有着重要的现实意义和指导意义。

　　在此背景下，本书吸收和借鉴国内外研究成果，对城市工业遗产的理论发展和实践经验进行了系统的研究总结；运用地理学、城市规划学、建筑学、景观学等相关知识，分析了城市工业遗产的构成要素、属性和资源空间，阐述了保护与再利用的基础理论；以此为基础，分析城市工业遗产的价值构成，构建出评价体系；选取兰州城市工业遗产进行实证研究，在基础理论和评价系统指导下，针对现状问题研究兰州工业遗产保护与再利用的策略和方法。

第一节　研究结论

　　本书是在探索针对性的理论、方法和技术应对手段的前提下开展的，主要研究结论如下。

一　通过国内外相关研究，结合中国城市化历史背景，提出了城市工业遗产保护与再利用的理论基础。

探讨城市工业遗产的物质性和非物质性要素之间的区别和关联，根据工业遗产特殊性提出以可用价值和非可用价值作为整体价值度量要素。在此基础上，从空间、文化、景观、层级和再利用五个方面归纳出城市工业遗产的属性，通过属性分析全面把握工业遗产特性。提出城市工业遗产保护与再利用研究的理论指导：遗产保护理论是工业遗产保护的基础理论；城市发展理论为工业遗产保护与开发提供背景支撑；循环再利用理论为工业遗产发展提供方向指导；消费空间理论拓宽了后现代时期工业遗产再利用的多元化；空间统计理论为工业遗产研究提供了计量办法。在上述五种理论的指导下，构建出城市工业的空间资源体系，为城市工业遗产保护和再利用方法和策略提供理论依据。最后，结合国内外实践提出了城市工业遗产保护与再利用的五种开发模式：工业旅游开发模式、公共空间开发模式、历史展示开发模式、创意产业开发模式和综合功能开发模式。

二　梳理兰州城市工业遗产的发展脉络，分析了兰州城市工业遗产的空间分布特征和形成原因，并对兰州城市工业遗产做出总体诊断。

将兰州近代城市的社会历史背景同兰州工业遗产的考察相结合，整理出兰州工业的历史发展脉络。论文认为将兰州的工业发展历史分为近代（清末—1949）、中华人民共和国成立初期（1949—1965）、三线建设时期（1965—1978）和改革开放后（1978 年至今）四个时期能合理反映出兰州工业遗产的发展脉络，其中前三个时期工业的发展受政治影响较大；通过对资料的统计、分析和现场调研，厘清工业遗存现状分布，探讨兰州城市工业遗产与城市空间结构、城市文化品位及城市产业转型之间的关系，甄别城市工业遗产类型、分布特征和产生原因。从时间分布上来说，涵括了地方传统工业与近现代工业，其中近现代工业比例尤高。从空间分布来说，近代工业遗产多分布于中心城区，装备制造、石油化工的企业沿黄河东西走向分布，工矿及传统工业散布在城市外围，形成以轴带点的空间格局。从工业种类上来说，涉及轻工业与重工业，其中重工业比重大、地位高。通过上述分析总结出兰州城市工业遗产的历史价值、社会价值、科学价值、艺术价值和经济价值及其所面临的问题。

三　提出了工业遗产综合评估的方法，建立了城市工业遗产综合评价指标影响因子选取原则。

现有文化遗产包括工业遗产的研究都是以价值评估作为评价标准，根据工业遗产在二次利用等方面的特殊性，本书认为工业遗产的本体价值、保存状态及现有管理条件都应作为对其保护与再利用的重要参考内容，由此提出综合评估方法的概念：城市工业遗产评估应以本体价值特色为评价主体，辅以保护与再利用措施评价，构建综合评估体系。对比价值评估，综合评估体系的优势在于：评价指标更科学，影响因子选取更全面，评价结果更贴近实际情况，在实践研究中更具参考价值。通过工业遗产特征分析，建立城市工业遗产综合评价指标影响因子选取指导原则：价值代表性原则、真实完整性原则、资源循环性原则、环境美感性原则、简明和理性原则。

四　确定评价内容，利用 AHP 法（层次分析法）构建了城市工业遗产综合评价指标体系，并通过兰州城市工业遗产评价进行了评估检验。

依据工业遗产综合评估构建原则，结合我国现行关于文化遗产的相关标准和国外工业遗产评价研究，提出建立综合评估框架应从环境风貌、公共空间、历史建筑、科技文化、价值影响、区位价值、挂牌登录、保护策略、保障机制等方面遴选指标因子。利用

FoxPro 和 SPSS 软件，通过梳理因子之间的层级关系，运用 AHP 法（层次分析法）把多目标、多因素的较为复杂的分析或评价的对象结构化、层次化，逐层建立指标体系，并经过运算确定综合评价中各项指标的权重，形成六个层次 24 项指标结构的城市工业遗产综合评价指标体系。利用专家打分对兰州市第一批工业遗产评价检验，判断评估体系的可实施性和准确性，并依据评估结果对兰州城市工业遗产提出保护定级方案。

五　构建了"城市—片区—街区"三个层级的兰州工业遗产保护模式，通过实证案例分析制定相应的保护与再利用实施策略和方法。

针对兰州城市工业遗产所面临的困况，建立了兰州城市工业遗产的基本理论框架：从宏观、中观、微观层面构建了"城市—片区—街区"三个层级的兰州工业遗产保护模式，并制定了相应的保护与再利用实施策略和方法。宏观层面，将城市工业遗产置于整体的空间框架之中系统考量，根据空间五要素标志物、通道、边界、节点、区域提炼城市工业遗产的价值承载体的基本特征，通过五要素之间叠加与耦合关系形成城市工业遗产的保护性框架，以此作为城市工业遗产再利用的基础。中观层面，以兰阿煤矿工业遗产片区的城市工业遗产作为保护与再利用的案例，认为片区城市工业遗产再利用的功能定位应建立在城市工业遗产本体评价与公众诉求的基础上，而承载片区城市工业遗产再利用的城市功能系统应依托土地、生态等资源优势对其进行空间整合，以此达到片区城市工业遗产再利用与城市互动发展。微观层面，以佛慈制药厂街区为案例研究对象，提出城市地段中的工业遗产群体应在原真性与完整性的综合考虑下，根据对历史工业建筑的判断选择合理的整治模式，以此保证再利用的过程中能准确反映城市工业遗产的历史文化特征。

第二节 不足与展望

1. 与我国长达几千年的封建文明时期相比,我国的工业化进程时间较短,对于工业遗产的保护与再利用问题研究开展时间也比较晚,缺乏西方国家多年对于工业考古研究的基础,在实践上的案例也缺乏长时间的检验。本书对工业遗产保护与再利用研究很大程度上借鉴的是西方国家的经验,而中国本身的城市发展、更新和工业化进程特殊性很大,因而在研究中,仅仅是针对兰州市本身进行的研究,目的是对兰州市在城市变革中对工业遗产的保护与再利用提供一些参考性的建议,虽对国内城市有一定的参考意义,但在适用性上面并不具有广泛使用的特点。在今后的研究中对于工业遗产保护与开发在适用性上的研究必将越来越深入,对适合区域甚至全国工业遗产保护与开发的对策研究必将更为广泛。

2. 城市工业遗产的保护与再利用涉及城市规划、遗产保护、建筑、景观、经济、地理、社会等多个学科,多学科的复杂性决定了研究问题的复杂性。对其深入研究必须从两个角度切入,以城市发展为背景,以工业遗产保护与再利用为研究目的进行研究。而本书对于两者之间更为具体和复杂的关系研究论述得并不深入,研究也不够透彻。随着城市化进程的进一步加快,城市发展的问题必将更为突出,而在这个背景下对工业遗产保护和再利用问题的研究也必然越来越多。限于个人能力等因素的影响,本书对于该问题的研究仅能做到表象上的研究。在今后的研究中,应进一步提高研究的层次和研究问题的深入程度。

3. 由于各种实际条件的限制,对兰州市工业遗产整体的调查情况并非十分理想,部分地区的工业遗产调查无法开展。其中部分资料根据全国第三次文物普查时的兰州市普查资料整理得出,而兰州市文物普查中对于工业遗产的普查也面临了相同的困难:市民对工业遗产的认识不足,在普查过程中由于无法得到调查对象的有效配合,对很多工业遗产的调查仅限于与其相配套的各类生活设施的调查，而对工业建筑等工业生产主体的调查受到种种阻碍，因而在文物普查的过程中所收集的工业遗产方面的资料很少。在后续的研究中需要进一步提高人们对工业遗产的认识，并对兰州市范围内的全部工业遗产（包括潜在的遗产）进行整体评判分级。

4. 对于综合评价指标体系研究，在构建指标和影响因子筛选过程中，一方面由于实践中存在资料难以收集或指标难以量化等问题，所以一些原本可以很好反映问题的指标未能列入，一定程度上影响了评价的客观性。另一方面，尽管通过专家咨询、查阅相关资料等方法将筛选的指标简化，但仍不免有重复、烦琐之感。因此如何使指标选取更加全面、简洁、可行，还需要进一步探讨。在指标要素的赋值方面，要素赋值的规范性及不能量化的指标要素的取值标准仍需要进一步探讨。追求指标成为一种绝对客观、全面的测度是不可能的，因此，只能把它视为探讨现实发展中可能存在问题的重要工具，在后续研究中有待进一步深入。

参考文献

白青峰：《锈迹——寻访中国工业遗产》，中国工人出版社 2008年版。

包亚明：《现代性与空间的生产》，上海教育出版社 2003 年版。

单霁翔：《城市发展与文化遗产保护》，天津大学出版社 2006 年版。

登琨艳：《空间的革命：一把从苏州河烧到黄浦江的烈火》，华东师范大学出版社 2006 年版。

冯健：《转型期中国城市内部空间重构》，科学出版社 2004 年版。

顾朝林：《评德国工业遗产旅游与工业遗产保护》，商务印书馆 2007 年版。

黄光宇、陈勇：《生态城市理论与规划方法》，科学出版社 2003年版。

黄汉民、陆兴龙：《近代上海工业企业发展史论》，上海财经大学出版社 2002 年版。

兰州市地方志编纂委员会：《兰州市志·土地志》，兰州大学出版社 1998 年版。

兰州市地方志编纂委员会：《兰州市志·城市规划志》，兰州大学出版社 2001 年版。

兰州市地方志编纂委员会：《兰州市志·建筑业志》，兰州大学出版社 2006 年版。

兰州市地方志编纂委员会：《兰州市志·自然地理志》，兰州大学出版社 2003 年版。

李百浩、郭建：《中国近代城市规划与文化》，湖北教育出版社

2008 年版。

李冬生：《老工业区工业用地的调整与更新》，同济大学出版社 2005 年版。

李海清：《中国建筑现代转型》，东南大学出版社 2004 年版。

厉无畏、王如忠：《创意产业——城市发展的新引擎》，上海社会科学出版社 2005 年版。

刘先觉：《近代优秀建筑遗产的价值与保护》，清华大学出版社 2003 年版。

陆地：《建筑的生与死：历史性建筑再利用研究》，东南大学出版社 2004 年版。

罗佳明：《中国世界遗产管理体系研究》，复旦大学出版社 2004 年版。

［美］路易斯·芒福德：《城市发展史——起源、演变和前景》，倪文彦、宋峻岭译，中国建筑工业出版社 1989 年版。

彭泽益：《中国近代手工业史资料 1840—1949》，中华书局 1984 年版。

任平：《时尚与冲突——城市文化结构与功能新论》，东南大学出版社 2000 年版。

阮仪三等：《历史文化名城保护理论与规划》，同济大学出版社 1999 年版。

王菊：《近代上海棉纺业的最后辉煌 1945—1949》，上海社会科学院出版社 2004 年版。

王受之：《世界现代建筑史》，中国建筑工业出版社 2012 年版。

王玉丰等：《揭开昨日工业的面纱——工业遗址的保存与再造》，国立科学工艺博物馆 2004 年版。

薛顺生等：《老上海工业旧址遗迹》，同济大学出版社 2004 年版。

阳建强等：《现代城市更新》，东南大学出版社 1999 年版。

杨永春：《兰州城市概念规划研究》，甘肃人民出版社 2004 年版。

［英］肯尼斯·鲍威尔：《旧建筑的改建与重建》，于馨等译，大连理工大学出版社 2001 年版。

［英］迈克·詹克斯：《紧缩城市——一种可持续发展的城市形态》，周玉鹏等译，中国建筑工业出版社 2004 年版。

张复合：《中国近代建筑研究与保护》，清华大学出版社 2010 年版。

张国辉：《洋务运动与中国近代企业》，中国社会科学出版社 1979 年版。

张松：《历史城市保护学导论——文化遗产和历史环境保护的一种整体性方法》，上海科学技术出版社 2001 年版。

张维：《兰州古今注》，甘肃省文献征集会 1943 年版。

赵冈、陈钟毅：《中国棉纺织史》，中国农业出版社 1997 年版。

赵津：《中国近代经济史》，南开大学出版社 2006 年版。

郑祖安：《上海历史上的苏州河》，上海社会科学出版社 2006 年版。

周俭、张恺：《在城市上建造城市》，中国建筑工业出版社 2003 年版。

朱晓明：《当代英国建筑遗产保护》，同济大学出版社 2007 年版。

左淡：《德国柏林工业遗产的保护与再生》，东南大学出版社 2007 年版。

陈晓连：《广州市工业遗产保护与利用机制研究》，硕士学位论文，暨南大学，2009 年。

崔岑：《天津市塘沽区工业遗产旅游研究》，硕士学位论文，天津师范大学，2009 年。

胡江路：《大连市工业遗产旅游开发研究》，硕士学位论文，东北财经师范大学，2005 年。

胡跃萍：《成都市成华区工业遗产保护与再利用研究》，硕士学位论文，西南交通大学，2008 年。

黄明华：《西北地区中小城市"生长型规划布局"方法研究》，博士学位论文，西安建筑科技大学，2004 年。

解翠乔：《保护与复兴：工业遗产的环境重塑与活力再生研究》，硕士学位论文，西安建筑科技大学，2008 年。

寇怀云：《工业遗产技术价值保护研究》，硕士学位论文，复旦大学，2007 年。

兰莹：《城市工业遗产旅游地设计研究》，硕士学位论文，哈尔滨
　　工业大学，2007 年。

刘翔：《文化遗产的价值及评估体系》，硕士学位论文，吉林大学，
　　2009 年。

刘征：《滨水码头工业区的再开发研究——一种可持续的发展策
　　略》，硕士学位论文，武汉理工大学，2004 年。

罗能：《工业遗产地景观改造的基本方法初探》，硕士学位论文，
　　江南大学，2008 年。

彭芳：《我国工业遗产立法保护研究》，硕士学位论文，武汉理工
　　大学，2009 年。

任京燕：《从工业废弃地到绿色公园——后工业景观设计思想与手
　　法初探》，硕士学位论文，北京林业大学，2002 年。

田燕：《文化线路视野下的汉冶萍工业遗产研究》，博士学位论文，
　　武汉理工大学，2009 年。

汪瑜佩：《上海工业遗产的再利用——西方经验的借鉴》，硕士学位
　　论文，复旦大学，2009 年。

王刚：《在文明中创造文明——从工业遗产中的旧工业建筑到 LOFT
　　生活空间》，硕士学位论文，南通纺织职业技术学院，2009 年。

王雪：《城市工业遗产研究》，硕士学位论文，辽宁师范大学，
　　2009 年。

王月：《城市工业用地重组中工业遗产的保护与更新》，硕士学位
　　论文，天津大学，2009 年。

徐逸：《滨水工业区开发与保护》，硕士学位论文，同济大学，
　　2004 年。

张惠丽：《工业遗产保护与利用研究——以青岛为例》，硕士学位论
　　文，中国海洋大学，2009 年。

张晶：《工业遗产保护性旅游开发》，硕士学位论文，上海师范大
　　学，2009 年。

张延力：《我国城市工业废弃地改造规划的思路与方法研究》，硕
　　士学位论文，浙江大学，2001 年。

张毅彬：《基于整体观的城市工业遗产保护与再利用研究》，硕士学位论文，苏州科技学院，2008 年。

赵香娥：《工业遗产旅游在资源枯竭型城市转型中的作用和开发》，硕士学位论文，中国社会科学院研究生院，2009 年。

朱强：《京杭大运河江南段工业遗产廊道构建》，博士学位论文，北京大学，2007 年。

包志毅、陈波：《工业废弃地生态恢复中的植被重建技术》，《水土保持学报》2004 年第 3 期。

宝华、董小坤：《建筑与可持续发展探讨》，《建筑科学与工程学报》2005 年第 2 期。

蔡晴等：《南京近代工业建筑遗产的现状与保护策略探讨——以金陵机器制造局为例》，《现代城市研究》2004 年第 7 期。

陈定荣等：《转型期城市战略研究新思维》，《南京规划研究》2011 年第 1 期。

陈烨、宋雁：《哈尔滨传统工业城市的更新与复兴策略》，《城市规划》2004 年第 4 期。

仇保兴：《紧凑度和多样性——我国城市可持续发展论的核心理念》，《城市规划》2006 年第 11 期。

仇保兴：《我国城镇化高速发展期面临的若干挑战》，《城市发展研究》2003 年第 6 期。

戴道平：《工业旅游：增强企业活力的一种有益尝试》，《改革与战略》2002 年第 10 期。

单霁翔：《关注新型文化遗产——工业遗产的保护》，《中国文化遗产》2006 年第 6 期。

董雅丽、杨魁：《甘肃产业结构的影响因素分析》，《甘肃社会科学》2002 年第 4 期。

段汉明：《西北地区城市发展的问题与对策》，《西北大学学报》（自然科学版）2001 年第 10 期。

冯立昇：《关于工业遗产研究与保护的若干问题》，《哈尔滨工业大学学报》（社会科学版）2008 年第 2 期。

高新才、符泳：《甘肃产业结构的调整方向、重点与对策研究》，《甘肃社会科学》2001 年第 2 期。

郭洁：《更新、再循环、再利用到景观的再生》，《长安大学学报》（建筑与环境科学版）2004 年第 4 期。

韩好齐等：《上海近代产业建筑的保护性利用初探——以莫干山路50 号为例》，《新建筑》2004 年第 6 期。

贺旺、章俊华：《"人船海"特色滨海景观的创造——威海市金线顶公园规划设计构思》，《中国园林》2002 年第 1 期。

胡勤勇等：《拓展兰州新的城市发展空间》，《甘肃工业大学学报》2003 年第 12 期。

胡运烨：《上海城市绿化的建设与发展》，《现代城市研究》2001 年第 3 期。

黄吴壮：《工业建筑的改建》，《城市环境设计》2005 年第 1 期。

黄源：《走出室内——北京大山子艺术区观后感》，《时代建筑》2003 年第 6 期。

加号：《藏酷——LOFT 的舶来品》，《时代建筑》2001 年第 4 期。

贾生华、陈宏辉：《利益相关者的界定方法评述》，《外国经济与管理》2000 年第 24 期。

焦怡雪：《英国历史文化遗产保护中的民间团体》，《规划师》2002 年第 18 期。

金虹等：《东北老工业区职工住宅生态化改造策略》，《建筑科学与工程学报》2005 年第 2 期。

李建华、王嘉：《无锡工业遗产保护与再利用探索》，《城市规划》2007 年第 7 期。

李蕾蕾、Metrich Soyez：《中国工业旅游发展评析：从西方的视角看中国》，《人文地理》2003 年第 6 期。

李蕾蕾：《从新文化地理学重构人文地理学的研究框架》，《地理研究》2004 年第 1 期。

李蕾蕾：《逆工业化与工业遗产旅游开发：德国鲁尔区的实践过程与开发模式》，《世界地理研究》2002 年第 3 期。

李林：《工业遗产旅游：复兴传统工业区的选择》，《经营与管理》2008 年第 7 期。

李小波、祁黄雄：《古盐业遗址与三峡旅游——兼论工业遗产旅游的特点与开发》，《四川师范大学学报》（社会科学版）2003 年第 6 期。

李雪凤、全允桓：《技术价值评估方法的研究思路》，《科技进步与对策》2005 年第 10 期。

刘伯霞：《甘肃产业结构现状分析及其调整、优化对策》，《开发研究》2007 年第 3 期。

刘会远，李蕾蕾：《德国工业旅游面面观（一）至（十二）》，《现代城市研究》2003 年第 6 期至 2004 年第 12 期。

陆邵明：《是废墟，还是景观？——城市码头工业区开发与设计研究》，《华中建筑》1999 年第 2 期。

陆邵明：《探讨一种再生的开发设计方式——工业建筑的改造利用》，《新建筑》1999 年第 11 期。

间平贵、周章：《浅谈我国工业遗产的旅游开发》，《科技和产业》2009 年第 1 期。

马燕等：《河南省工业遗产保护与再利用刍议》，《云南地理环境研究》2007 年第 5 期。

钱静：《技术美学的遭变与工业之后的景观再生》，《规划师》2003 年第 12 期。

阮仪三、张松：《产业遗产保护推动都市文化产业发展》，《城市规划汇刊》2004 年第 4 期。

邵健健：《超越传统历史层面的思考——关于上海苏州河沿岸产业类遗产"有机更新"的探讨》，《工业建筑》2005 年第 4 期。

申利：《以岐江公园为例谈产业用地更新设计》，《山西建筑》2004 年第 14 期。

苏龙、金云峰：《现代景观形态原型及案例解析》，《规划师》2005 年第 2 期。

孙晓春、刘晓明：《构筑回归自然的精神家园——当代风景园林大师理查德·哈格》，《中国园林》2004 年第 3 期。

汤昭等：《工业遗产鉴定标准及层级保护初探——以湖北工业遗产为例》，《中外建筑》2010 年第 3 期。

陶伟、岑倩华：《国外遗产旅游研究 17 年》，《城市规划汇刊》2004 年第 1 期。

腾堂伟：《甘肃产业结构转换速度与产业结构效率问题研究》，《发展》2007 年第 4 期。

王慧、韩福文：《试论政府在东北工业遗产保护与旅游利用中的作用》，《城市发展研究》2009 年第 7 期。

王建国、戎俊强：《城市产业类历史建筑及地段的改造再利用》，《世界建筑》2001 年第 6 期。

王向荣：《生态与艺术的结合——德国景观设计师彼得·拉茨的景观设计理论与实践》，《中国园林》2001 年第 2 期。

王晓芳：《制度和结构是抑制甘肃经济增长的根本因素——对甘肃经济发展战略的审视和思考》，《甘肃社会科学》2006 年第 6 期。

王妍：《兰州城市空间结构特征分析》，《区域经济》2008 年第 2 期。

魏立华、闫小培：《社会经济转型期中国城市社会空间研究述评》，《城市规划学刊》2005 年第 5 期。

魏立华等：《社会经济转型期中国"转型城市"的含义、界定及其研究架构》，《现代城市研究》2006 年第 9 期。

吴唯佳：《对旧工业地区进行社会、生态和经济更新的策略——德国鲁尔地区埃姆歇园国际建筑展》，《国外城市规划》1999 年第 3 期。

吴相利：《英国工业旅游景点开发管理案例研究》，《绥化师专学报》2003 年第 3 期。

向发敏、杨永春、乔林凰：《兰州城市建筑文化风格的演变与形成因素》，《建筑科学与工程学报》2007 年第 6 期。

徐宁：《提升兰州城市形象途径探析》，《经济研究导刊》2010 年第 19 期。

徐逸：《都市工业遗产的再利用》，《建筑》2003 年第 9 期。

徐中民、郑海林：《甘肃产业结构系统分析》，《兰州大学学报》（社会科学版）2000 年第 1 期。

杨永春等：《兰州城市建筑构成与空间分布研究》，《人文地理》2008 年第 6 期。

杨子平：《西部开发与甘肃产业结构调整》，《甘肃理论学刊》2000 年第 5 期。

俞孔坚、庞伟：《理解设计：中山岐江公园工业旧址再利用》，《建筑学报》2002 年第 5 期。

俞孔坚：《足下的文化与野草之美——中山岐江公园设计》，《新建筑》2001 年第 5 期。

张柏春：《重新设计技术景观——第 31 届国际技术史委员会学术研讨会侧记》，《自然科学史研究》2005 年第 1 期。

张红卫、蔡如：《大地艺术对现代风景园林设计的影响》，《中国园林》2003 年第 3 期。

张伶伶、夏柏树：《东北地区老工业基地改造的发展策略》，《工业建筑》2005 年第 3 期。

张卫宁：《改造性再利用——一种再生产的开发方式》，《城市发展研究》2002 年第 2 期。

张希晨、郝靖欣：《从无锡工业遗产再利用看城市文化的复兴》，《工业建筑》2010 年第 1 期。

张新红等：《兰州城市居民意象空间及其结构研究》，《人文地理》2010 年第 2 期。

张艳锋等：《老工业区改造过程中工业景观的更新与改造——沈阳铁西工业区改造新课题》，《现代城市研究》2004 年第 1 期。

郑潇：《改造、扩展与共生——浅议历史建筑的更新与发展及新旧建筑的共生》，《规划师》2002 年第 2 期。

钟志华、贾宜：《甘肃产业结构的逆向演变及其调整路径选择》，《兰州大学学报》（社会科学版）2005 年第 6 期。

周静、段汉明：《西北地区城市发展中空间不连续问题剖析——以

兰州城市为例》,《西北农林科技大学学报》(社会科学版)2009
年第 5 期。

Alfery J. and Clark C. , *The Landscape of Industrial*: *Patterns of Change in the Ironbridge Gorge*, London: Routledge, 1993.

Alfery J. and Putnam T. , *The Industrial Heritage*, London: Routledge, 1992.

Colin Divall and Robert Lee, *Railways as World Heritage Sites Occasional Papers for the World Heritage Convention*, 1999.

H. S. Sudhira, T. V. Ramachandra, K. S. Jagadish, "Urban Sprawl: Metrics Dynamics and Modelling Using GIS", Journal of Applied Earth Observation and Geoinformation, Vol. 1, No. 5, 2004.

ICOMOS and TICCIH, "The International Canal Monuments List" (http://www. icomos. org/studies/canals. pdf) .

ICOMOS and TICCIH, "Context for World Heritage Bridge" (http://www. icomos. org/studies/bridges. htm) .

ICOMOS, "Railways as World Heritage Sites" (http://www. icomos. org/studies/railways. pdf) .

ICOMOS and TICCIH, "The International Collieries Study" (http://www. icomos. org/studies/collieries. pdf) .

Liquan Zhang et al. , "A GIS – based Gradient Analysis of urban Landscape Pattern of Shanghai Metropolitan Area", Journal of Landscape and Urban Planning, Vol. 69, No. 1, 2004.

Palmer Marilyn and Neaverson Peter, *Industrial Arehaeology*: *Prineiples and Praetice*, London: Routledge, 1998.

Stephen Hughes, "The International Collieries Study", Occasional Papers for the world Heritage Convention, 2002.

UNESCO – WHC, Appendix B. , " Research anddocumentation programme" (http://whc. unesco. org/documents/publi_ wh_ papers_ 05_ en. pdf) .

UNESCO – WHC, "Global Strategy issues in the Asia – Pacific Region" (http://whc. unesco. org/documents/publi_ wh_ paper s_ 12_ en. pdf) .

UNESCO – WHC, Annex 5, "Sub – regional and Regional Recommendations on the Asia – Pacific Periodic Reporting Exercise" (http: // whc. unesco. org/documents/publi_ wh_ paper s_ 12_ en. pdf) .

UNESCO – WHC, Annex 3, "ActionAsia 2003 – 2009 Programme" (http: //whc. unesco. org/documents/publi_ wh_ papers_ 12_ en. pdf) .

Xiao J. Y. et al. , "Evaluating Urban Expansion and Land Use Change in Shijiazhuang, China, by Using GIS and Remote Sensing", Journal of Landscape and Urban Planning, Vol. 75 , 2006.

Zhang T. W. , "Land Market Forces and Government's Role in Sprawl: the Case of China", Journal of Cities, Vol. 17 , No. 2 , 2000.

附录1 20—21世纪国外旧工业建筑改造再利用部分实践年表

国家	改造时间	建筑名称	原建时间	改造再利用设计者	原用途	改造后用途
美国	1964年	旧金山吉拉德里广场	19世纪中叶	劳伦斯·哈普林	巧克力厂、毛纺厂区	商业综合区
	1978年	波士顿昆西市场	1824—1826年	本杰明·汤普森事务所	码头仓库区	商业综合区
	1978年	旧金山渔人码头			码头仓库区	商业综合区
	1982年	洛威尔国家历史公园	19世纪20年代	EAF事务所	纺织厂区	遗存公园
	1982年	鱼雷工厂艺术中心	1919—1920年	凯斯·康登·弗洛兰斯事务所	军工厂	展览中心
	1986年	巴尔的摩廷戴克码头	1913—1914年	CWB事务所	码头仓库区	商业综合区
	1986年	美国洛杉矶现代博物馆		矶崎新	废弃仓库	博物馆
	1991年	洛杉矶西塔德尔城堡	1929年	纳德尔事务所	轮胎橡胶工厂	零售业商场

国家	改造时间	建筑名称	原建时间	改造再利用设计者	原用途	改造后用途
美国	1939 年	纽约世界博览会芬兰馆	18 世纪	阿尔瓦·阿尔托	仓库	博览会场馆
	1985 年	Mass Moca 麻省当代艺术博物馆	19 世纪 60 年代	威廉姆斯学院美术馆馆长 Thomas Krens	斯普拉格电气公司厂房	综合性艺术博物馆
	1992 年	齐摩杰尼迪克斯公司新总部大楼	1911—1922 年	齐摩杰尼迪克斯公司	湖区联盟蒸汽工厂	办公楼
	1994 年	底特律霍普高级技术中心	19 世纪 30 年代	SHG 股份有限公司	旧厂房	办公楼
	2003 年	铁路货运专用线	20 世纪 30 年代	Field Operations 景观事务所和 Diller Scofidio Renfro 建筑事务所	高架铁路	纽约高线公园
	2013 年	煤气厂	1906 年	理查德·哈格	炼油厂	煤气厂公园
德国	1966 年	汉诺威历史博物馆	17 世纪	迪特·欧斯特伦	兵器库	博物馆
	1988 年	亚探路德维格国际艺术馆	1927—1928 年	爱拉事务所	造伞厂	艺术中心
	1989 年	埃森关税同盟煤矿工业区	1851 年	建筑师诺曼·福斯特	关税同盟煤矿、炼焦厂等	煤矿工业历史博物馆
	1991 年	北杜伊斯堡景观公园	19 世纪中期	彼得·拉茨	钢铁工业	城市后工业公园
	1992 年	汉堡媒体中心	19 世纪末	MEDIUM 事务所	造船厂	商业综合区

国家	改造时间	建筑名称	原建时间	改造再利用设计者	原用途	改造后用途
德国	1993 年	卡尔斯鲁厄艺术及媒体艺术中心	1915—1918 年	彼得·施威格尔事务所	兵工厂	艺术中心
	1994 年	艾森德国设计中心	1932 年	福斯特·帕特纳斯	锅炉房	艺术中心
	1996 年	耶拿卡尔·蔡司光学工厂	1890 年	DEGW 事务所	光学元件生产厂	商业综合区
	1998 年	水城舒特海斯酿酒厂改建	19 世纪中后期		巧克力厂	办公区
	2000 年	柏林奥博鲍姆城	1906—1914 年	多家事务所合作	灯泡厂区	商业、办公综合区
	2000 年	文化酿酒厂改建	1842—1930 年		文化酿酒厂	社区艺术文化中心
	2007 年	博士西工厂改建	1894—1924 年		博士西工厂部分厂房	综合性商务中心
法国	1984 年	巴黎舒鲁姆伯格工厂	19 世纪	伦佐·皮亚诺事务所	机电设备厂	电子设备园区
	1996 年	诺伊斯尔雀巢法国总部	19 世纪初	莱科恩和罗伯特事务所	码头仓库区	公寓楼
	2000 年	雀巢公司总部	19 世纪 20 年代	Jean Tschumi、Martin Burckhardt、Jacques Richter 和 Ignacio Dahl Rocha	原巧克力工厂厂房	办公楼
英国	1967 年	索夫克郡斯内普麦芽音乐厅	1894—1896 年	阿鲁普事务所	厂房	音乐厅
	1985 年	伦敦新肯迪亚码头	19 世纪末	PTE 事务所	水城酿酒厂部分厂房	新型多功能城市社区

264

续表

国家	改造时间	建筑名称	原建时间	改造再利用设计者	原用途	改造后用途
英国	1996年	伦敦泰特现代艺术画廊	1947—1963年	赫尔佐格与梅德龙事务所	河岸电厂	博物馆
	2004年	伦敦圆屋	1847年	约翰·迈克阿斯兰	仓库	艺术中心
	2004年	伦敦巴特西发电站			发电站	商业中心
日本	1988年	北海道函馆湾仓库区	1880—1910年	冈田新一事务所	码头仓库区	商业综合区
	2012年	富冈制丝厂	1872年		机械制丝工厂	体验活动中心
意大利	1989年	都灵林格图大厦	1917—1920年	伦左·皮阿诺事务所	汽车厂	会展中心
	2012年	都灵工业遗址改建公园	20世纪70年代	彼得·拉茨	厂房	城市后工业公园
西班牙	1986年	巴塞罗那拉·鲁纳中学		艾瑞克·米拉尔莱斯事务所等	旧厂房	中学
	2007年	马德里屠宰场艺术中心	1920年	JG	屠宰场	艺术中心
新加坡	1993年	克拉码头	1880—1930年		码头货栈	商业综合区
比利时	1995年	金马布劳克斯农艺学院礼堂	1762年	塞米斯和帕特纳斯事务所	谷仓	礼堂
奥地利	2001年	煤气储气仓	1898年	让·努维尔、库拍·西莫伯劳	供应煤气	多功能综合社区

国家	改造时间	建筑名称	原建时间	改造再利用设计者	原用途	改造后用途
香港	2008 年	石硖尾工厂	1953 年	香港艺术发展局和艺术中心策划	旧工厂	商业艺术中心
荷兰	2012 年	DE HALLEN AMSTERDAM	1901—1928 年	Architectenbureau J. van Stigt bv	电车工厂兼电车维修仓库	创意商业综合体
格鲁吉亚	2009 年	库塔伊西华凌自由工业园	苏联时期	格鲁吉亚国际控股公司、LLC 新格鲁吉亚	汽车厂	新型工业园区

附录2 20—21世纪国内旧工业建筑改造再利用部分实践年表

城市	改造时间	建筑名称	原建时间	改造再利用设计者	原用途	改造后用途
北京	1993年	牡丹园厂房改造		邓雪娴、王毅	电视机厂厂房	写字楼、公寓
	1998年	外研社二期工程		崔恺	印刷厂	办公楼
	2000年	"藏酷"艺术中心		王功新、林天苗	仓库	LOFT空间
	2000年	798艺术区	20世纪50年代	众多艺术机构和艺术家	798联合厂旧厂区	多元艺术文化空间
	2001年	远洋艺术中心	1986年	张永和	国棉第三纺织厂旧厂房	现代艺术场馆
	2001年	北京大学核磁共振实验室	1917年	张永和	锅炉房	实验室
	2001年	涉外出租办公楼	20世纪50年代	庄简狄、张彪	北京电子管厂的101厂房	办公楼
	2003年	苹果社区售楼处	20世纪40年代	张永和	锅炉房	售楼处
	2003年	嘉铭润城住宅区会所	20世纪50年代	刘力	旧厂房	社区会所

城市	改造时间	建筑名称	原建时间	改造再利用设计者	原用途	改造后用途
北京	2004 年	燕山煤气用具厂旧址公园	1956 年	北京土人景观设计事务所	燕山煤气用具厂	综合性城市公园
	2005 年	首钢工业遗址公园	1919 年		北京首都钢铁厂	主题公园
	2005 年	酒厂 ART 国际艺术园	20 世纪 80 年代		朝阳区酿酒厂厂房	艺术园区
	2007 年	尤伦斯当代艺术中心	20 世纪 50 年代	Jean Michel Wilmotte、马清运	电子厂	艺术中心
	2008 年	方家胡同 46 号	20 世纪 50—90 年代		中国机床厂厂房	文化创意园区
	2008 年	大稿国际艺术区		大稿国际设计机构及国内外知名设计团队	中意合资工业厂房	当代艺术区
	2016 年	梵石 ITOWN		刘宇扬、刘宏伟、王硕、于爽、Andare Grottaroli	玻璃厂仓库	商业空间、文创产业小镇
上海	1998 年	泰康路"田子坊"创意中心	20 世纪 30 年代	陈逸飞等众多艺术家和机构	上海中标塑料配件厂等 6 家弄堂工厂	以画家为主的创意产业工作室
	2000 年	上海春明艺术产业园	20 世纪 30—90 年代	众多艺术家和机构	上海春明粗纺厂	艺术文化创意园区
	2001 年	上海徐家汇公园	20 世纪 20—50 年代	蒙特利尔 WAA 景观设计事务所	大众化橡胶厂、中国唱片厂	城市公园

附录2　20—21世纪国内旧工业建筑改造再利用部分实践年表

城市	改造时间	建筑名称	原建时间	改造再利用设计者	原用途	改造后用途
上海	2001 年	上海四行仓库		刘继东等艺术家和众多艺术机构	仓库	设计主题创意园区
	2002 年	上海杨树浦工业创意区			江南制造厂、杨树浦自来水厂、煤气厂、毛纺厂等	高科技创意产业园区
	2004 年	上海时尚园			离合器总厂厂房	文化创意产业园
	2005 年	上海城市雕塑艺术中心	1956 年	郑培光	上钢十厂内废弃的冷轧带钢厂	城市公共艺术社区
	2005 年	CQL 设计中心	20 世纪 50 年代	吕永中	毛纺厂	设计中心
	2005 年	上海师范大学"设计工厂"	20 世纪 80 年代	魏劭农等	面包厂	孵化创意工厂
	2006 年	上海建国路8号桥	20 世纪 70 年代	HMA 建筑设计事务所	上海汽车制动器厂老厂房	时尚创意中心
	2007 年	上海国际时尚中心	1921 年	夏邦杰建筑设计机构	上海第十七棉纺总厂	时尚创意中心
	2010 年	上海世博会"未来探索馆"	1897 年	吴志强	南市发电厂主厂房	主题馆、报告厅
	2010 年	上海世博会中国船舶馆	19 世纪 60 年代	王建国等	江南造船厂旧厂房	展览空间

城市	改造时间	建筑名称	原建时间	改造再利用设计者	原用途	改造后用途
上海	2010 年	上海世博会"宝钢大舞台"			上海第三钢铁厂特钢车间旧厂房	各类重大活动的主场地
	2010 年	上海世博会建设大厦	1998 年		上海第三印染厂厂房	综合性办公大楼
	2010 年	世博村标准公寓式酒店休闲会所			上海溶剂厂	酒店
	2010 年	世博村经济型酒店			上海港机厂原厂区办公楼	酒店
	2010 年	世博村综合商业办公楼			上海港机厂原金加工车间	综合商业办公楼
	2010 年	世博村物资仓库			上海港机厂原金属解构车间	仓库
沈阳	2002 年	沈阳冶炼厂改造	1936 年	俞孔坚	沈阳冶炼厂厂区	工业博物馆、文化创意产业园
	2003 年	低压开关厂改造	1953 年	陈伯超	低压开关厂厂区	LOFT 文化广场
	2007 年	铸造博物馆	1939 年		沈阳铸造厂铸造车间	博物馆
	2011 年	1905 文化创意园	1937 年	沈阳壹玖零伍文化创意园有限公司	沈重集团二金工车间	文化创意产业综合体
	2014 年	九号院文化创意产业园	1965 年		沈阳摩擦片厂	文化园区

续表

城市	改造时间	建筑名称	原建时间	改造再利用设计者	原用途	改造后用途
沈阳	2015 年	"万科．红梅 1939" 文化创意广场	1939 年		红梅味精厂	文化创意街区
	2016 年	奉天记忆·铁西印象	20 世纪 50 年代		沈阳自行车厂	综合型文化园区
	2016 年	1956 铁锚文创园	1956 年		沈阳纱布厂	文化旅游商业综合体
西安	2002 年	老钢厂设计创意产业园	1964 年	西安世界之窗产业园投资管理有限公司、华清科教产业集团	陕西钢厂钢丝车间	设计创意产业园、大学生创业中心
	2012 年	半坡国际艺术区	1955 年	陕西经邦文化发展有限公司	西北第一印染厂	综合艺术园区
	2014 年	大华·1935	1935 年	崔愷等	大华纱厂厂房	主题公园式博物馆
	2014 年	七号仓库	20 世纪 50 年代	谢文川	废旧厂房和汽修车间	主题餐厅
	2016 年	先生的院子 3507	1951 年	郑佳	3507 厂澡堂	餐厅酒廊、艺术空间的综合体
武汉	2009 年	汉阳造文化创意产业园	20 世纪初	上海致盛集团	航天工业部 824 厂、汉阳特种汽车制造厂	国家级广告产业园
	2009 年	楚天 181 文化创意产业园	20 世纪 80 年代		湖北日报老印刷厂胶印车间	复合型创意园

城市	改造时间	建筑名称	原建时间	改造再利用设计者	原用途	改造后用途
武汉	2012 年	403 国际艺术中心	1954 年		武汉锅炉厂编号 403 双层车间	复合型文化综合体
天津	2000 年	北洋水师大沽船坞遗址	1880 年		船厂	展览馆
	2007 年	6 号院创意产业园	1921 年		英国怡和洋行仓库	当代艺术中心
	2015 年	津渡创意文化产业园	20 世纪 70 年代	空间印象建筑装饰设计有限公司	皮革技术研究所老厂房	文化产业园
重庆	2012 年	N18LOFT 小院	1953 年		重庆印制五厂老厂区	文艺创意园
	2014 年	艺度创·文化创意园（石棉厂文化创意产业园）	20 世纪 30—80 年代		重庆石棉厂老厂房	文化创意产业园
青岛	1992 年	张裕酒文化博物馆	1892 年	北京蓝裕文化发展有限公司	张裕葡萄酒公司	博物馆
	2004 年	青岛啤酒博物馆	1903 年		青岛啤酒厂老厂房	博物馆
	2015 年	青岛市李沧区电商产业园	1921 年		青岛国棉六厂	电商产业园
杭州	2006 年	A8 艺术公社	20 世纪 50—80 年代	杭州易象视觉设计公司	八丈井工业园区旧厂房	文化创意产业园
	2007 年	丝联 166 创意产业园	1956 年		杭丝联厂房	文化创意产业园

附录 2　20—21 世纪国内旧工业建筑改造再利用部分实践年表

续表

城市	改造时间	建筑名称	原建时间	改造再利用设计者	原用途	改造后用途
杭州	2011 年	东信·和创园	20 世纪 50—60 年代		普天东方通信集团有限公司老厂区	文化创意产业园
南京	2007 年	1865 创意产业园	1865 年		金陵机器制造局	创意产业园
	2010 年	南京冶山国家矿山公园	1957 年		六合冶山铁矿	工业旅游基地
	2014 年	明孝陵博物馆新馆	1959 年	东南大学	南京手表厂工具车间	博物馆
	2014 年	越界梦幻城	1952 年		南京工艺装备制造厂旧址	智慧型文创园区和时尚娱乐目的地
广州	2006 年	太古仓文化旅游艺术创意区	20 世纪初		太古仓码头仓库	文化艺术创意中心
	2007 年	羊城创意产业园	20 世纪 50 年代		广州化学化纤厂旧厂房	文化创意产业园
	2008 年	T. I. T 创意园	1952 年		广州纺织机械厂	文化创意产业园
	2009 年	广州红专厂	1956 年		广州罐头厂	文化创意产业园
	2010 年	1850·创意园	20 世纪 50 年代		金珠江双氧水厂	文化艺术创意中心
中山	2001 年	中山岐江公园	20 世纪 50—90 年代	土人景观设计事务所	岐江粤东造船厂厂区	主题公园
昆明	2000 年	"创库"艺术中心		叶永青等	机模厂厂房	艺术创意中心

城市	改造时间	建筑名称	原建时间	改造再利用设计者	原用途	改造后用途
苏州	2004年	苏州运河工业遗产廊道	20世纪50年代	俞孔坚及土人景观设计事务所	厂房和旧址	运河景观
深圳	2004年	OCT–LOFT华侨城创意文化园			华侨城东部工业厂区	文化创意产业园
无锡	2005年	北仓门艺术生活中心	20世纪30年代		蚕丝仓库	LOFT空间
成都	2005年	成都东郊工业文明博物馆	20世纪50年代		东郊工业区旧厂房	主题公园式博物馆
济南	2006年	意匠351创意产业园	1962年始建	刘奎	济南电焊机厂厂房	文化创意产业园
景德镇	2012年	景德镇陶溪川文创街区	1954年		景德镇国营宇宙瓷厂	文创街区
遵义	1951年	贵州茅台酒酿酒工业遗产群	1862年		酿酒厂房	工业遗产旅游区
唐山	2007年	开滦国家矿山公园	1878年	洪麦恩	开滦煤矿	工业遗产旅游区
太原	2013年	良仓1954商业综合体	1954年	空间印象建筑装饰设计有限公司	太原市交电公司敦化北仓库	文创商业街区

附录3 兰州市第一批工业遗产现状调查表

兰州市第一批工业遗产现状调查表

原名称	甘肃制造局	现名称	兰州通用机器厂	编号	GY-01
初始年代	清同治十一年（1872）	创始人	陕甘总督左宗棠	管理机构	甘肃省政府
基本属性	主要特征概况及沿革	甘肃制造局，创建于清同治十一年（1872）。陕甘总督左宗棠为收复新疆，将随营修机械的西安机器局迁设在兰州畅家巷，改名为兰州制造局。光绪六年（1880）设兰州织呢局，为中国最早的织呢厂。光绪三十二年（1906）迁至小仓子（今武都路贡元巷南口西侧），1916年迁至甘肃举院南号舍（今翠英门兰大二院），1917年更名为甘肃制造局。1942年迁往现址土门墩南湾，演变为兰州通用机器厂。1952年更名为兰州通用机器厂，是甘肃近代工业史上第一家军工和机械制造企业。1955年被国家定点生产采油机械设备。2010年10月，经甘肃省政府批准，由四川腾中重工机械有限公司全资收购并重组兰州通用机器制造有限公司。			
	区位条件	七里河区土门墩南湾			
	交通条件	便利			
	工业类型（初始类型）	A 电子　　B 石化　　C 车船制造　　D 机械√　　E 建材　　F 轻工业　G 仪器仪表　　H 电力　　I 医药　　J 采掘冶金　　K 其他			

原名称	甘肃制造局	现名称	兰州通用机器厂	编号	GY-01

整体现况	现状利用状况	A 继续生产 √　B 文化相关产业　　C 办公用房　　D 商业 E 居住　F 市政　　G 闲置　　H 其他
	现有规划情况	根据 2012 年颁布的兰州市工业企业"出城入园"计划，兰州通用机器制造有限公司正在搬迁过程中，很多现代大厂房面临着拆除。
	整体完好程度	A 完整　　B 较为完整（约 20% 缺损）　　C 部分缺损（约 50% 缺损）D 严重缺损（约 70% 缺损）√　　E 仅存遗址 F 其他
	目前权属	A 国有 √　　B 部队　　C 集体　　D 私有　　E 其他
	现状保护等级	A 国家级　　B 省级　　C 市、县级 √　　D 区级　　E 有保护价值的工业遗产　　F 一般建筑　　G 其他

	修缮时间	修缮对象
曾有过的修缮、改建和重建情况	1906 年	迁至小仓子（今武都路贡元巷南口西侧）；
	1916 年	迁至甘肃举院南号舍（今翠英门兰大二院）；
	1942 年	迁往现址土门墩南湾。

图片资料	
科普开发情况	未进行开发。

兰州市第一批工业遗产现状调查表

原名称	兰州黄河铁桥	现名称	中山桥	编号	GY-02
初始年代	1909 年	创始人	陕甘总督升允 兰州道彭英甲	管理机构	兰州市政府

基本属性	主要特征概况及沿革	兰州黄河铁桥现名为中山桥，位于兰州市城区白塔山下。全长 233.50 米，宽 8.36 米。由美国桥梁公司设计，德国泰来洋行承建，中国技工参与施工。清光绪三十四年（1908）开工兴建，宣统元年（1909）告竣。2006 年 5 月公布为第六批全国重点文物保护单位。该桥是清末中外合作开发、引进国外先进技术设备的重大建设项目，是近代西方工业文明与我国西北地区经济和文化相交融的产物，被誉为"天下黄河第一桥"。成为兰州历史和文化的象征性建筑物，并成为反映古城兰州作为"丝绸之路"枢纽重镇以及地区文化积蕴的历史见证和城市文化名片。
	区位条件（具体地点）	城关区滨河路中段北侧
	交通条件	交通便利
	工业类型（初始类型）	A电子　B石化　C车船制造　D机械　E建材　F轻工业　G仪器仪表　H电力　I医药　J采掘冶金　K其他√
整体现况	现状利用状况	A继续生产　B文化相关产业　C办公用房　D商业　E居住　F市政√　G闲置　H其他
	现有规划情况	现已对铁桥及周边环境做出保护规划，成为兰州黄河风情线的重要节点。
	整体完好程度	A 完整√　B 较为完整（约20%缺损）　C 部分缺损（约50%缺损）　D 严重缺损（约70%缺损）　E 仅存遗址　F 其他
	目前权属	A 国有√　B 部队　C 集体　D 私有　E 其他
	现状保护等级	A 国家级√　B 省级　C 市、县级　D 区级　E 有保护价值的工业遗产　F 一般建筑　G 其他

原名称	兰州黄河铁桥	现名称	中山桥	编号	GY-02

整体现况	曾有过的修缮、改建和重建情况	修缮时间	修缮对象
		1949 年 8 月 26 日	铁桥桥面被烧坏，桥身完好，兰州军管会组织抢修；
		20 世纪 50 年代	国家拨款对铁桥进行全面维修加固，在原平行弦杆上端加建拱式钢梁；
		1989 年	铁桥部分构件老化，桥身遭重创，兰州市政府组织维修；
		2004 年 10 月	兰州市政府对桥梁进行全面加固维修，禁止机动车通行，改为步行桥。

图片资料	

科普开发情况	已进行科普开发工作。

278

兰州市第一批工业遗产现状调查表

原名称	兰州国立兽医学院	现名称	兰州畜牧与兽药研究所	编号	GY－03
初始年代	民国 35 年（1946）	创始人	盛彤笙院长	管理机构	兰州市政府

基本属性	主要特征概况及沿革	民国 30 年，国民政府以西北作为畜牧业的主要生产地。民国 35 年（1946 年 10 月），经国民政府教育部批准，"洽购卫生署兰州小西湖以北硷沟沿牧场一座，为兽医学院院址"，在兰州设立国立兽医学院，同年兴建国立兽医学院标志性建筑——伏羲堂。这是国内首座独立的国立兽医高等学校，也是当时国内唯一的兽医高等学府。首任院长为我国著名兽医学家、兽医教育家及现代兽医学奠基人之一盛彤笙院士。同年，甘肃畜牧兽医研究所并入国立兽医学院。1951 年更名为西北兽医学院，1970 年 11 月，经国务院批准，中国农业科学院兽医研究所下放甘肃省，更名为甘肃省兽医研究所，所部由小西湖迁至兰州市徐家坪。1978 年 5 月，中国农业科学院将甘肃省兽医研究所收归中国农业科学院，统称兰州兽医研究所至今。1979 年 4 月，国家科委同意中国农业科学院兽医研究所在兰州市小西湖原址恢复其独立建制。国立兽医学院的创建，不仅是国内首座高等兽医学院，而且结束了甘肃没有高等农林本科学校的历史。
	区位条件（具体地点）	七里河区硷沟沿 335 号
	交通条件	交通便利
	工业类型（初始类型）	A 电子　B 石化　　C 车船制造　D 机械　　E 建材　　F 轻工业 G 仪器仪表　 H 电力　I 医药√　 J 采掘冶金　　K 其他

279

兰州城市工业遗产综合评估与保护利用模式研究

续表

原名称	兰州国立兽医学院	现名称	兰州畜牧与兽药研究所	编号	GY - 03

整体现况	现状利用状况	A 继续生产√　　B 文化相关产业　　C 办公用房　　D 商业 E 居住　F 市政　　G 闲置　　H 其他
	现有规划情况	自 1979 年在小西湖旧址上规划建设后，再无变动。
	整体完好程度	A 完整　　B 较为完整（约 20% 缺损）　　C 部分缺损（约 50% 缺损）D 严重缺损（约 70% 缺损）√　　E 仅存遗址 F 其他
	目前权属	A 国有√　　B 部队　　C 集体　　D 私有　　E 其他
	现状保护等级	A 国家级　　B 省级　　C 市、县级　　D 区级　　E 有保护价值的工业遗产√　　F 一般建筑　　G 其他
	曾有过的修缮、改建和重建情况	修缮时间 ｜ 修缮对象 1970 年 11 月 ｜ 校址由小西湖迁至兰州市徐家坪 1979 年 4 月 ｜ 迁回小西湖旧址

图片资料	

科普开发情况	未进行科普开发工作。作为兰州最早的兽医专业学校，历史悠久，建筑虽有所变动，但一直未改变其作用，具有很好的兽医学科普开发潜力。

兰州市第一批工业遗产现状调查表

原名称	兰阿煤矿	现名称	阿甘镇煤矿厂	编号	GY - 04
初始年代	1938 年（开发历史可追溯至明洪武九年）	创始人	国民政府	管理机构	阿甘镇镇政府

基本属性	主要特征概况及沿革	兰阿煤矿位于兰州市七里河区阿干镇和魏岭乡，主要由阿井矿、石门沟矿组成，矿区采煤区最多时为 160 多处。该矿开发历史悠久（自明洪武九年），距今已有 600 多年。民初即有"环山产煤，一县所赖"的记载。民国 27 年（1938）成立阿甘镇煤矿管理处，并开办了官营火洞洼煤矿（阿甘镇矿井前身），为甘肃省历史上第一个公营煤矿。民国 31 年（1942）更名为阿甘镇煤矿厂，是我国在甘肃最早建成投产的国有重点煤炭生产企业之一。1956 年 2 月 5 日，阿甘镇区铁路专用线建成通车。现保存较好的有 1953 年建造的办公楼、平峒巷口、选煤楼和铁轨。新中国成立初期留有五十多个小煤窑遗迹。1992—1997 年有大量的小煤窑侵入井田内部。2001 年起，省、市主管部门对小煤矿进行了清理整顿，取得了一定的成效。目前，井田面积 2.7 平方公里，共有煤矿 13 处。经过几十年的开采，矿区已形成了 6.47 平方公里的沉陷区，矿区的生态和地质环境遭到严重破坏，水土流失严重，居民房屋和道路等基础设施受到严重影响，直接威胁到阿干镇和魏岭乡 3 万余人的正常生产生活和生命财产安全。
	区位条件（具体地点）	七里河区阿干镇
	交通条件	离市中心较远，有一条省道与市区相连。
	工业类型（初始类型）	A 电子　B 石化　C 车船制造　D 机械　E 建材　F 轻工业　G 仪器仪表　H 电力　I 医药　J 采掘冶金 √　K 其他

兰州城市工业遗产综合评估与保护利用模式研究

续表

原名称	兰阿煤矿	现名称	阿甘镇煤矿厂	编号	GY-04

	现状利用状况	A 继续生产√　B 文化相关产业　C 办公用房　D 商业 E 居住　F 市政　G 闲置　H 其他
	现有规划情况	2001 年对矿区进行了整体规划
整体 现况	整体完好程度	A 完整　B 较为完整（约20％缺损）√　C 部分缺损（约50％缺损）D 严重缺损（约70％缺损）　E 仅存遗址 F 其他
	目前权属	A 国有√　B 部队　C 集体　D 私有　E 其他
	现状保护等级	A 国家级　B 省级　C 市、县级　D 区级　E 有保护价值的工业遗产√　F 一般建筑　G 其他

曾有过的修缮、 改建和重建情况	修缮时间	修缮对象
	2001 年	对矿井进行整体整顿

图片 资料	

科普开 发情况	尚未进行科普开发工作。作为历史悠久的矿产地，具有科普开发潜力。

兰州市第一批工业遗产现状调查表

原名称	窑街煤矿	名称	甘肃矿业管理局	编号	GY－05
初始年代	明洪武年间（1368—1398）	创始人	国民政府资源委员会	管理机构	兰州市政府
基本属性	主要特征概况及沿革	窑街煤矿位于兰州市红古区窑街镇，位于兰州市红古区政府所在地，东距兰州市 110 公里，西距西宁市 112 公里；工业广场距兰青铁路海石湾火车站 0.77 公里，距 109 国道 500 米。矿区地处祁连山支脉哈拉古山的东北处，大通河从矿区穿流而过。窑街煤矿，开采很早。据《永登县志》记载，明洪武年间（1368—1398）窑街就有小煤矿开采，迄今已有 600 多年的历史。1941 年，国民政府资源委员会与甘肃省政府联合投资筹办了永登煤矿局，矿区面积达 570 公顷。1952 年 8 月成立甘肃矿业管理局。留存较好的有一号平洞井、四号主井、皮带斜井和皮带斜井走廊。目前所属海石湾矿井，是经国家计委批准立项的甘肃省重点建设项目，按照"高产高效"矿井标准建设，为窑街矿区生产接续矿井。该矿井可采储量 16262 万吨，设计能力 150 万吨/年，于 1993 年 12 月开工建设，2004 年 8 月 30 日进入重载联合试运转。矿井达产后，通过进行技术改造，最终年产量提升到 300 万吨以上。海石湾矿区环境优美，交通便利，为兰州市"绿化达标单位"。该公司实行新井新机制，具有广阔的发展前景。				
	区位条件（具体地点）	红古区窑街镇				
	交通条件	离市中心较远，交通便利				
	工业类型（初始类型）	A 电子　B 石化　C 车船制造　D 机械　E 建材　F 轻工业　G 仪器仪表　H 电力　I 医药　J 采掘冶金√　K 其他				

原名称	窑街煤矿	名称	甘肃矿业管理局	编号	GY－05

整体现况	现状利用状况	A 继续生产√　　B 文化相关产业　　C 办公用房　　D 商业 E 居住　　F 市政　　G 闲置　　H 其他		
	现有规划情况	于 1993 年 12 月开工建设，该矿井可采储量 16262 万吨，设计能力 150 万吨/年，2004 年 8 月 30 日进入重载联合试运转。矿井达产后，通过进行技术改造，最终年产量将提升到 300 万吨以上。海石湾矿区环境优美，交通便利，为兰州市"绿化达标单位"。		
	整体完好程度	A 完整　　B 较为完整（约 20% 缺损）√　　C 部分缺损（约 50% 缺损）D 严重缺损（约 70% 缺损）　　E 仅存遗址 F 其他		
	目前权属	A 国有 √　　B 部队　　C 集体　　D 私有　　E 其他		
	现状保护等级	A 国家级　　B 省级　　C 市、县级　　D 区级　　E 有保护价值的工业遗产√　　F 一般建筑　　G 其他		
	曾有过的修缮、改建和重建情况	修缮时间	修缮对象	
		1993 年	进行矿井整顿；	
		2003 年	建成传送设备、仓库、宿舍等建筑。	

图片资料	

科普开发情况	尚未进行科普开发工作。作为历史悠久的矿产地，具有科普开发潜力。

兰州市第一批工业遗产现状调查表

原名称	兰州炼油化工总厂	现名称	兰州石油化工公司	编号	GY－06
初始年代	1952 年	创始人	中石油、中石化	管理机构	中国石油集团公司

基本属性	主要特征概况及沿革	兰州炼油化工总厂位于兰州市西固区玉门街 10 号。该厂始建于 1952 年，是我国第一个五年计划期间从苏联引进的 156 个重点建设工程之一和三线建设重点建设项目，新中国建设的第一座大型现代化炼油厂。拥有炼油厂、添加剂厂、催化剂厂、油品储运厂等 16 个二级单位，主要生产润滑油、燃料油等 360 多种产品。是我国第一个现代化大型炼油厂，有"共和国石油工业长子"之称。2005 年 5 月 12 日，经中国石油集团公司决策，兰炼、兰化宣布合并，成立兰州石油化工公司。厂内建筑和设施均保存完整且在投产使用中。
	区位条件（具体地点）	西固区玉门街 10 号
	交通条件	离市中心较近，交通便捷
	工业类型（初始类型）	A 电子 B 石化√ C 车船制造 D 机械 E 建材 F 轻工业 G 仪器仪表 H 电力 I 医药 J 采掘冶金 K 其他
整体现况	现状利用状况	A 继续生产√ B 文化相关产业 C 办公用房 D 商业 E 居住 F 市政 G 闲置 H 其他
	现有规划情况	2005 年 5 月 12 日，经中国石油集团公司决策，兰炼、兰化宣布合并，成立兰州石油化工公司。厂内建筑和设施均保存完整且在投产使用中。
	整体完好程度	A 完整√ B 较为完整（约20%缺损） C 部分缺损（约50%缺损） D 严重缺损（约70%缺损） E 仅存遗址 F 其他
整体现况	目前权属	A 国有√ B 部队 C 集体 D 私有 E 其他
	现状保护等级	A 国家级 B 省级 C 市、县级 D 区级 E 有保护价值的工业遗产√ F 一般建筑 G 其他
	曾有过的修缮、改建和重建情况	修缮时间 / 修缮对象 2005 年 12 月 / 兰炼、兰化正式合并

续表

原名称	兰州炼油化工总厂	现名称	兰州石油化工公司	编号	GY-06
图片资料					
科普开发情况	有与石油化工相关的展览馆等科普开发。				

兰州市第一批工业遗产现状调查表

原名称	兰州化学工业公司	现名称	兰州石油化工公司	编号	GY-07
初始年代	1956年	创始人	中石化	管理机构	中国石油集团公司

基本属性	主要特征概况及沿革	兰州化学工业公司位于兰州市西固区玉门街10号。该厂始建于1956年，是我国第一个五年计划期间从苏联引进的156个重点建设工程之一和三线建设重点建设项目。该公司主要经营石油化工、机械制造、建筑安装、科研设计，下属化肥厂、合成橡胶厂、石油化工厂、第一循环水厂、原料动力厂等企业，厂区集中分布在兰新铁路以北、黄河以南，紧邻兰新铁路和312国道，设有铁路专用线和调车站，交通运输、水利电力、矿产资源等综合条件优越，留存有大量反映兰州石化工业发展历程的建厂初期的厂房、机器设备。2005年5月12日，经中国石油集团公司决策，兰炼、兰化宣布合并，成立兰州石油化工公司。现在，能够从事大中型石油化工工程的土建、设备及电气仪表安装和防腐保温；能够从事高分子合成材料、石油化工催化、有机合成、精细化工及环境监测等方面全过程的开发研究和推广应用。在多年的发展中，产品畅销全国，并远销20多个国家和地区。

原名称	兰州化学工业公司		现名称	兰州石油化工公司	编号	GY‒07
基本属性	区位条件（具体地点）		西固区玉门街10号			
	交通条件		兰新铁路以北、黄河以南，紧邻兰新铁路和312国道，交通便捷。			
	工业类型（初始类型）		A电子　B石化√　C车船制造　D机械　E建材　F轻工业　G仪器仪表　H电力　I医药　J采掘冶金　K其他			
整体现况	现状利用状况		A继续生产√　B文化相关产业　C办公用房　D商业　E居住　F市政　G闲置　H其他			
	现有规划情况		2005年5月12日，经中国石油集团公司决策，兰炼、兰化宣布合并，成立兰州石油化工公司。厂内建筑和设施均保存完整且在投产使用中。			
	整体完好程度		A完整√　B较为完整（约20%缺损）　C部分缺损（约50%缺损）　D严重缺损（约70%缺损）　E仅存遗址　F其他			
	目前权属		A国有√　B部队　C集体　D私有　E其他			
	现状保护等级		A国家级　B省级　C市、县级　D区级　E有保护价值的工业遗产√　F一般建筑　G其他			
	曾有过的修缮、改建和重建情况	修缮时间		修缮对象		
		2005年12月		兰炼、兰化正式合并		
图片资料						
科普开发情况	有与石油化工相关的展览馆等科普开发。					

兰州市第一批工业遗产现状调查表

原名称	兰州自来水公司第一水厂	现名称	兰州自来水公司第一水厂	编号	GY-08
初始年代	1955 年	创始人	苏联	管理机构	兰州市建设局

基本属性	主要特征概况及沿革	兰州自来水公司第一水厂（建厂初期称取水站），位于西固区柳沟段蛤蟆滩黄河南岸，1955 年为解决兰州炼油化工总厂、兰州热电站、合成氨厂、合成橡胶厂（均属苏联援华建设项目工程）的生产用水，由苏联帮助设计、提供设备而建起来的当时国内规模最大、设备最新的自来水厂，有"亚洲第一大水厂"之称。现厂区中依然留存有大量的早期供水设施。
	区位条件（具体地点）	西固区柳沟段蛤蟆滩黄河南岸
	交通条件	交通便捷
	工业类型（初始类型）	A 电子　B 石化　C 车船制造　D 机械　E 建材　F 轻工业　G 仪器仪表　H 电力　I 医药　J 采掘冶金　　K 其他√
整体现况	现状利用状况	A 继续生产√　B 文化相关产业　C 办公用房　　D 商业　E 居住　F 市政　G 闲置　H 其他
	现有规划情况	无规划
	整体完好程度	A 完整√　B 较为完整（约20%缺损）　　C 部分缺损（约50%缺损）　D 严重缺损（约70%缺损）　E 仅存遗址　F 其他
	目前权属	A 国有√　B 部队　C 集体　D 私有　E 其他
	现状保护等级	A 国家级　B 省级　C 市、县级　D 区级　E 有保护价值的工业遗产√　F 一般建筑　G 其他
	曾有过的修缮、改建和重建情况	修缮时间　　　　　　　　　　修缮对象 1992—2003 年　　　厂区进行了大规模的改建

续表

原名称	兰州自来水公司第一水厂	现名称	兰州自来水公司第一水厂	编号	GY – 08
图片资料					
科普开发情况	已进行科普开发活动。现厂区中依然留存有大量的早期供水设施、供水仪器和设备，以及一些建厂初期的办公用品和获奖证书，并利用旧厂房改建了水之韵展览馆，具有很好的科普价值。				

兰州市第一批工业遗产现状调查表

原名称	兰州石油化工机器厂	现名称	兰州石油化工机器厂	编号	GY – 09
初始年代	1953 年	创始人	苏联	管理机构	兰石集团
基本属性	主要特征概况及沿革	兰州石油化工机器厂位于兰州市七里河区西津西路 194 号，是我国第一个五年计划期间（1953）由苏联帮助设计的 156 个重点项目中的两个项目——兰州石油机器厂和兰州炼油化工设备厂合并而成的制造石油钻采机械和炼油化工设备的大型骨干企业。自建厂以来为我国的石油化工工业提供了大量的技术设备，为国内最大的石油钻采机械和炼化设备生产基地。板式换热器系列产品已在供热、食品、化工、冶金等行业广泛使用，取得良好的节能效果。轧钢设备、水泥设备、纸浆蒸煮锅、化工机械、锻造液压机组等也在市场占一定比重；制造的航空发动机高空试验台排气冷却装置、航空器试验风洞设备代表了企业专用非标准设备制造能力水平。兰州石油化工机器厂为国内外提供了大量结构复杂、技术要求高的毛坯。			

原名称	兰州石油化工机器厂	现名称	兰州石油化工机器厂	编号	GY-09

基本属性	区位条件（具体地点）	兰州市七里河区西津西路 194 号
	交通条件	交通便捷
	工业类型（初始类型）	A 电子　B 石化　C 车船制造　D 机械 √　E 建材　F 轻工业　G 仪器仪表　H 电力　I 医药　J 采掘冶金　K 其他

整体现况	现状利用状况	A 继续生产 √　B 文化相关产业　C 办公用房　D 商业　E 居住　F 市政　G 闲置　H 其他
	现有规划情况	根据 2012 年兰州新区规划，厂区准备搬迁至兰州新区中。
	整体完好程度	A 完整　B 较为完整（约 20% 缺损）√　C 部分缺损（约 50% 缺损）　D 严重缺损（约 70% 缺损）　E 仅存遗址　F 其他
	目前权属	A 国有 √　B 部队　C 集体　D 私有　E 其他
	现状保护等级	A 国家级　B 省级　C 市、县级　D 区级　E 有保护价值的工业遗产 √　F 一般建筑　G 其他
	曾有过的修缮、改建和重建情况	修缮时间　　　　　修缮对象 不详　　　　　　　不详

图片资料	 

科普开发情况	没有进行科普开发活动。现厂区中依然留存有大量的早期各类大型厂房、配套设备，以及现代化高科技设备和技术，历史价值和科学价值极高，具有很好的科普价值。

兰州市第一批工业遗产现状调查表

原名称	国营长风机器厂	现名称	国营长风机器厂	编号	GY-10
初始年代	1956 年	创始人	电子工业部	管理机构	电子工业部

基本属性	主要特征概况及沿革	国营长风机器厂，另用名"七八一厂"，位于兰州市安宁区长风新村。该厂始建于 1956 年，原系电子工业部大型军工骨干企业，主营军用电子装备及洗衣机、冰箱等家用电器，现已破产。
	区位条件（具体地点）	兰州市安宁区长风新村
	交通条件	位于安宁区，交通便捷
	工业类型（初始类型）	A 电子√　B 石化　C 车船制造　D 机械　E 建材　F 轻工业　G 仪器仪表　H 电力　I 医药　J 采掘冶金　K 其他
整体现况	现状利用状况	A 继续生产　B 文化相关产业　C 办公用房　D 商业　E 居住　F 市政　G 闲置√　H 其他
	现有规划情况	国营长风机器厂现已破产，正在对厂区用地进行规划。
	整体完好程度	A 完整√　B 较为完整（约20%缺损）　C 部分缺损（约50%缺损）　D 严重缺损（约70%缺损）　E 仅存遗址　F 其他
	目前权属	A 国有√　B 部队　C 集体　D 私有　E 其他
	现状保护等级	A 国家级　B 省级　C 市、县级　D 区级　E 有保护价值的工业遗产√　F 一般建筑　G 其他
	曾有过的修缮、改建和重建情况	修缮时间 ／ 修缮对象 无 ／ 无

续表

原名称	国营长风机器厂	现名称	国营长风机器厂	编号	GY - 10
图片资料					
科普开发情况	没有进行科普开发活动。现厂区中依然留存有大量的早期各类大型厂房和配套设备，具有很好的历史价值和科普价值。				

兰州市第一批工业遗产现状调查表

原名称	国营万里机电总厂	现名称	中国航空工业总公司万里机电厂	编号	GY - 11
初始年代	1956 年	创始人	苏联	管理机构	中国航空工业总公司
基本属性	主要特征概况及沿革	国营万里机电总厂现名为中国航空工业总公司万里机电厂，位于兰州市安宁区万新路71号。该厂始建于1956年，属苏联第二批援华项目之一，系中国航空工业总公司直属企业。是从事研究、设计、制造电机、电器、电子计算机的大型企业。现有职工4000余人，占地67万平方米，建筑面积31.9万平方米。万里机电总厂是中国航空工业公司所属的一个大型企业，专门从事航空电机、电器、电动机构及机载计算机的开发研究和制造。60年来，研制生产了10个类别331个型号的航空机载设备产品，广泛应用于各种飞机的操纵、燃油、电源、发动机、环控、照明、火控、导航、轰炸和告警等系统。			

续表

原名称	国营万里机电总厂	现名称	中国航空工业总公司万里机电厂	编号	GY‑11

基本属性	区位条件（具体地点）	兰州市安宁区万新路 71 号
	交通条件	位于安宁区，交通便捷
	工业类型（初始类型）	A 电子√　B 石化　C 车船制造　D 机械　E 建材　F 轻工业　G 仪器仪表　H 电力　I 医药　J 采掘冶金　K 其他

整体现况	现状利用状况	A 继续生产 √　B 文化相关产业　C 办公用房　D 商业　E 居住　F 市政　G 闲置　H 其他
	现有规划情况	根据 2012 年兰州新区规划，厂区准备搬迁至兰州新区中。
	整体完好程度	A 完整√　B 较为完整（约 20% 缺损）　C 部分缺损（约 50% 缺损）　D 严重缺损（约 70% 缺损）　E 仅存遗址　F 其他
	目前权属	A 国有 √　B 部队　C 集体　D 私有　E 其他
	现状保护等级	A 国家级　B 省级　C 市、县级　D 区级　E 有保护价值的工业遗产√　F 一般建筑　G 其他
	曾有过的修缮、改建和重建情况	修缮时间　　　　　　修缮对象 不详　　　　　　　　不详

图片资料	

科普开发情况	没有进行科普开发活动。该厂从事研究、设计、制造电机、电器、电子计算机，是高新科技的代表，具有科普开发潜力。

兰州市第一批工业遗产现状调查表

原名称	兰州新兰仪表厂	现名称	兰州飞行控制有限责任公司	编号	GY－12
初始年代	1958 年	创始人	航空航天部	管理机构	航空航天部

基本属性	主要特征概况及沿革	兰州新兰仪表厂位于兰州市安宁西路 668 号，是航空航天部直属研究生产飞行自动控制系统及其他飞行仪表的大型企业，现名为兰州飞行控制有限责任公司。该厂始建于 1958 年，是国家"一五"期间 156 个重点项目的续建项目之一，也是我国第一座飞机自动驾驶仪器制造厂。
	区位条件（具体地点）	兰州市安宁西路 668 号
	交通条件	位于安宁区，交通便捷
	工业类型（初始类型）	A 电子　B 石化　C 车船制造　D 机械　E 建材　F 轻工业　G 仪器仪表√　H 电力　I 医药　J 采掘冶金　K 其他
整体现况	现状利用状况	A 继续生产√　B 文化相关产业　C 办公用房　D 商业　E 居住　F 市政　G 闲置　H 其他
	现有规划情况	根据 2012 年兰州新区规划，厂区准备搬迁至兰州新区中。
	整体完好程度	A 完整√　B 较为完整（约 20% 缺损）　C 部分缺损（约 50% 缺损）　D 严重缺损（约 70% 缺损）　E 仅存遗址　F 其他
	目前权属	A 国有 √　B 部队　C 集体　D 私有　E 其他
	现状保护等级	A 国家级　B 省级　C 市、县级　D 区级　E 有保护价值的工业遗产 √　F 一般建筑　G 其他
	曾有过的修缮、改建和重建情况	修缮时间　　　　　　　修缮对象 无　　　　　　　　　　无

原名称	兰州新兰仪表厂	现名称	兰州飞行控制有限责任公司	编号	GY-12
图片资料					
科普开发情况	没有进行科普开发活动。该厂从事生产飞行自动控制系统及其他飞行仪表,是高新科技产业的代表,具有科普开发潜力。				

兰州市第一批工业遗产现状调查表

原名称	兰州机床厂	现名称	兰州机床厂	编号	GY-13
初始年代	1958年	创始人	机械工业部	管理机构	机械工业部
基本属性	主要特征概况及沿革	兰州机床厂位于兰州市安宁区西路252号,始建于1958年,为机械工业部在西北地区定点生产卧式车床的骨干企业和重点专业企业。主要生产金属切削机床、石油机械及出口该厂生产的各类机械产品。			
	区位条件（具体地点）	兰州市安宁区西路252号			
	交通条件	位于安宁区,交通便捷			
	工业类型（初始类型）	A电子　B石化　C车船制造　D机械√　E建材　F轻工业　G仪器仪表　H电力　I医药　J采掘冶金　K其他			

续表

原名称	兰州机床厂	现名称	兰州机床厂	编号	GY–13

整体现况	现状利用状况	A 继续生产 √　　B 文化相关产业　　C 办公用房　　D 商业 E 居住　F 市政　　G 闲置　　H 其他
	现有规划情况	根据 2012 年兰州新区规划，厂区准备搬迁至兰州新区中。
	整体完好程度	A 完整 √　　B 较为完整（约 20% 缺损）　　C 部分缺损（约 50% 缺损）D 严重缺损（约 70% 缺损）　　E 仅存遗址 F 其他
	目前权属	A 国有 √　　B 部队　　C 集体　　D 私有　　E 其他
	现状保护等级	A 国家级　　B 省级　　C 市、县级　　D 区级　　E 有保护价值的工业遗产 √　　F 一般建筑　　G 其他
	曾有过的修缮、改建和重建情况	修缮时间 / 修缮对象　　无 / 无

	修缮时间	修缮对象
	无	无

图片资料	

科普开发情况	没有进行科普开发活动。该厂主要研发和生产金属切削机床、石油机械等大型机械，具有一定的科普开发潜力。

兰州市第一批工业遗产现状调查表

原名称	甘肃化工机械厂	现名称	甘肃化工机械厂（机械加工分厂）	编号	GY－14
初始年代	1956 年	创始人	机械工业部	管理机构	机械工业部

基本属性	主要特征概况及沿革	甘肃化工机械厂（机械加工分厂）位于兰州市七里河区工林路 547 号，甘肃省化工机械制造业的代表企业。曾是甘肃化工机械制造业的表率。依存有 MBV62 型龙门铣床一台，系德国锡克尔曼工厂 20 世纪 30 年代产品。"二战"时期苏联红军将该设备作为战利品从德国运往苏联。20 世纪 50 年代苏联无偿援建兰炼，后该厂已废弃设备收购。MBV62 型龙门铣床代表了 20 世纪 30 年代初德国机械制造业的较高水平，显示出机械制造业在近代文明发展史上的重要作用，具有一定的代表性和历史价值。
	区位条件（具体地点）	兰州市七里河区工林路 547 号
	交通条件	交通便捷
	工业类型（初始类型）	A 电子　B 石化　C 车船制造　D 机械√　E 建材　F 轻工　G 仪器仪表　H 电力　I 医药　J 采掘冶金　K 其他
整体现况	现状利用状况	A 继续生产　B 文化相关产业　C 办公用房　D 商业　E 居住　F 市政　G 闲置 √　H 其他
	现有规划情况	根据 2012 年兰州新区规划，厂区准备搬迁至兰州新区中。
	整体完好程度	A 完整　B 较为完整（约 20% 缺损）　C 部分缺损（约 50% 缺损）√ D 严重缺损（约 70% 缺损）　E 仅存遗址　F 其他
	目前权属	A 国有 √　B 部队　C 集体　D 私有　E 其他
	现状保护等级	A 国家级　B 省级　C 市、县级　D 区级　E 有保护价值的工业遗产 √　F 一般建筑　G 其他
	曾有过的修缮、改建和重建情况	修缮时间　｜　修缮对象 无　｜　无

续表

原名称	甘肃化工机械厂	现名称	甘肃化工机械厂（机械加工分厂）	编号	GY-14
图片资料					
科普开发情况	没有进行科普开发活动。该厂的 MBV62 型龙门铣床代表了 20 世纪 30 年代初德国机械制造业的较高水平，并显示出机械制造业在近代文明发展史上的重要作用，具有一定的代表性和历史价值。具有较高的科普开发价值。				

兰州市第一批工业遗产现状调查表

原名称	兰州新华印刷厂	现名称	兰州新华印刷厂	编号	GY-15
初始年代	1949 年	创始人	出版署	管理机构	甘肃省新闻出版局

基本属性	主要特征概况及沿革	兰州新华印刷厂位于兰州市七里河区小西湖硷沟沿 115 号。始建于 1949 年，是甘肃省印刷业的国有骨干企业和国家级书刊印刷定点企业之一。依存有圆盘铅印印刷机一台，为德国海德堡公司 20 世纪 30 年代生产的，该公司是世界最知名的印刷机制造企业之一。兰州解放后，这台印刷机由延安运抵兰州，是兰州新华印刷厂最早使用的印刷设备，它代表了铅印刷设备早期的发展雏形，也是当代印刷设备发展的前身。
	区位条件（具体地点）	兰州市七里河区小西湖硷沟沿 115 号
	交通条件	位于市中心，交通极为便捷
	工业类型（初始类型）	A 电子　B 石化　C 车船制造　D 机械　E 建材　F 轻工业√　G 仪器仪表　H 电力　I 医药　J 采掘冶金　K 其他

原名称	兰州新华印刷厂	现名称	兰州新华印刷厂	编号	GY‑15

整体现况	现状利用状况	A 继续生产 √　B 文化相关产业　　C 办公用房　　D 商业　E 居住　F 市政　　G 闲置　　H 其他
	现有规划情况	无规划
	整体完好程度	A 完整 √　B 较为完整（约20%缺损）　　C 部分缺损（约50%缺损）　D 严重缺损（约70%缺损）　　E 仅存遗址　F 其他
	目前权属	A 国有 √　B 部队　　C 集体　　D 私有　　E 其他
	现状保护等级	A 国家级　B 省级　　C 市、县级　　D 区级　　E 有保护价值的工业遗产 √　F 一般建筑　　G 其他

	曾有过的修缮、改建和重建情况	修缮时间	修缮对象
		2001 年	进行外部装修

图片资料	

科普开发情况	没有进行科普开发活动。该厂曾是国家重要的印刷企业之一，并且圆盘铅印印刷机代表了铅印刷设备早期的发展雏形，也是当代印刷设备发展的前身，具有一定的代表性和历史价值。具有较高的科普开发价值。

兰州市第一批工业遗产现状调查表

原名称	西北铁合金厂	现名称	腾达西北铁合金有限责任公司	编号	GY – 16
初始年代	1962 年	创始人	冶金工业部	管理机构	冶金工业部

<table>
<tr><td rowspan="4">基本属性</td><td>主要特征概况及沿革</td><td colspan="4">西北铁合金厂，位于甘肃省永登县连城镇湘沟村大通河西岸台地。1962 年由国家计委批准建设，后改为腾达西北铁合金有限责任公司。厂区南接湘沟村，东临大通河，西依笔架山，自备铁路专用线，在海石湾与国铁兰青线相接，厂区道路与民（和）一门（源）公路、109 国道、312 国道相接，是国家大型骨干铁合金企业。经过近 30 年的建设与发展，公司现有职工 5000 余人，拥有资产总额 12 亿元，建成铁合金冶炼电炉 21 台，装机总容量 17.29KVA，与生产配套的各类设施自成体系，形成年产各类铁合金产品 14 万吨，还有一定的硅钡合金、工业硅、碳化硅、电极糊、橡塑母料、编织袋加工等生产能力，是我国目前最大的硅铁生产基地，是甘肃省出口创汇的大户之一。</td></tr>
<tr><td>区位条件（具体地点）</td><td colspan="4">永登县连城镇湘沟村大通河西岸台地</td></tr>
<tr><td>交通条件</td><td colspan="4">离市区较远，但交通便捷</td></tr>
<tr><td>工业类型（初始类型）</td><td colspan="4">A 电子 　B 石化 　C 车船制造 　D 机械 　E 建材 　F 轻工业 G 仪器仪表 　H 电力 　I 医药 　J 采掘冶金 √ 　K 其他</td></tr>
<tr><td rowspan="6">整体现况</td><td>现状利用状况</td><td colspan="4">A 继续生产 √ 　B 文化相关产业 　C 办公用房 　D 商业 E 居住 　F 市政 　G 闲置 　H 其他</td></tr>
<tr><td>现有规划情况</td><td colspan="4">正在进行环境评估工作</td></tr>
<tr><td>整体完好程度</td><td colspan="4">A 完整 √ 　B 较为完整（约 20% 缺损） 　　C 部分缺损（约 50% 缺损） 　D 严重缺损（约 70% 缺损） 　E 仅存遗址 　F 其他</td></tr>
<tr><td>目前权属</td><td colspan="4">A 国有 √ 　B 部队 　C 集体 　D 私有 　E 其他</td></tr>
<tr><td>现状保护等级</td><td colspan="4">A 国家级 　B 省级 　C 市、县级 　D 区级 　E 有保护价值的工业遗产 √ 　F 一般建筑 　G 其他</td></tr>
<tr><td rowspan="2">曾有过的修缮、改建和重建情况</td><td colspan="2">修缮时间</td><td colspan="2">修缮对象</td></tr>
<tr><td colspan="2">1983—2008 年</td><td colspan="2">一直在进行厂区建设</td></tr>
</table>

续表

原名称	西北铁合金厂	现名称	腾达西北铁合金 有限责任公司	编号	GY - 16
图片 资料					
科普开 发情况	没有进行科普开发活动。因地处偏远，且产品特殊性，目前不适宜科普开发。				

兰州市第一批工业遗产现状调查表

原名称	连城铝厂	现名称	连城铝厂	编号	GY - 17
初始年代	1968 年	创始人	冶金工业部	管理机构	冶金工业部
基本 属性	主要特征概况 及沿革	连城铝厂位于兰州市永登县河桥镇蒋家坪村建设坪，大通河西岸台地上。1966 年设计，1968 年动工兴建，属于三线建设重点项目，是我国自行设计、施工安装、自主经营管理的西北地区大型铝厂。主要生产普通铝锭、拉丝铝锭、电工铝锭等 7 种产品。后更名为中国铝业股份有限公司连城分公司，是国民经济第三个五年计划的重点有色冶金项目，为国家大型一档企业，全国 520 家重点国有企业和甘肃省"工业强省"骨干企业之一。公司占地面积为 115.44 万平方米。原设计年产铝锭 6 万吨，炭素产品 4.74 万吨。主导产品有重熔用铝锭、各种合金锭、铝棒材、阳极炭块等十多个品种规格。2006 年 8 月 11 日，兰州连城铝业有限责任公司正式加盟中国铝业公司。			
	区位条件 （具体地点）	兰州市永登县河桥镇蒋家坪村建设坪，大通河西岸台地上			
	交通条件	地处偏远，交通不便			
	工业类型 （初始类型）	A 电子　B 石化　C 车船制造　D 机械　E 建材　F 轻工业 G 仪器仪表　H 电力　I 医药　J 采掘冶金 √　K 其他			

原名称	连城铝厂	现名称	连城铝厂	编号	GY－17

整体现况	现状利用状况	A 继续生产 √　　B 文化相关产业　　C 办公用房　　D 商业 E 居住　　F 市政　　G 闲置　　H 其他			
	现有规划情况	无规划			
	整体完好程度	A 完整 √　　B 较为完整（约20%缺损）　　C 部分缺损（约50%缺损）　　D 严重缺损（约70%缺损）　　E 仅存遗址　　F 其他			
	目前权属	A 国有 √　　B 部队　　C 集体　　D 私有　　E 其他			
	现状保护等级	A 国家级　　B 省级　　C 市、县级　　D 区级　　E 有保护价值的工业遗产 √　　F 一般建筑　　G 其他			
	曾有过的修缮、改建和重建情况	修缮时间	修缮对象		
		1997 年	引进两套冷轧生产线		
图片资料					
科普开发情况	没有进行科普开发活动。地处偏远，且产品特殊性，目前不适宜科普开发。				

兰州市第一批工业遗产现状调查表

原名称	兰州高压阀门厂	现名称	兰州高压阀门厂	编号	GY-18
初始年代	1966 年	创始人	机械工业部	管理机构	机械工业部
基本属性	主要特征概况及沿革	兰州高压阀门厂位于兰州市西固区合水路 58 号，1966 年为支援国家三线建设从沈阳迁建兰州，前身为兰州有机化学厂，是原机械工业部生产高中压阀门的重点骨干企业，是西北地区最大的高中压阀门生产企业，专为石化、冶金、炼油等行业生产配套阀门。后更名为兰州高压阀门有限公司。公司是拥有从产品设计、铸（锻）造、热处理、机械加工、装配、检测、成品出厂等一整套制造和工艺流程的高新技术企业。现已形成 960 多种型号、3580 多个规格，年销售额 3.6 亿元以上的规模。产品广泛应用于石油化工及煤化工、天然气开采集输工厂、天然气及原油成品油（气）储存和长输管线工程、国防、科研、化肥、火电、冶金、矿山、化纤、造纸、医药、水利、自来水等领域，产品远销美国、德国、俄罗斯、印度尼西亚、苏丹、叙利亚、哈萨克斯坦、伊朗、巴基斯坦等国家和地区。现已成为"中国驰名商标"品牌，研制生产的抗高硫平板闸阀、高压临氢阀门、超高压高温气动阀门等在国家重大项目建设中得到广泛应用。				
	区位条件（具体地点）	兰州市西固区合水路 58 号				
	交通条件	位于城市主干道，交通便捷				
	工业类型（初始类型）	A 电子　　B 石化　　C 车船制造　　D 机械 √　　E 建材　　F 轻工业　G 仪器仪表　　H 电力　　I 医药　　J 采掘冶金 K 其他				

续表

原名称	兰州高压阀门厂	现名称	兰州高压阀门厂	编号	GY–18

	现状利用状况	A 继续生产 √　B 文化相关产业　C 办公用房　D 商业 E 居住　F 市政　G 闲置　H 其他
	现有规划情况	根据 2012 年兰州新区规划，厂区准备搬迁至兰州新区中。
整体 现况	整体完好程度	A 完整 √　B 较为完整（约20%缺损）　　C 部分缺损（约50% 缺损）　D 严重缺损（约70%缺损）　E 仅存遗址　F 其他
	目前权属	A 国有 √　B 部队　C 集体　D 私有　E 其他
	现状保护等级	A 国家级　B 省级　C 市、县级　D 区级　E 有保护价值 的工业遗产 √　F 一般建筑　G 其他

	曾有过的修缮、 改建和重建情况	修缮时间	修缮对象
		不详	不详

图片 资料		

科普开 发情况	没有进行科普开发活动。因其产品特殊性，目前不适宜科普开发。

兰州市第一批工业遗产现状调查表

原名称	兰州轴承厂	现名称	兰州轴承厂	编号	GY-19
初始年代	1965 年 4 月	创始人	北京轴承厂	管理机构	甘肃省机械工业局

基本属性	主要特征概况及沿革	兰州轴承厂成立于 1965 年 4 月，由北京轴承厂搬迁组建而成。厂区位于兰州市七里河区任家庄 1121 号。当时隶属于第一机械工业部，是全国大中型轴承骨干企业之一，主要生产谱图轴承、精密品和军工轴承。1970 年经国务院批准下放给甘肃省机械工业局管理。	
	区位条件（具体地点）	兰州市七里河区任家庄 1121 号	
	交通条件	位于城市主干道，交通便捷	
	工业类型（初始类型）	A 电子　B 石化　C 车船制造　D 机械 √　E 建材　F 轻工业　G 仪器仪表　H 电力　I 医药　J 采掘冶金　K 其他	
整体现况	现状利用状况	A 继续生产 √　B 文化相关产业　C 办公用房　D 商业　E 居住　F 市政　G 闲置　H 其他	
	现有规划情况	根据 2012 年兰州新区规划，厂区准备搬迁至兰州新区中。	
	整体完好程度	A 完整 √　B 较为完整（约 20% 缺损）　C 部分缺损（约 50% 缺损）　D 严重缺损（约 70% 缺损）　E 仅存遗址　F 其他	
	目前权属	A 国有 √　B 部队　C 集体　D 私有　E 其他	
	现状保护等级	A 国家级　B 省级　C 市、县级　D 区级　E 有保护价值的工业遗产 √　F 一般建筑　G 其他	
	曾有过的修缮、改建和重建情况	修缮时间	修缮对象
		不详	不详

续表

原名称	兰州轴承厂	现名称	兰州轴承厂	编号	GY－19
图片资料					
科普开发情况	没有进行科普开发活动。因其产品和安全特殊性，目前不适宜科普开发。				

兰州市第一批工业遗产现状调查表

原名称	永登水泥厂	现名称	祁连山集团	编号	GY－20
初始年代	1957 年	创始人	苏联	管理机构	国资委
基本属性	主要特征概况及沿革	永登水泥厂现为祁连山集团，位于兰州市永登县中堡镇中堡村，是国家"一五"时期 156 个重点项目之一，由苏联援建，采用德国技术设备，1957 年建成投产。该企业湿法生产线是"一五"期间引进的德国技术、设备，大部分系统已经过改造，依然以德国工艺和原装设备为主。1972 年更名为甘肃省永登县水泥有限责任公司，为县属国有企业。公司现占地面积 1.3 万平方米。企业共有在职职工 453 人，主要生产 42.5 级、32.5 级普通硅酸盐水泥，拥有 6 条湿法回转窑生产线，年生产能力 12 万吨。该公司已于 2007 年破产。			

续表

原名称	永登水泥厂	现名称	祁连山集团	编号	GY-20

基本属性	区位条件（具体地点）	兰州市永登县中堡镇中堡村
	交通条件	离市中心较远，交通基本通畅
	工业类型（初始类型）	A电子 B石化 C车船制造 D机械 E建材√ F轻工业 G仪器仪表 H电力 I医药 J采掘冶金 K其他

整体现况	现状利用状况	A继续生产 B文化相关产业 C办公用房 D商业 E居住 F市政 G闲置√ H其他
	现有规划情况	现已破产
	整体完好程度	A完整 B较为完整（约20%缺损） C部分缺损（约50%缺损）√ D严重缺损（约70%缺损） E仅存遗址 F其他
	目前权属	A国有√ B部队 C集体 D私有 E其他
	现状保护等级	A国家级 B省级 C市、县级 D区级 E有保护价值的工业遗产√ F一般建筑 G其他

曾有过的修缮、改建和重建情况	修缮时间	修缮对象
	1997年	引进6条湿法回转窑生产线

图片资料	

科普开发情况	没有进行科普开发活动。地处偏远，且产品特殊性，目前不适宜科普开发。

兰州市第一批工业遗产现状调查表

原名称	兰州第三毛纺厂	现名称	兰州三毛纺织（集团）有限责任公司	编号	GY－21
初始年代	1972 年	创始人	兰州市政府	管理机构	国资委
基本属性	主要特征概况及沿革		兰州第三毛纺厂现名为兰州三毛纺织（集团）有限责任公司，位于西固区玉门街 486 号，始建于 1972 年，主要产品为精纺毛料、呢料和特种布料，曾是我国最大的毛精纺企业。公司现拥有从瑞士、比利时、西班牙、法国、德国、美国、意大利等国家引进的具有当代世界先进水平的纺织设备 300 多台（套），实现了纺纱无接头化、织布无梭化和染整现代化。公司现已成为我国毛纺行业的骨干企业，也是目前西北地区唯一一家集染复精梳、纺纱、织造、染整为一体的全能型综合毛精纺企业。产品畅销全国及美国、欧洲、日本、科威特、韩国等 20 多个国家和地区。		
	区位条件（具体地点）		兰州市西固区玉门街 486 号		
	交通条件		位于市区，交通便捷		
	工业类型（初始类型）		A 电子　B 石化　C 车船制造　D 机械　E 建材　F 轻工业√　G 仪器仪表　H 电力　I 医药　J 采掘冶金　K 其他		
整体现况	现状利用状况		A 继续生产√　B 文化相关产业　C 办公用房　D 商业　E 居住　F 市政　G 闲置　H 其他		
	现有规划情况		厂区规划和发展良好		
	整体完好程度		A 完整√　B 较为完整（约 20% 缺损）　C 部分缺损（约 50% 缺损）D 严重缺损（约 70% 缺损）　E 仅存遗址　F 其他		
	目前权属		A 国有√　B 部队　C 集体　D 私有　E 其他		
	现状保护等级		A 国家级　B 省级　C 市、县级　D 区级　E 有保护价值的工业遗产√　F 一般建筑　G 其他		
	曾有过的修缮、改建和重建情况		修缮时间	修缮对象	
			2004 年 7 月	厂区扩建	

续表

原名称	兰州第三毛纺厂	现名称	兰州三毛纺织（集团）有限责任公司	编号	GY‑21
图片资料					
科普开发情况	没有进行科普开发活动。因其产品特性，具备科普开发潜力。				

兰州市第一批工业遗产现状调查表

原名称	永登粮食机械厂	现名称	永登粮食机械厂	编号	GY‑22
初始年代	1966 年	创始人	机械工业部	管理机构	机械工业部

基本属性	主要特征概况及沿革	永登粮食机械厂位于兰州市永登县城关镇中华街，1966 年动工建设，是"一五"期间西北地区最大的粮油加工机械制造企业。主要生产制粉、金属切削、粮油加工清理、榨油、仓储、饲料加工等设备。该厂生产的 6 种粮食机械新产品具有国际先进水平，填补了国内空白，是当时粮油加工行业最先进的设备。
	区位条件（具体地点）	兰州市永登县城关镇中华街
	交通条件	离市区较远，交通便捷
	工业类型（初始类型）	A 电子　B 石化　C 车船制造　D 机械 √　E 建材　F 轻工业　G 仪器仪表　H 电力　I 医药　J 采掘冶金　K 其他

原名称	永登粮食 机械厂	现名称	永登粮食机械厂	编号	GY-22
整体 现况	现状利用状况	A 继续生产 √　B 文化相关产业　　C 办公用房　　D 商业 E 居住　F 市政　　G 闲置　　H 其他			
	现有规划情况	目前没有出台相关规划方案。			
	整体完好程度	A 完整 √　B 较为完整（约20%缺损）　　C 部分缺损（约50% 缺损）　D 严重缺损（约70%缺损）　　E 仅存遗址　F 其他			
	目前权属	A 国有 √　B 部队　　C 集体　　D 私有　　E 其他			
	现状保护等级	A 国家级　B 省级　　C 市、县级　　D 区级　　E 有保护价值 的工业遗产 √　F 一般建筑　　G 其他			
	曾有过的修缮、 改建和重建情况	修缮时间		修缮对象	
		不详		维修厂房、仓库等建筑	
图片 资料					
科普开 发情况	没有进行科普开发活动。该厂生产的粮食机械新产品具有国际先进水平，填补 了国内空白，是当时粮油加工行业最先进的设备，具有一定的代表性和历史价 值，具有较高的科普开发价值。				

兰州市第一批工业遗产现状调查表

<table>
<tr><td>原名称</td><td>二零五厂</td><td>现名称</td><td>方大炭素新材料科技股份有限公司</td><td>编号</td><td>GY-23</td></tr>
<tr><td>初始年代</td><td>1965 年</td><td>创始人</td><td>冶金工业部</td><td>管理机构</td><td>冶金工业部</td></tr>
<tr><td rowspan="4">基本属性</td><td>主要特征概况及沿革</td><td colspan="4">兰州炭素厂（二零五厂），位于兰州市红古区海石湾镇2号。1964年筹建，1965年破土动工，1967年军工生产线建成投产，是三线建设时期我国第一个自行设计、自行建设的综合性炭素制品生产基地，隶属于冶金工业部，是我国两大炭素生产基地之一。1998年12月"兰州炭素有限责任公司"作为第一发起人，将原有炭素科研生产优质资产整体入注，设立"兰州炭素股份有限公司"；2000年3月经甘肃省批准将兰州炭素有限公司更名为"兰州炭素（集团）有限责任公司"，属国家大型一类企业和国家经贸委确定的1000家重点国有企业之一。2001年4月经批准"兰州炭素股份有限公司"更名为"兰州海龙新材料科技股份有限公司"。2006年12月底，经国家工商行政总局批准，"兰州海龙科技新材料科技股份有限公司"更名为"方大炭素新材料科技股份有限公司"，是全国唯一的大型高炉炭砖生产基地。</td></tr>
<tr><td>区位条件（具体地点）</td><td colspan="4">兰州市红古区海石湾镇2号</td></tr>
<tr><td>交通条件</td><td colspan="4">离市区较远，交通便捷</td></tr>
<tr><td>工业类型（初始类型）</td><td colspan="4">A 电子　B 石化　C 车船制造　D 机械　E 建材　F 轻工业　G 仪器仪表　H 电力　I 医药　J 采掘冶金 √　K 其他</td></tr>
<tr><td rowspan="4">整体现况</td><td>现状利用状况</td><td colspan="4">A 继续生产 √　B 文化相关产业　C 办公用房　D 商业　E 居住　F 市政　G 闲置　H 其他</td></tr>
<tr><td>现有规划情况</td><td colspan="4">现有厂区在规划基础上继续发展</td></tr>
<tr><td>整体完好程度</td><td colspan="4">A 完整 √　B 较为完整（约20%缺损）　C 部分缺损（约50%缺损）　D 严重缺损（约70%缺损）　E 仅存遗址　F 其他</td></tr>
<tr><td>目前权属</td><td colspan="4">A 国有 √　B 部队　C 集体　D 私有　E 其他</td></tr>
</table>

原名称	二零五厂	现名称	方大炭素新材料科技股份有限公司	编号	GY-23

整体现况	现状保护等级	A 国家级　　B 省级　　C 市、县级　　D 区级　　E 有保护价值的工业遗产 √ F 一般建筑　　G 其他		
	曾有过的修缮、改建和重建情况	修缮时间	修缮对象	
		时间不详	厂区矿建	

图片资料	

科普开发情况	没有进行科普开发活动。因其产品特殊，出于安全性考虑，目前不具备科普开发潜力。

兰州市第一批工业遗产现状调查表

原名称	省电力局基本建设公司中心修配厂	现名称	兰州电力修造厂	编号	GY-24
初始年代	1958 年	创始人	国家电力局	管理机构	国家能源建设集团

基本属性	主要特征概况及沿革	兰州电力修造厂位于兰州市七里河区敦煌路光华街 80 号，其前身是省电力局基本建设公司中心修配厂。该厂筹建于 1958 年，1971 年更名为兰州电力修造厂，国家二级企业，隶属于中国能源建设集团。产品以电站备品配件、高压静电除尘器、烟道飞灰采样管为主，是中国电除尘器及发电厂其他辅机设备和备品配件专业生产厂家。
	区位条件（具体地点）	兰州市七里河区敦煌路光华街 80 号

原名称		省电力局基本建设公司中心修配厂	现名称	兰州电力修造厂	编号	GY-24
基本属性	交通条件	位于市区中心，交通便捷				
	工业类型（初始类型）	A电子　B石化　C车船制造　D机械　E建材　F轻工业　G仪器仪表　H电力√　I医药　J采掘冶金　　K其他				
整体现况	现状利用状况	A继续生产√　B文化相关产业　　C办公用房　　D商业　E居住　F市政　G闲置　H其他				
	现有规划情况	目前没有出台相关规划方案				
	整体完好程度	A完整√　B较为完整（约20%缺损）　　C部分缺损（约50%缺损）　D严重缺损（约70%缺损）　E仅存遗址　F其他				
	目前权属	A国有√　B部队　C集体　D私有　E其他				
	现状保护等级	A国家级　B省级　C市、县级　D区级　E有保护价值的工业遗产√　F一般建筑　G其他				
	曾有过的修缮、改建和重建情况	修缮时间		修缮对象		
		时间不详		维修各类厂房、仓库等建筑		
图片资料						
科普开发情况	没有进行科普开发活动。因其产品特殊，出于安全性考虑，目前不具备科普开发潜力。					

兰州市第一批工业遗产现状调查表

原名称	兰州曙光机械厂	现名称	兰州真空设备有限责任公司	编号	GY－25
初始年代	1965 年	创始人	机械工业部	管理机构	兰州市国资委

基本属性	主要特征概况及沿革	兰州真空设备厂，原名兰州曙光机械厂，位于兰州市七里河区龚家坪北路 29 号。1965 年根据国家建立西北真空装备基地命令，由上海内迁兰州。系三线建设时期建设的工厂，曾是机械工业部直属企业，真空设备行业主导骨干企业。1997 年 6 月，按照甘肃省建立现代企业制度试点工作要求整体改组更名为国有独资的兰州真空设备有限责任公司。2003 年 12 月，根据甘肃省委、省政府的有关决定，正式由甘肃机械集团公司下划兰州市管理，现隶属兰州市国资委。公司占地面积约 8.4 万平方米，厂区建筑面积约 2.8 万平方米。
	区位条件（具体地点）	兰州市七里河区龚家坪北路 29 号
	交通条件	位于市区，交通便捷
	工业类型（初始类型）	A 电子　　B 石化　　C 车船制造　　D 机械 √　　E 建材　　F 轻工业　G 仪器仪表　H 电力　I 医药　　J 采掘冶金　K 其他
整体现况	现状利用状况	A 继续生产 √　B 文化相关产业　　C 办公用房　　D 商业　E 居住　F 市政　　G 闲置　　H 其他
	现有规划情况	目前没有出台规划方案
	整体完好程度	A 完整 √　B 较为完整（约 20% 缺损）　　C 部分缺损（约 50% 缺损）　　D 严重缺损（约 70% 缺损）　　E 仅存遗址　F 其他
	目前权属	A 国有 √　B 部队　　C 集体　　D 私有　　E 其他
	现状保护等级	A 国家级　　B 省级　　C 市、县级　　D 区级　　E 有保护价值的工业遗产 √　F 一般建筑　　G 其他

	曾有过的修缮、改建和重建情况	修缮时间	修缮对象
		不详	不详

续表

原名称	兰州曙光机械厂	现名称	兰州真空设备有限责任公司	编号	GY - 25
图片资料	<td colspan="5"></td>
科普开发情况	<td colspan="5">没有进行科普开发活动。不具备科普开发潜力。</td>

兰州市第一批工业遗产现状调查表

原名称	西北合成药厂	现名称	西北合成药厂	编号	GY - 26
初始年代	1965 年	创始人	兰州市政府	管理机构	甘肃省政府
基本属性	主要特征概况及沿革	<td colspan="4">西北合成药厂位于西固区西固中路 100 号。该厂始建于 1965 年，为 20 世纪 60 年代三线建设重点企业，是中国化学医药工业重点企业之一，也是西北最大的化学原料药生产基地，以生产咖啡因、氨茶碱、茶碱等原料药为主，制剂产品为辅。</td>
	区位条件（具体地点）	<td colspan="4">兰州市西固区西固中路 100 号</td>
	交通条件	<td colspan="4">位于市区，交通便捷</td>
	工业类型（初始类型）	<td colspan="4">A 电子　B 石化　C 车船制造　D 机械　E 建材　F 轻工业　G 仪器仪表　H 电力　I 医药 √　J 采掘冶金　K 其他</td>

原名称	西北合成药厂	现名称	西北合成药厂	编号	GY-26

整体现况	现状利用状况	A 继续生产　　B 文化相关产业　　C 办公用房　　D 商业 E 居住　　F 市政　　G 闲置 √　　H 其他
	现有规划情况	现已破产，作为临时仓库和宿舍等，厂址正在规划中。
	整体完好程度	A 完整　　B 较为完整（约 20% 缺损）　　C 部分缺损（约 50% 缺损）√　　D 严重缺损（约 70% 缺损）　　E 仅存遗址 F 其他
	目前权属	A 国有 √　　B 部队　　C 集体　　D 私有　　E 其他
	现状保护等级	A 国家级　　B 省级　　C 市、县级　　D 区级　　E 有保护价值的工业遗产 √　　F 一般建筑　　G 其他
	曾有过的修缮、改建和重建情况	修缮时间 / 修缮对象 不详　　　　　　不详
图片资料		
科普开发情况		没有进行科普开发活动。因其制药历史悠久，具有科普开发潜力。

316

兰州市第一批工业遗产现状调查表

原名称	兰州石油化工研究所	现名称	兰州石油化工研究院	编号	GY-27
初始年代	1958年	创始人	橡胶厂、合成氨厂中央实验室	管理机构	中石化集团

基本属性	主要特征概况及沿革	兰州石油化工研究院位于兰州市西固区合水北路1号，1958年8月在原兰州化工研究所、橡胶厂、合成氨厂中央实验室的基础上成立。是集合成橡胶、合成树脂、石油化工催化剂、合成材料加工应用、化学工程、环境保护、石油炼制、精细化工、标准检测及物化分析、石油化工信息等研究领域为一体的综合性石油化工应用科研单位。2006年12月更名为兰州石油化工研究院。兰州石油化工研究院下设合成橡胶研究所、催化剂研究所、石油炼制研究所（FCC催化剂中试研究所）、聚烯烃树脂研究所（PP中试研究所）、橡塑材料加工应用研究所、环境化工研究所、化学工程研究所、标准化与分析测试研究所、信息研究所、刊物编辑部等研究所。
	区位条件（具体地点）	兰州市西固区合水北路1号
	交通条件	位于市区，交通便捷
	工业类型（初始类型）	A电子　B石化√　C车船制造　D机械　E建材　F轻工业　G仪器仪表　H电力　I医药　J采掘冶金　K其他
整体现况	现状利用状况	A继续生产√　B文化相关产业　C办公用房　D商业　E居住　F市政　G闲置　H其他
	现有规划情况	目前没有出台相关的规划方案
	整体完好程度	A完整√　B较为完整（约20%缺损）　C部分缺损（约50%缺损）　D严重缺损（约70%缺损）　E仅存遗址　F其他
	目前权属	A国有√　B部队　C集体　D私有　E其他
	现状保护等级	A国家级　B省级　C市、县级　D区级　E有保护价值的工业遗产√　F一般建筑　G其他

续表

原名称	兰州石油化工研究所	现名称	兰州石油化工研究院	编号	GY - 27

整体现况	曾有过的修缮、改建和重建情况	修缮时间	修缮对象
		1983 年	加建了研究所主楼

图片资料	

科普开发情况	已经进行了科普开发活动。

兰州市第一批工业遗产现状调查表

原名称	兰州沙井驿砖瓦厂	现名称	兰州沙井驿建材有限公司	编号	GY - 28
初始年代	1952 年	创始人	不详	管理机构	兰州市政府

基本属性	主要特征概况及沿革	兰州沙井驿砖瓦厂现为兰州沙井驿建材有限公司。位于兰州市安宁区元台子446号。始建于1952年，是目前甘肃省内最大的综合性建材工业基地，建厂半个多世纪以来，一直以砖瓦生产为主，至今已累计生产各类烧结制品（折标砖）101.26亿块。20世纪80年代初，有烧砖窑11孔，全国排名第二，是最早被国内贸易部授予"中华老字号"称号的企业，现在7处已经停用。现存年代最早的窑为烧砖2号窑、3号窑窟。目前，除砖瓦产品外，生产经营的主要产品还有岩棉制品、水泥制品、建筑塑料制品、建材机械、石膏制品等，其中页岩烧结多孔砖和空心砖及砌块是兰州沙井驿建材有限公司成立以来的主导生产品种。

续表

原名称		兰州沙井驿砖瓦厂	现名称	兰州沙井驿建材有限公司	编号	GY－28
基本属性	区位条件（具体地点）	兰州市安宁区元台子 446 号				
	交通条件	位于市区，交通便捷				
	工业类型（初始类型）	A 电子 B 石化 C 车船制造 D 机械 E 建材 √ F 轻工业 G 仪器仪表 H 电力 I 医药 J 采掘冶金 K 其他				
整体现况	现状利用状况	A 继续生产 √ B 文化相关产业 C 办公用房 D 商业 E 居住 F 市政 G 闲置 H 其他				
	现有规划情况	目前没有出台相关的规划方案				
	整体完好程度	A 完整 B 较为完整（约20%缺损）√ C 部分缺损（约50%缺损） D 严重缺损（约70%缺损） E 仅存遗址 F 其他				
	目前权属	A 国有 B 部队 C 集体 D 私有 E 其他				
	现状保护等级	A 国家级 B 省级 C 市、县级 D 区级 E 有保护价值的工业遗产 √ F 一般建筑 G 其他				
	曾有过的修缮、改建和重建情况	修缮时间		修缮对象		
		时间不详		窑炉、仓库、厂房、宿舍等		
图片资料						
科普开发情况	没有进行科普开发活动。不具有科普开发潜力。					

兰州市第一批工业遗产现状调查表

原名称	兰州佛慈制药厂	现名称	兰州佛慈制药股份有限公司	编号	GY - 29
初始年代	1956 年	创始人	玉惠观	管理机构	兰州市工业局

基本属性	主要特征概况及沿革	1956 年，支援大西北建设，利用甘肃当归优势及丰富的药材资源，报经国家化工部同意，佛慈厂从上海迁入兰州，39 名工人随企业迁兰，厂区设在兰州市酒泉路 157 号。1956 年 9 月 6 日，佛慈厂在兰州正式投产，企业改名为"兰州佛慈制药厂"，商标沿用"佛光"，隶属兰州市工业局。1962 年，兰州市城关区健民制药厂并入佛慈制药厂。1966 年，"兰州佛慈制药厂"被易名为"东风制药厂"，"佛光"商标被破除，改为"岷山"商标。1970 年，佛慈制药厂从酒泉路 157 号搬迁到黄河北盐场路 44 号。1981 年 6 月，恢复使用"兰州佛慈制药厂"厂名。1987 年，兰州佛慈制药厂成立了"兰州市中药研究所"。2000 年企业改制成立了兰州佛慈制药股份有限公司。被商务部评为"中华老字号"企业。2002 年，甘肃省第一条以企业名称命名的"佛慈大街"成功命名。2010 年，佛慈注册商标被国家工商总局认定为中国驰名商标。
	区位条件（具体地点）	兰州市城关区佛慈大街 68 号
	交通条件	位于市区中心，交通便捷
	工业类型（初始类型）	A 电子　B 石化　C 车船制造　D 机械　E 建材　F 轻工业 G 仪器仪表　H 电力　I 医药 √　J 采掘冶金　K 其他
整体现况	现状利用状况	A 继续生产 √　B 文化相关产业　C 办公用房　D 商业 E 居住　F 市政　G 闲置　H 其他
	现有规划情况	目前没有出台相关的规划方案
	整体完好程度	A 完整 √　B 较为完整（约 20% 缺损）　　C 部分缺损（约 50% 缺损）　D 严重缺损（约 70% 缺损）　　E 仅存遗址　F 其他
	目前权属	A 国有　B 部队　C 集体 √　D 私有　E 其他
	现状保护等级	A 国家级　B 省级　C 市、县级　D 区级　E 有保护价值的工业遗产 √　F 一般建筑　G 其他

原名称	兰州佛慈制药厂	现名称	兰州佛慈制药股份有限公司	编号	GY-29

整体现况	曾有过的修缮、改建和重建情况	修缮时间	修缮对象
		1970 年	佛慈制药厂从酒泉路 157 号搬迁到黄河北盐场路 44 号

图片资料	

科普开发情况	已进行科普开发活动。

兰州市第一批工业遗产现状调查表

原名称	窑街陶瓷厂	现名称	窑街陶瓷耐火材料厂	编号	GY-30
初始年代	1956 年	创始人	兰州市政府	管理机构	兰州市政府

基本属性	主要特征概况及沿革	窑街陶瓷耐火材料厂位于兰州市红古区西郊的窑街镇，曾用名窑街陶瓷厂。始建于 1956 年（公私合营），是甘肃省陶瓷制造业的骨干企业，"中华老字号"企业。据《永登县志》记载，明代洪武年间窑街由于有小煤窑开采，陶瓷业已相当兴旺，一直延续至今。窑街因有煤窑及烧窑制陶而得名，并逐渐发展为生产煤炭陶瓷的集镇，至今已有 600 年的历史。以生产日用陶瓷为主，兼营耐火砖、耐火土及其他耐火材料。生产的陶瓷品种多样，共有缸类、盆类、碗类、茶具类、酒类等 10 大类，80 多个品种，产品畅销甘肃、青海和宁夏等地。20 世纪 80 年代，窑街共有窑炉 40 余座。1993 年，该厂被中华人民共和国内贸易部授予"重活老字号"荣誉称号。后来逐渐衰败，1996 年，兰州窑街陶瓷耐火材料厂宣告破产。现在只剩下两条长约 36 米的辊道，长期闲置。

原名称	窑街陶瓷厂	现名称	窑街陶瓷耐火材料厂	编号	GY－30

基本属性	区位条件（具体地点）	兰州市红古区西郊窑街镇
	交通条件	离市中心较远，交通不便
	工业类型（初始类型）	A电子　B石化　C车船制造　D机械　E建材 √　F轻工业 G仪器仪表　H电力　I医药　J采掘冶金　　K其他

整体现况	现状利用状况	A继续生产　B文化相关产业　　C办公用房　　D商业　　E居住　F市政　G闲置√　H其他
	现有规划情况	目前没有出台相关的规划方案
	整体完好程度	A 完整　　B 较为完整（约20％缺损）√　C 部分缺损（约50％缺损）　D 严重缺损（约70％缺损）　　E 仅存遗址　F 其他
	目前权属	A 国有　　B 部队　　C 集体 √　　D 私有　　E 其他
	现状保护等级	A 国家级　　B 省级　　C 市、县级　　D 区级　　E 有保护价值的工业遗产 √　F 一般建筑　　G 其他
	曾有过的修缮、改建和重建情况	修缮时间　　　　　　修缮对象 时间不详　　　　　　窑炉、仓库等

图片资料	
科普开发情况	没有进行科普开发活动。制陶工艺具有科普开发潜力。

兰州市第一批工业遗产现状调查表

原名称	榆中水烟厂	现名称	榆中水烟厂	编号	GY－31
初始年代	1956 年	创始人	24 家水烟作坊	管理机构	榆中县政府

<table>
<tr><td rowspan="4">基本
属性</td><td>主要特征概况
及沿革</td><td colspan="2">榆中水烟厂位于榆中县苑川河畔金崖镇尚古城村。1956 年以榆中县烟叶主产区的 24 家烟坊为基础，公私合营，成立榆中县尚古城水烟加工厂，1962 年初又将青城水烟厂合并，下设店子、下官营分厂。榆中是全国绿烟的主产区，制作工艺独具特色。种植始于明代，在全国乃至国外都享有盛誉。</td></tr>
<tr><td>区位条件
（具体地点）</td><td colspan="2">榆中县苑川河畔金崖镇尚古城村</td></tr>
<tr><td>交通条件</td><td colspan="2">离市区较远，交通不便</td></tr>
<tr><td>工业类型
（初始类型）</td><td colspan="2">A 电子　B 石化　C 车船制造　D 机械　E 建材　F 轻工业
G 仪器仪表　H 电力　I 医药　J 采掘冶金　K 其他 √</td></tr>
<tr><td rowspan="6">整体
现况</td><td>现状利用状况</td><td colspan="2">A 继续生产 √　B 文化相关产业　C 办公用房　D 商业
E 居住　F 市政　G 闲置　H 其他</td></tr>
<tr><td>现有规划情况</td><td colspan="2">目前没有出台相关的规划方案</td></tr>
<tr><td>整体完好程度</td><td colspan="2">A 完整 √　B 较为完整（约 20% 缺损）　C 部分缺损（约 50%缺损）　D 严重缺损（约 70% 缺损）　E 仅存遗址　F 其他</td></tr>
<tr><td>目前权属</td><td colspan="2">A 国有　B 部队　C 集体 √　D 私有　E 其他</td></tr>
<tr><td>现状保护等级</td><td colspan="2">A 国家级　B 省级　C 市、县级　D 区级　E 有保护价值的工业遗产 √　F 一般建筑　G 其他</td></tr>
<tr><td>曾有过的修缮、
改建和重建情况</td><td>修缮时间</td><td>修缮对象</td></tr>
<tr><td></td><td></td><td>时间不详</td><td>建筑质量较差，工厂经常进行维修</td></tr>
<tr><td>图片
资料</td><td colspan="2"></td></tr>
<tr><td>科普开
发情况</td><td colspan="2">没有进行科普开发活动。水烟手工业的发展历史，适合于科普开发。</td></tr>
</table>

兰州市第一批工业遗产现状调查表

原名称	青城肖家醋加工作坊	现名称	青城肖家醋加工作坊	编号	GY-32
初始年代	清乾隆年间	创始人	青城肖家	管理机构	青城镇政府

基本属性	主要特征概况及沿革	青城肖家醋加工作坊始建于清乾隆年间，位于青城镇城河村37号。以生产陈醋为主，工艺流程始于清代，作坊部分生产用具系祖传用品。作坊为砖木结构，占地面积500平方米，建筑面积280平方米，是青城镇保存最完整、最具代表性的醋加工作坊。
	区位条件（具体地点）	青城镇城河村37号
	交通条件	离市区较远，交通不便
	工业类型（初始类型）	A电子　B石化　C车船制造　D机械　E建材　F轻工业　G仪器仪表　H电力　I医药　J采掘冶金　K其他√
整体现况	现状利用状况	A继续生产√　B文化相关产业　C办公用房　D商业　E居住　F市政　G闲置　H其他
	现有规划情况	目前没有出台相关的规划方案
	整体完好程度	A完整　B较为完整（约20%缺损）√　C部分缺损（约50%缺损）D严重缺损（约70%缺损）　E仅存遗址　F其他
	目前权属	A国有　B部队　C集体　D私有√　E其他
	现状保护等级	A国家级　B省级　C市、县级　D区级　E有保护价值的工业遗产√　F一般建筑　G其他
	曾有过的修缮、改建和重建情况	修缮时间　　　　　　修缮对象
		时间不详　　　建筑多，户主自发地多次进行修缮

续表

原名称	青城肖家醋 加工作坊	现名称	青城肖家醋 加工作坊	编号	GY-32
图片 资料					
科普开 发情况	没有进行科普开发,因为是私人作坊,不利于公众参观。				

兰州市第一批工业遗产现状调查表

原名称	榆中磨坊	现名称	榆中磨坊	编号	GY-33
初始年代	明代	创始人	民间私人磨坊	管理机构	榆中县政府
基本 属性	主要特征概况 及沿革	榆中磨坊主要分布在榆中南部二阴山区,始创于明代,利用水流落差建造水磨。民国时期全县主要河道有私人水磨坊200余家。现仅存马坡乡上庄村和中庄村丁永广水磨坊、小康营乡窑坡和大桥磨坊三处,以马坡乡上庄村丁永广水磨坊最为完整。			
	区位条件 (具体地点)	榆中南部二阴山区			
	交通条件	交通不便利			
	工业类型 (初始类型)	A电子 B石化 C车船制造 D机械 E建材 F轻工业 G仪器仪表 H电力 I医药 J采掘冶金 K其他√			

兰州城市工业遗产综合评估与保护利用模式研究

续表

原名称	榆中磨坊	现名称	榆中磨坊	编号	GY-33

整体现况	现状利用状况	A 继续生产　　B 文化相关产业　　C 办公用房　　D 商业 E 居住　F 市政　　G 闲置√　H 其他
	现有规划情况	目前没有出台相关的规划方案
	整体完好程度	A 完整　　B 较为完整（约 20% 缺损）　　C 部分缺损（约 50% 缺损）　　D 严重缺损（约 70% 缺损）√　E 仅存遗址 F 其他
	目前权属	A 国有　　B 部队　　C 集体　　D 私有√　　E 其他
	现状保护等级	A 国家级　B 省级　　C 市、县级　　D 区级　　E 有保护价 值的工业遗产√　　F 一般建筑　　G 其他

曾有过的修缮、 改建和重建情况	修缮时间	修缮对象
	时间不详	建筑较破败，户主自发地多次进行修缮

图片资料	

科普开发情况	未进行科普开发，但具备科普活动开展潜力。

326